国家级实验教学示范中心联席会
计算机学科组规划教材

算法设计与分析

Python案例详解·微课视频版

许瑾晨　周蓓　编著

清华大学出版社
北京

内容简介

本书全面介绍算法评价与常用算法设计方法。算法评价部分主要从理论和实践两个角度就算法评价方法展开讨论，从中可以学习到算法分析方法和各种有效的测试方法，有助于更有效地评价和设计算法；算法设计部分主要针对每种算法设计策略，通过引例引入算法，阐述算法思想、步骤、原理，再结合典型应用的描述与分析、算法设计、代码实现、实例演示、算法分析、改进、扩展等内容，对算法进行全面描述，有助于在典型应用的详细解析中掌握并运用算法。

全书分为两篇，共 10 章。第一篇为算法评价，包括两章。第 1 章系统介绍从理论层面分析算法优劣的基本方法，包括算法的正确性、算法的简单性、算法的时空复杂度分析、算法的最优性证明、计算误差分析和 NP 完全理论；第 2 章从实践层面分析算法优劣的可实施方法，包括程序的性能测试方法、程序的空间测试方法和误差测试方法。第二篇为算法设计，包括第 3～9 章的递归、分治、动态规划、贪心法、回溯法、分支限界法和概率算法。此外，第 10 章针对各类算法进行对比分析，并通过几个经典应用给出采用不同算法设计策略的求解方法。

本书可作为高等院校计算机相关专业教材，同时可供对算法设计与分析有所了解的广大开发人员、科技工作者和研究人员参考。

版权所有，侵权必究。举报：010-62782989，beiqinquan@tup.tsinghua.edu.cn。

图书在版编目(CIP)数据

算法设计与分析：Python 案例详解：微课视频版/许瑾晨，周蓓编著. —北京：清华大学出版社，2024.7
国家级实验教学示范中心联席会计算机学科组规划教材
ISBN 978-7-302-65953-2

Ⅰ.①算… Ⅱ.①许… ②周… Ⅲ.①电子计算机－算法设计－高等学校－教材 ②电子计算机－算法分析－高等学校－教材 ③软件工具－程序设计－高等学校－教材 Ⅳ.①TP301.6 ②TP311.561

中国国家版本馆 CIP 数据核字(2024)第 065074 号

策划编辑：	魏江江
责任编辑：	王冰飞　吴彤云
封面设计：	刘　键
责任校对：	郝美丽
责任印制：	刘海龙

出版发行：清华大学出版社
　　网　　址：https://www.tup.com.cn，https://www.wqxuetang.com
　　地　　址：北京清华大学学研大厦 A 座　　邮　编：100084
　　社 总 机：010-83470000　　邮　购：010-62786544
　　投稿与读者服务：010-62776969，c-service@tup.tsinghua.edu.cn
　　质量反馈：010-62772015，zhiliang@tup.tsinghua.edu.cn
　　课件下载：https://www.tup.com.cn，010-83470236
印 装 者：三河市人民印务有限公司
经　　销：全国新华书店
开　　本：185mm×260mm　　印　张：13.75　　字　数：335 千字
版　　次：2024 年 8 月第 1 版　　印　次：2024 年 8 月第 1 次印刷
印　　数：1～1500
定　　价：49.80 元

产品编号：097335-01

前言

党的二十大报告指出：教育、科技、人才是全面建设社会主义现代化国家的基础性、战略性支撑。必须坚持科技是第一生产力、人才是第一资源、创新是第一动力，深入实施科教兴国战略、人才强国战略、创新驱动发展战略，开辟发展新领域新赛道，不断塑造发展新动能新优势。高等教育与经济社会发展紧密相连，对促进就业创业、助力经济社会发展、增进人民福祉具有重要意义。

算法设计与分析在计算机领域中的重要性不言而喻，虽说有新的算法被不断提出，但掌握常用的算法设计策略与算法分析方法依然是算法学习的主要内容和基本功。本书较全面、深入地介绍了常用算法设计策略和算法分析方法，涵盖的内容作为程序高效求解问题必备的知识，能够满足高等院校计算机相关专业学习算法设计与分析的教学需求和学习需求。

全书围绕算法评价和算法设计展开，分为两篇，共 10 章。

第一篇主要介绍算法评价的内容和方法，包括两章。第 1 章系统介绍从理论层面分析算法优劣的基本方法，包括算法的正确性、算法的简单性、算法的时空复杂度分析、算法的最优性证明、计算误差分析和 NP 完全理论；第 2 章介绍从实践层面分析算法优劣的可实施方法，包括程序的性能测试方法、程序的空间测试方法和误差测试方法。

第二篇主要介绍常用的算法设计策略，包括第 3～9 章，具体内容为递归、分治、动态规划、贪心法、回溯法、分支限界法和概率算法。算法设计策略从原理思想上不难理解，但如何做到活学活用是算法学习的重点和难点。因此，在算法设计策略的内容组织方面，通过引例引入算法，阐述算法思想、步骤和原理，再结合若干典型应用的问题分析、算法设计、实例演示、代码实现、算法分析、算法改进、应用扩展等内容，对算法进行全面描述，力求做到分析深入、讲解清楚、代码完整。此外，第 10 章针对各类算法进行了对比分析，并通过几个经典应用给出了采用不同算法设计策略的求解方法，希望借此抛砖引玉，引导读者运用所学的算法知识，从不同角度尝试多种方法分析和求解问题，从而进一步加深对不同算法设计策略的理解和运用。

实践练习是算法学习的重要一环，本书的每章设计并精选了练习题，引导读者深入思考，做针对性练习，在实践中不断提升对知识的理解，提高求解问题的能力。其中，部分练习题来自国内知名在线编程平台，如 poj、洛谷等，对全面考虑问题、设计时空复杂度低的算法有更高的要求。

本书的特点是突出算法评价和算法设计两个重点，从理论和实践相结合的角度阐述，力图把原理方法讲透，把求解过程讲到位。在内容组织上，贯穿所见即所得的理念，强化典型应用算法设计过程和实际程序执行过程的描述，同时通过程序执行步骤的可视化，充分展示代码执行过程中的状态变化，有利于读者在阅读的同时建立程序执行的影像，实现"纸上谈兵"。

此外，对于算法学习者，在厘清算法基本原理的同时，也有必要了解算法的起源和应用场景。所以，本书在每章的最后增加了扩展阅读内容，梳理了部分算法的起源、发展、应用场景或算法提出者的简单生平。同时，算法在学习和生活中无处不在，蕴含在算法中的人生哲理对于学习者更是受益匪浅。因此，针对不同章节的主要内容，从算法的思想出发引出了生活中的处世之道和人生智慧。

为便于教学，本书提供丰富的配套资源，包括教学大纲、教学课件、电子教案、程序源码、习题及答案和 600 分钟的微课视频。

资源下载提示

课件等资源：扫描封底的"图书资源"二维码，在公众号"书圈"下载。

素材(源码)等资源：扫描目录上方的二维码下载。

微课视频：扫描封底的文泉云盘防盗码，再扫描书中相应章节的视频讲解二维码，可以在线学习。

本书第 1 章的主要内容由周蓓和许瑾晨共同编写，第 2~4 章及第 7~9 章的主要内容由许瑾晨编写，第 5、6 章及第 10 章的主要内容由周蓓编写，书中代码由周蓓、许瑾晨、本科生赵贝宁完成且由弋宗江老师审核，扩展阅读部分由周蓓、许瑾晨、弋宗江、硕士生李飞完成材料收集和编写。周蓓、许瑾晨、弋宗江、郝江伟、朱雨、李飞、硕士生宋广辉等对全书内容进行了校对。

借此机会，感谢从事算法设计与分析教学的老师，包括舒辉教授、杜祝平副教授、岳峰博士、陶红伟博士等，以及所有为课程建设作出贡献的老师和同学们，因为有他们的付出，才给了我们深厚的课程积淀，让我们有机会完成本书的撰写和出版。

感谢郭绍忠教授、王炜副教授的支持和有益的建议！

本书初稿内容在多届本科生中讲授，他们在学习过程中提出了若干宝贵的建议，在此一并表示感谢！

感谢在互联网上共享算法相关内容的人们，以及各类代码编程网站和平台，这都为本书的组织和撰写提供了有益的思路和一定的借鉴！

感谢我们的家人们，感谢他们的大力支持！

感谢教研室的各位领导、老师和硕博士们给予的帮助！

感谢所有以各种形式支持和帮助过我们的人！

本书内容力求全面概括计算机相关专业对于算法方面所要求的相关知识，然而，由于编者水平所限，难免有所遗漏，敬请读者批评指正。

编　者

2024 年 7 月

目 录

扫一扫

源码下载

第一篇 算法评价

第1章 从理论看算法 ... 3
- 1.1 正确性 ... 4
- 1.2 简单性 ... 6
- 1.3 时间复杂度分析 ... 6
  - 1.3.1 非递归算法的分析方法 ... 8
  - 1.3.2 递归算法的分析方法 ... 10
- 1.4 空间复杂度分析 ... 14
- 1.5 最优性证明 ... 15
- 1.6 计算误差分析 ... 16
  - 1.6.1 误差分析基础 ... 16
  - 1.6.2 误差分析方法 ... 21
- 1.7 NP完全理论 ... 23
  - 1.7.1 计算模型 ... 24
  - 1.7.2 P问题、NP问题和NPC问题 ... 26
  - 1.7.3 常见典型问题 ... 27
- 1.8 小结 ... 27
- 扩展阅读 ... 28
- 习题1 ... 29

第2章 从实践看算法 ... 30
- 2.1 性能测试方法 ... 30
  - 2.1.1 从零做测试 ... 30
  - 2.1.2 工具介绍 ... 31
- 2.2 空间测试方法 ... 33
  - 2.2.1 Windows系统 ... 33
  - 2.2.2 Linux系统 ... 33
- 2.3 误差测试方法 ... 36
  - 2.3.1 计算ULP ... 36
  - 2.3.2 从零做测试 ... 36

2.4 小结 ... 37
扩展阅读 ... 37
习题 2 ... 38

第二篇 算法设计

第 3 章 递归 ... 41

3.1 引例：阶乘 ... 41
3.2 递归的基本思想 ... 42
3.3 递归应用：汉诺塔问题 ... 42
3.4 递归应用：全排列 ... 44
3.5 递归应用：整数划分 ... 46
3.6 小结 ... 47
扩展阅读 ... 47
习题 3 ... 48

第 4 章 分治法 ... 49

4.1 引例：寻找假币 ... 49
4.2 分治法基本思想 ... 51
    4.2.1 分治法解题步骤 ... 51
    4.2.2 分治法适用条件 ... 52
    4.2.3 分治法代码框架 ... 52
4.3 分治法应用：二分搜索 ... 52
4.4 分治法应用：快速排序 ... 56
4.5 分治法应用：归并排序 ... 60
4.6 分治法应用：求最大最小项 ... 63
4.7 分治法应用：棋盘覆盖 ... 65
4.8 分治法应用：大整数乘法 ... 69
    4.8.1 位乘法实现 ... 69
    4.8.2 分治法实现 ... 71
4.9 小结 ... 72
扩展阅读 ... 73
习题 4 ... 74

第 5 章 动态规划 ... 75

5.1 引例一：兔子繁殖问题 ... 75
5.2 引例二：数字三角形问题 ... 80
5.3 动态规划基本思想 ... 83
    5.3.1 动态规划与分治法的区别 ... 83
    5.3.2 适合用动态规划求解的问题具有的两个重要性质 ... 83

5.3.3　动态规划的解题步骤 ·· 84
5.4　动态规划应用：0-1 背包问题 ··· 84
　　5.4.1　动态规划求解 0-1 背包问题 ··· 85
　　5.4.2　算法空间优化 ·· 91
5.5　动态规划应用：矩阵连乘问题 ··· 94
5.6　动态规划应用：最长公共子序列 ·· 103
5.7　动态规划应用：最长不上升子序列 ·· 108
5.8　动态规划应用：编辑距离问题 ··· 110
5.9　动态规划应用：最优二叉搜索树 ·· 113
5.10　小结 ·· 119
扩展阅读 ·· 119
习题 5 ··· 120

第 6 章　贪心法 ··· 121

6.1　引例：找零钱问题 ··· 121
6.2　贪心法的基本思想 ··· 122
6.3　贪心法应用：活动安排问题 ··· 125
6.4　贪心法应用：过河问题 ··· 128
6.5　贪心法应用：哈夫曼编码 ··· 130
6.6　贪心法应用：最小生成树 ··· 135
6.7　贪心法应用：多机调度问题 ··· 140
6.8　小结 ·· 141
扩展阅读 ·· 141
习题 6 ··· 143

第 7 章　回溯法 ··· 144

7.1　引例一：0-1 背包问题 ·· 144
7.2　引例二：旅行售货员问题 ··· 146
7.3　回溯法基本思想 ··· 147
　　7.3.1　解题步骤 ·· 147
　　7.3.2　算法框架 ·· 148
7.4　回溯法应用：0-1 背包问题 ·· 149
7.5　回溯法应用：旅行售货员问题 ··· 154
7.6　回溯法应用：符号三角形问题 ··· 156
7.7　回溯法应用：n 皇后问题 ·· 158
7.8　小结 ·· 162
扩展阅读 ·· 163
习题 7 ··· 163

第 8 章 分支限界法 ... 164

8.1 引例：0-1 背包问题 ... 164
8.2 分支限界法基本思想 ... 166
8.3 分支限界法应用：0-1 背包问题 ... 167
8.4 分支限界法应用：旅行售货员问题 ... 173
8.5 小结 ... 175
扩展阅读 ... 175
习题 8 ... 176

第 9 章 概率算法 ... 177

9.1 引例：主元素求解 ... 177
9.2 概率算法的分类 ... 178
9.3 随机数生成 ... 178
9.4 舍伍德算法 ... 179
9.5 拉斯维加斯算法 ... 181
9.6 蒙特卡洛算法 ... 182
9.7 小结 ... 183
扩展阅读 ... 184
习题 9 ... 184

第 10 章 综合应用 ... 185

10.1 算法设计策略的对比 ... 185
  10.1.1 递归与分治法 ... 185
  10.1.2 动态规划与分治法 ... 186
  10.1.3 动态规划与贪心法 ... 186
  10.1.4 回溯法与分支限界法 ... 186
10.2 最大子段和问题 ... 187
10.3 最短路径问题 ... 195
  10.3.1 单源最短路径 ... 195
  10.3.2 所有点对间的最短路径 ... 201
10.4 资源分配问题 ... 204
10.5 小结 ... 208
扩展阅读 ... 208
习题 10 ... 209

参考文献 ... 210

第一篇

算法评价

对于算法的研究，本书首先从评价方法入手。之所以称之为评价，而非分析，是因为分析只是从理论角度评价算法的手段之一，在分析的基础上，还需注重实践过程中对算法适用程度的评价，从实践角度出发，利用有效的测试方法实现对算法的综合评价，是工程领域更常用的手段。

算法是程序能够高效解决实际问题的核心，好的算法事半功倍，差的算法事倍功半。如何评价算法是研究算法需要厘清的首要问题。本篇主要从理论和实践两个角度就算法评价方法展开讨论，从中可以学习到算法分析方法和各种有效的测试方法，帮助读者更有效地评价算法。

第1章 从理论看算法

扫一扫
视频讲解

扫一扫
视频讲解

扫一扫
思政教学案例

本章学习要点

- 算法的定义和5个特征
- 算法分析的5个准则
- 时间复杂度的分析方法
- 最优性的含义和证明方法
- 浮点计算误差的分析
- NP完全理论

算法作为程序的重要组成部分,是由一系列指令构成的解决实际问题的策略机制。D. E. Knuth给出了算法的一个非形式化的定义：算法是一个有穷规则序列。它为某个特定类型问题提供了解决问题所实施方法的先后顺序。从这个定义中引申出算法的5个特征。

(1) 确定性。算法的每步必须是确定的,即让计算机执行的每步必须有确切的定义,不允许有模棱两可的解释,不允许有多义性。例如,"将 x 或 y 与 z 相乘"之类的运算存在二义性,究竟是 x 与 z 相乘还是 y 与 z 相乘是不确定的。

(2) 可行性。算法所描述的每步都必须是基本的、有意义的,原则上能够精确实施。例如,在除法运算中除数不能为0;在实数范围内不能求一个负数的平方根等。

(3) 有穷性。算法必须在执行有穷步之后终止,即必须在有限的时间内完成。所谓有限的时间,是指人们可以接受的时间。一个需要在计算机上运行千万年的算法,虽然也是有限的时间,但从实用角度来讲是毫无意义的。

(4) 有0个或1个以上的输入。算法处理的数据可以来源于外部设备,如文件或键盘等,也可以是算法自身产生的。0个输入指不需要从外部设备获取数据,数据来源于算法自身。

(5) 有1个以上的输出。输出数据是算法执行的结果。既然算法是为了解决问题而设计的具体实现的若干步骤,那么算法实现的最终目的就是要获得问题的解。没有输出的算法是没有意义的。

通常可以使用自然语言、流程图或伪代码的方式描述算法。

引申：伪代码

伪代码是由多种语言组合构成的算法描述语言,包括不同的程序设计语言和自然语言,能够很好地描述算法的逻辑结构和方法,具有结构清晰、编写简单、可读性强的特点。因其接近自然语言的表述和较强的算法思想展示力,伪代码在算法的研究、学习和传播过程中充当了重要的角色,成为描述算法的重要方式之一。

例如，在存储 n 个整数的数组 A 中找出最大元素。解决该问题的一种算法及其伪代码描述如下。

算法 ArrayMax(A, n)：
输入：数组 A 及元素个数 $n > 0$
输出：A 中的最大元素

```
1    Max←A[0]
2    for i←1 to n-1 do
3        if Max<A[i] then
4            Max←A[i]
5    end
6    return Max
```

同一个问题通常有多种不同的解决方法，每种方法都对应一种算法。不同的算法在解决同一问题上具有不同的特点。通常，从理论角度分析衡量一个算法的各项指标主要包括正确性、简单性、时间复杂度、空间复杂度和最优性。时间和空间是处理器最重要的两项资源，在设计算法过程中，算法所需要的时间越短越好，占用的空间越小越好。

扫一扫

视频讲解

1.1 正确性

确立一个算法的正确性，有 3 个主要步骤。

（1）建立命题。在能够试图确定一个算法是否正确之前，首先必须对"正确性"的含义有一个透彻的了解。若在给定有效的输入之后，算法经过有限时间的计算并产生正确的结果，那么算法是正确的。如果知道什么是"有效的输入"以及什么是"正确的结果"，那么这个定义是有用的。因此，要说明一个算法是正确的，首先需要建立一个精确的命题，这个命题说明在给出某些输入以后，算法将要产生什么结果，然后再证明这个命题。

（2）针对解决问题的方法及实现这些方法的一系列操作指令进行证明。一个算法有两方面：一是解决问题的方法，二是实现这个方法的一系列指令。要确立所使用的方法和（或）所使用的公式的正确性，可能需要一系列与算法的工作对象（如图、置换和矩阵）有关的引理和定理。

（3）证明过程。如果一个算法相当短而且简单，那么通常直接使用一些不太正规的（和难以描述的）方法，论述算法的各个部分确实做了它们应该做的工作。可以仔细地检查某些细节（如循环计数器的初值和终值），并且在少量的实例上人工模拟这个算法。虽然上述做法不能严格证明这个算法是正确的，但是对小型的程序，上述技术已经足够。实际上，大多数实用的程序是非常庞大和复杂的。为了证明一个大型程序的正确性，可以尝试将这个程序分解成一些较小的程序段，并且说明如果所有这些较小的程序段正确地完成它们的工作，则整个程序是正确的，然后再证明每个程序段是正确的。上述证明过程是可行的，仅当所写的算法和程序可以分解成若干能独立验证的互不相交的程序段。本书中给出的大多数算法是小型程序，所以将不涉及很长的算法或程序的正确性证明。

要对一个算法的正确性进行严格的证明，最有用的技术之一是数学归纳法。利用数学归纳法可以证明一个算法中的循环确实做了它们应该做的工作。对于每个循环，在说明一些条件和关系的前提下，根据所用到的变量和数据结构，可以相信这些条件和关系是满足的,然后通过对循环的次数进行归纳验证这些条件是成立的。证明的详细过程需要仔细地跟随算法的指令进行。

下面用一个简单的例子说明数学归纳法的使用,用顺序搜索算法在数组 L 中寻找给定项 x 的位置,即 x 的下标。这个算法将 x 依次与数组 L 中的每个项进行比较,直到找到了一次匹配或数组 L 被检查完毕为止。如果 x 不在数组 L 中,算法以 0 作为其答案。算法描述见代码 1-1。

代码 1-1:顺序搜索数组与给定项匹配的第 1 个项的下标

```
输入:L, n, x
输出:j
1    j = 1;
2    while  ((j≤n) && (L[j]!= x))
3        j = j + 1;
4    if j > n   j = 0;
5    return j;
```

首先建立命题:如果 L 是一个具有 n 项的数组,而且数组中有一个等于 x 的项,那么这个算法将 j 置为数组中等于 x 的项的下标而结束;否则,若数组中没有等于 x 的项,则这个算法将 j 置为 0 而结束。

这样的命题有两个缺点:一是它没有说明当 x 在表中多次出现时的结果;二是没有指明算法在 n 为何值时工作。

下面给出一个更精确的命题:给定一个具有 n 项($n \geq 0$)的数组 L,并且给定 x,当 x 在 L 中时,顺序搜索算法将 j 置为 x 在 L 中第 1 次出现处的下标而结束,否则算法将 j 置为 0 而结束。

通过证明一个更强的命题证明上述命题,这个更强的命题对于算法执行期间成立的一些条件给出了详细的断言。对于这个更强的命题,可使用数学归纳法加以证明:对于 $1 \leq k \leq n+1$,若算法第 k 次执行代码 1-1 第 2 行中的测试,则以下条件成立。

条件 1:$j = k$ 且对于 $1 \leq i < k, L(i) \neq x$。

条件 2:若 $k \leq n$ 且 $L(k) = x$,则算法执行第 2 行和第 5 行后结束,此时 j 仍然等于 k。

条件 3:若 $k = n+1$,则算法在执行了第 2 行中的测试和第 5 行以后结束,此时 $j = 0$。

证明 设 $k = 1$。由第 1 行可得 $j = k$,条件 1 的第 2 部分被认为是满足的。对于条件 2,若 $1 \leq n$ 和 $L(1) = x$,则第 2 行的测试不成立,算法进行到第 4 行,这时因为 $j = k \leq n$,所以 j 不改变。对于条件 3,若 $k = n+1$,则 $j = n+1$,以致第 2 行的测试不成立,算法进行到第 4 行,这时 j 被置为 0。注意:这时 $n = 0$ 即表示空的情况。

现在假设这 3 个条件对某个 $k < n+1$ 是成立的,然后证明对于 $k+1$ 它们也成立。假设算法已经第 $k+1$ 次执行第 2 行中的测试。因为条件 1 在 k 时成立,说明对于 $1 \leq i < k$,$L(i) \neq x$。条件 2 对于 k 成立意味着 $L(k) \neq x$,否则算法已经结束了。因此,在算法第 $k+1$ 次执行第 2 行中的测试时,对于 $1 \leq i < k+1, L(i) \neq x$,即对于 $k+1$,条件 1 成立。条件 2 和条件 3 对于 $k+1$ 成立的论证非常类似于 $k = 1$ 时所用的论证,所以这里不再详述。

上面已经证明了的断言说明在第 2 行中的测试至多执行 $n+1$ 次,而且输出 $j = 0$,当且仅当它们执行 $n+1$ 次,如果那样,对于 $1 \leq i < n+1, L(i) \neq x$,即 x 不在 L 中。输出 $j = k$,当且仅当 $L(k) = x$,且对于 $1 \leq i < k, L(i) \neq x$,因此 k 是 x 在数组中第 1 次出现的下标。由此可知算法是正确的。

对于算法中某些复杂的部分或带有技巧的部分,虽然可以进行一些论证或解释说明它们是正确的,但是在本书中将不进行形式化的正确性证明。在此提供证明范例是为了让读者看看证明是什么样子的;而更主要的,是为了告诉读者正确性是可以证明的,但是对于长而复杂的(即实际的)程序,正确性证明确实是一件极为复杂和困难的工作。

1.2 简单性

通常情况下,解决一个问题的最简单、直观的算法并不是效率最高的。但是,算法的简单性也是评价算法的一个重要指标。简单的算法更容易验证其正确性,并且更容易编写、调试和改进实现该算法对应的程序。当选择一个算法时,除了考虑算法自身的执行效率外,还应该考虑把算法实现为一个经过调试的程序所需要的时间,但是,如果这个程序使用频繁(如计算机系统中的库),那么算法的效率可能就是选择算法的决定性因素。

1.3 时间复杂度分析

时间复杂度描述的是算法运行时间和解算问题规模之间的关系,是一种以输入量 n 为自变量的函数表示,记为 $T(n)$,通过该函数可以从理论角度对问题不同规模下的运行时间进行衡量。

通常,即使是同一个算法,由不同风格的程序员编写、用不同的程序设计语言实现、在不同性能的机器上运行等因素都可能会导致运行时间的不同,因此,通常以算法中基本操作(基本运算)的执行次数反映算法的时间复杂度。基本操作是对算法整体操作次数影响最大的操作,针对基本操作进行的操作次数分析可反映对算法所有操作次数的分析。基本操作可以选取算法中的一种或若干种指令,如搜索问题中的元素比较操作、矩阵乘法中的加法和乘法操作等。通过分析基本操作的执行次数,忽略算法实现的细节问题,可以简化时间复杂度的分析,降低算法分析的难度,同时实现同一标准下不同算法的比较。

确定基本操作后,算法的时间复杂度 $T(n)$ 表示算法在规模为 n 时基本操作的执行次数。对于很多问题,即使规模相同,其基本操作的执行次数也有差异。例如,对于一个初始状态基本有序的序列和基本无序的序列采用直接插入排序算法,其比较次数是不同的。因此,在分析时间复杂度时,还要考虑输入的影响,通常有平均时间复杂度和最坏时间复杂度。

平均时间复杂度记为

$$A(n) = \sum_{I \in D_n} p(I)t(I) \tag{1-1}$$

最坏时间复杂度记为

$$W(n) = \max_{I \in D_n} \{t(I)\} \tag{1-2}$$

其中,D_n 表示规模为 n 的输入集合;I 是 D_n 的一个元素;$p(I)$ 表示输入 I 出现的概率;$t(I)$ 表示输入为 I 时算法所做的基本操作的次数。

根据式(1-1)和式(1-2),可以进一步细化时间复杂度分析步骤,对于平均时间复杂度,其分析步骤如下。

(1) 确定基本操作。

(2) 分析不同的输入种类并确定出现概率。

(3) 计算每种输入执行的基本操作次数。

(4) 按式(1-1)计算。

(5) 化简函数。

对于最坏时间复杂度,其分析步骤如下。

(1) 确定基本操作。

(2) 分析输入的最坏情况。

(3) 计算最坏情况输入下执行基本操作的次数。

(4) 化简函数。

上述化简函数步骤,其实是采用渐近分析思想将对 $T(n)$ 的精确求解转化为对 $T(n)$ 随 n 趋向无穷大时变化趋势的描述,这种描述方式使时间复杂度分析不再局限于对算法在某个具体问题规模时的时间复杂度,而是从长远考虑,随 n 趋向于无穷大时算法运行时间的增长趋势。算法的渐近时间复杂度简记为算法的时间复杂度。随着 n 的增大,$T(n)$ 增加得越快,则认为算法的时间复杂度越高。

> **引申:渐近分析**
>
> 渐近分析思想由约翰·霍普克罗夫特(John Edward Hopcroft)提出,用渐近分析作为衡量算法性能的主要指标,成为当今计算机科学的一大支柱。渐近分析主要体现出两大特点:一是关注主流,在分析过程中只关注主要计算,忽略细节操作;二是关注长远,对算法时间复杂度的分析,主要考虑输入规模趋于无穷大的情况,关注的是计算量随输入规模的变化趋势。
>
> 上述特点就为后续时间复杂度分析中基于基本操作分析计算量,并忽略低阶项提供了理论支撑。

为了更清晰地描述上述渐近思想下的时间复杂度及其之间的关系,产生了一些专有表述及其符号表示,主要包括渐近上界 O、渐近同阶 Θ 和渐近下界 Ω。

定义 1-1 设 $f(n)$ 和 $g(n)$ 是定义在自然数集 N 上的函数,若存在常数 $C>0$ 和正整数 n_0,使得对所有 $n>n_0$,若 $f(n) \leqslant Cg(n)$,则称 $f(n)$ 的阶不高于 $g(n)$ 的阶,即 $g(n)$ 是 $f(n)$ 的一个上界,记作 $f(n)=O(g(n))$。

定义 1-2 设 $f(n)$ 和 $g(n)$ 是定义在自然数集 N 上的函数,若 $f(n)=O(g(n))$ 且 $g(n)=O(f(n))$,则称 $f(n)$ 和 $g(n)$ 同阶,记作 $f(n)=\Theta(g(n))$ 或 $g(n)=\Theta(f(n))$。

定义 1-3 设 $f(n)$ 和 $g(n)$ 是定义在自然数集 N 上的函数,若存在常数 $C>0$ 和正整数 n_0,使得对所有 $n>n_0$,有 $f(n) \geqslant Cg(n)$,则称 $f(n)$ 的阶不低于 $g(n)$ 的阶,即 $g(n)$ 是 $f(n)$ 的一个下界,记作 $f(n)=\Omega(g(n))$。

定义 1-4 设 $f(n)$ 和 $g(n)$ 是定义在自然数集 N 上的函数,若存在常数 $C>0$ 和正整数 n_0,使得对所有 $n>n_0$,有 $f(n)<Cg(n)$,则称 $f(n)$ 的阶严格低于 $g(n)$ 的阶,即 $g(n)$ 是 $f(n)$ 的一个紧上界,记作 $f(n)=o(g(n))$。

定义 1-5 设 $f(n)$ 和 $g(n)$ 是定义在自然数集 N 上的函数,若存在常数 $C>0$ 和正整数 n_0,使得对所有 $n>n_0$,有 $f(n)>Cg(n)$,则称 $f(n)$ 的阶严格高于 $g(n)$ 的阶,即 $g(n)$ 是 $f(n)$ 的一个紧下界,记作 $f(n)=\omega(g(n))$。

> **引申:关于 n_0**
>
> 在判断函数 $g(n)$ 和 $f(n)$ 的阶的关系时,能否找到 n_0 成为关键,这个值可能很大,但只要存在这个点,就能够说明两者之间的关系。此外,在实际问题求解中,n_0 还可能成为选择算法的重要依据。

假设，针对某一问题有两种求解算法，算法1的时间复杂度 $f(n)=1000n^2+100n=O(n^2)$，算法2的时间复杂度 $g(n)=10n^4=O(n^4)$。理论上，$g(n)$ 的阶高于 $f(n)$，在问题求解时应该选择算法1，但是当问题规模 $n<10$ 时，算法2的计算量明显小于算法1，此时算法2才是最佳选择。

算法分析的目的是为实践中选择更合适的算法提供依据，原则上在只考虑运行时间的情况下，时间复杂度越低的算法越该被选择，但在实际问题求解中，应结合理论分析和实际问题规模，选择合适的算法。

常见的时间复杂度按阶从低到高可表示为 $O(1)$、$O(\log n)$、$O(n)$、$O(n\log n)$、$O(n^2)$、$O(n^3)$、$O(2^n)$、$O(n!)$，如图1-1所示。不同时间复杂度对应的算法有等差数列公式求和、二分查找、求最大值、快速排序、冒泡排序、矩阵乘法、递归实现斐波那契数列和旅行商问题。

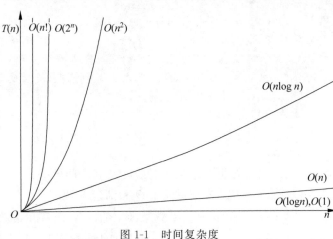

图1-1 时间复杂度

1.3.1 非递归算法的分析方法

以代码1-1为例，介绍非递归方式实现的算法的时间复杂度分析方法。

(1) 确定该段代码的基本操作为 $L[j]!=x$。若只考虑代码本身，$j\leq n$ 和 $j=j+1$ 同样可以作为基本操作，但考虑到操作与实际解决问题的对应关系，选择元素 x 与数组元素的比较操作作为基本操作更为合理。

(2) 确定不同的输入情况。上述实现当 x 的值不同时，其在数组 L 中出现的位置不同，需要的比较次数也不同。根据 x 的值可将输入情况分为两类：一类是 x 的值在数组 L 中，x 可能出现在 n 个不同的位置，每个位置需要的比较次数也不同，所以存在 n 种不同的输入，用 $I_i(i=1,2,\cdots,n)$ 表示；另一类是 x 的值不在数组 L 中，尽管这有无穷种可能，但在上述实现中需要的比较次数都是恒定不变的，所以可以归为一种输入，用 I_{n+1} 表示。总体而言，共存在 $n+1$ 种不同的输入。

假设 x 在 L 中出现的概率为 q 且 x 在 L 中每个位置上出现的可能性均等，则 x 不在 L 中的概率为 $1-q$，x 出现在 L 中每个位置的概率为 q/n。

(3) 计算每种输入下基本操作的执行次数。结合上述算法实现方法，当 x 在 L 中时，基本操作需要的比较次数取决于 x 在 L 中的位置，即 $t(I_i)=i$；当 x 不在 L 中时，需要把 L 中的每个元素都比较一遍后才能确定，即 $t(I_{n+1})=n$。

(4)根据时间复杂度计算公式分别计算平均时间复杂度 $A(n)$ 和最坏时间复杂度 $W(n)$。

$$A(n) = \sum_{i=1}^{n+1} p(I_i) t(I_i)$$

$$= \left(\sum_{i=1}^{n} \frac{q}{n} \cdot i\right) + (1-q)n$$

$$= q \cdot \frac{n+1}{2} + (1-q)n$$

特别地,当 $q = \frac{1}{2}$ 时,$A(n) = \frac{1}{2} \cdot \frac{(n+1)}{2} + \frac{n}{2} = \frac{3n}{4} + \frac{1}{4}$。

$$W(n) = \max\{t(I_i) : 1 \leqslant i \leqslant n+1\} = n$$

(5)化简。去掉低阶项和最高项系数。

经计算,$A(n) = W(n) = O(n)$。其中,最坏时间复杂度对应的输入有两类:一类为 x 出现在 L 的最后;另一类为 x 不在 L 中,两种情况都需要执行 n 次基本操作。

引申:输入的分类

在时间复杂度的分析过程中,不是所有算法都需要对输入进行分类。考虑矩阵乘法,在常规实现中,基本操作的执行和输入没有相关性,这种情况可理解为只有一种输入情况,其分析结果既对应平均时间复杂度,也对应最坏时间复杂度。

下面以直接插入排序算法为例,分析最坏时间复杂度。

代码 1-2:直接插入排序算法

```
def f(L, n):
    #从第2个数开始遍历
    for i in range(2, n + 1):
        temp = L[i]
        k = 0
        #第2层循环,与前面的数比较大小,并按从小到大排列
        for j in range(i - 1, 0, -1):
            if temp < L[j]:
                L[j + 1] = L[j]
            else:
                k = j
                break
        L[k + 1] = temp

if __name__ == '__main__':
    n = int(input("输入n:"))
    L = list(map(eval, input("输入数组L:").split()))
    L.insert(0, None)
    f(L, n)
    print(L[1:])
```

代码 1-2 的最坏时间复杂度分析过程如下。

(1)确定基本操作。直接插入排序通过元素之间的比较,确定元素的插入位置。因此,选择代码中的比较操作作为基本操作。

(2)分析输入的最坏情况。从算法来看,依次取出无序区中的第 1 个元素 $L[i]$($i=2$,

$3,\cdots,n$),通过与有序区($L[1]\sim L[i-1]$)元素的比较,确定$L[i]$在有序区的位置。显然,当$L[i]$需要与有序区中每个元素比较时,比较次数达到最多。因此,初始序列是一个倒序序列时,对应输入的最坏情况。

(3) 计算最坏情况下执行基本操作的次数。根据步骤(2)分析可得

$$W(n) = \sum_{i=2}^{n}(i-1) = 1+2+\cdots+n-1 = \frac{n(n-1)}{2}$$

(4) 化简函数,$W(n) = O(n^2)$。

1.3.2 递归算法的分析方法

在算法实现中,有一部分算法通常会采用递归方法实现(如基于分治策略的算法),这部分代码在分析时可以借助递归特点(把问题转换为同类若干子问题的求解),把问题的时间复杂度表示为若干子问题的时间复杂度,通过建立递推方程求解。

设算法的时间复杂度为$T(n)$,n为问题规模,递归算法把问题分成若干规模为n_i($1 \leqslant i \leqslant k$)的小规模问题,在分解和合并小规模问题时,耗费的工作量用$g(n)$表示,于是就有了递推方程

$$T(n) = \sum_{i=1}^{k} C_i T(n_i) + g(n) \tag{1-3}$$

其中,n_i为第i个子问题的规模($n_i < n$);$T(n_i)$为第i个子问题的时间复杂度;C_i为常数;$g(n)$为把大问题划分成若干个小问题及把各个小问题的解合并成整个问题的解所需的工作量之和。

递推方程建立后,可以用迭代法、递归树和主定理等方法求解。

引申:常见的递推方程

$T(n) = T(n-1) + n - 1, T(1) = 0$(可能的实现:插入排序)

$T(n) = 2T(n/2) + n - 1, T(1) = 0$(可能的实现:归并排序)

$T(n) = \frac{2}{n}\sum_{i=1}^{n-1}T(i) + cn, n \geqslant 2, T(1) = 0$(可能的实现:快速排序)

...

扫一扫

视频讲解

1. 迭代法求解

迭代是一种不断用变量的旧值递推新值的过程,在针对递推方程的求解过程中,常用的迭代有直接迭代、换元迭代和差消迭代。

下面以式(1-4)为例阐述直接迭代法的运用。

$$T(n) = T(n-1) + n - 1, \quad T(1) = 0 \tag{1-4}$$

解 $T(n) = T(n-1) + n - 1$

$= T(n-2) + n - 2 + n - 1$

$= \cdots$

$= T(1) + 1 + 2 + \cdots + n - 1$

$= \frac{n(n-1)}{2} = O(n^2)$

下面以式(1-5)为例阐述换元迭代法的运用。

$$T(n) = 2T(n/2) + n - 1, \quad T(1) = 0 \tag{1-5}$$

解 令 $n = 2^k$，则

$$\begin{aligned}
T(n) &= 2T(2^{k-1}) + 2^k - 1 \\
&= 2[2T(2^{k-2}) + 2^{k-1} - 1] + 2^k - 1 \\
&= 2^2 T(2^{k-2}) + 2^k - 2 + 2^k - 1 \\
&= 2^2 [2T(2^{k-3}) + 2^{k-2} - 1] + 2^k - 2 + 2^k - 1 \\
&= \cdots \\
&= 2^k T(2^0) + k 2^k - (2^0 + 2^1 + \cdots + 2^{k-1}) \\
&= k 2^k - 2^k + 1 \\
&= n \log n - n + 1
\end{aligned}$$

上述求解过程称为换元迭代,进一步化简后,$T(n) = O(n \log n)$。

下面以式(1-6)为例阐述差消迭代法的运用。

$$\begin{cases} T(n) = \dfrac{2}{n} \sum_{i=1}^{n-1} T(i) + cn, n \geqslant 2 \\ T(1) = 0 \end{cases} \tag{1-6}$$

解 用 n 乘以式(1-6)两端,得到

$$nT(n) = 2 \sum_{i=1}^{n-1} T(i) + cn^2 \tag{1-7}$$

用 $n-1$ 代替式(1-6)中的 n 得到 $T(n-1)$,两端再分别乘以 $n-1$,得到

$$(n-1)T(n-1) = 2 \sum_{i=1}^{n-2} T(i) + c(n-1)^2 \tag{1-8}$$

式(1-7)减去式(1-8),得到

$$nT(n) = (n+1)T(n-1) + 2cn - c \tag{1-9}$$

式(1-9)两端除以 $n(n+1)$,得到

$$\begin{aligned}
\frac{T(n)}{n+1} &= \frac{T(n-1)}{n} + \frac{2cn - c}{n(n+1)} \\
&= 2c \left[\frac{1}{n+1} + \frac{1}{n} + \cdots + \frac{1}{3} + \frac{T(1)}{2} - O\left(\frac{1}{n}\right) \right] \\
&= \theta(\log n)
\end{aligned}$$

所以,得

$$T(n) = \theta(n \log n) \tag{1-10}$$

2. 递归树求解

递归树是迭代过程的一种图像表述,在递归构造树的过程中对递推式进行求解。

首先可以将递推方程的表达式分为递归项和自由项,递归项需要进一步进行递归求解,如式(1-5)中的 $2T(n/2)$ 项,自由项是关于 n 的某种函数表达式或常数项,如式(1-5)中的 $n-1$ 项。

(1) 将初始方程的自由项作为根节点,递归项作为叶子节点建树,如图1-2 所示。

(2) 用当前叶子节点对应的方程表达式构成的子

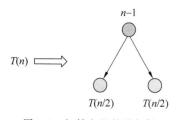

图1-2 初始方程的递归树

扫一扫

视频讲解

扫一扫

看彩图

树替换叶子节点，直到树中所有节点都由自由项构成，如图1-3所示。

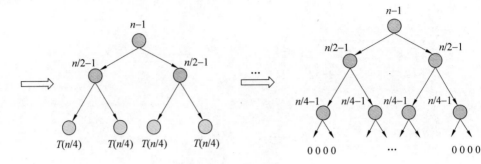

图1-3 递归树的建立过程

（3）将每个节点的自由项相加，得到最终结果。根据图1-3，第1层为$n-1$，第2层为$n-2$，第3层为$n-4$，最后一层为$n-2^k$，由此有$T(n)=n-1+n-2+n-4+\cdots+n-2^k$。经化简，同样可得$T(n)=O(n\log n)$。

在运用递归树求解的过程中，关键需要确定递归树的层数。经过多少次递归后递归项能变为常数项，就决定了递归树有多少层。

下面再举一个用递归树求解递推方程的例子。求解递推方程$T(n)=T(n/3)+T(2n/3)+n$。按照递归树的建立方法，可得对应的递归树，如图1-4所示。

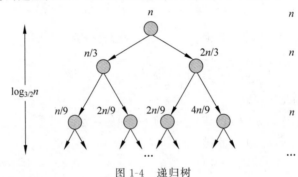

图1-4 递归树

图1-4中，最左边分支收敛得快，最右边分支收敛得慢，以最右边分支的层数k作为整棵递归树的高度，当$n(2/3)^{k-1}=1$时，递归项会变为常数项，对应$k=1+\log_{3/2}n$。由于每层节点之和为n，所以$T(n)=O(n\log n)$。

3. 主定理（Master Theorem）求解

主定理是对一系列递推式直接求解的有效方法之一，这类递推式需满足$T(n)=aT(n/b)+f(n)$的形式，其中$a\geqslant 1,b>1$。

（1）若$f(n)=O(n^{\log_b a-\varepsilon})$，$\varepsilon>0$，则$T(n)=\Theta(n^{\log_b a})$。

（2）若$f(n)=\Theta(n^{\log_b a})$，则$T(n)=\Theta(n^{\log_b a}\log n)$。

（3）若$f(n)=\Omega(n^{\log_b a+\varepsilon})$，$\varepsilon>0$，且对于某个常数$c<1$和所有充分大的$n$有$af(n/b)\leqslant cf(n)$，则$T(n)=\Theta(f(n))$。

这里不再详述主定理的证明过程，直观来看，主定理通过$f(n)$与$n^{\log_b a}$的比较结果，分3种情况讨论，如图1-5所示。

第1种情况：若$f(n)=O(n^{\log_b a-\varepsilon})$，$\varepsilon>0$，说明$f(n)$多项式小于$n^{\log_b a}$，如图1-5中

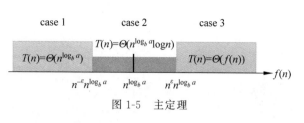

图 1-5 主定理

case 1 所示,此时 $T(n)=\Theta(n^{\log_b a})$。

第 2 种情况：若 $f(n)=\Theta(n^{\log_b a})$,说明 $f(n)$ 与 $n^{\log_b a}$ 同阶,如图 1-5 中 case 2 所示,此时 $T(n)=\Theta(n^{\log_b a}\log n)$。

第 3 种情况：若 $f(n)=\Omega(n^{\log_b a+\varepsilon})$,$\varepsilon>0$,说明 $f(n)$ 多项式大于 $n^{\log_b a}$,如图 1-5 中 case 3 所示,此时 $T(n)=\Theta(f(n))$。

图 1-5 中的深色区域,表示以上 3 种情况之外的其他情况,主定理不能求解。

下面通过一些实例介绍主定理的使用方法。

针对式(1-5),有 $a=2, b=2, f(n)=n-1=\Theta(n^{\text{lb}2})=\Theta(n)$,满足主定理的第 2 种情况,则 $T(n)=\Theta(n^{\text{lb}2}\log n)=\Theta(n\log n)$。

$$T(n)=16T(n/4)+n \tag{1-11}$$

针对式(1-11),有 $a=16, b=4, f(n)=n$,当 $\varepsilon=1$ 时,$f(n)=O(n^{\log_4 16-1})=O(n)$,满足主定理的第 1 种情况,则 $T(n)=\Theta(n^2)$。

$$T(n)=3T(n/4)+n\log n \tag{1-12}$$

针对式(1-12),有 $a=3, b=4, f(n)=n\log n=\Omega(n^{\log_4 3+\varepsilon})$,其中 ε 可以取到大于 0 的值,进一步取 $3/4\sim 1$ 的值为 c,有 $\frac{3n}{4}\log\left(\frac{n}{4}\right)\leqslant cn\log n$,满足主定理的第 3 种情况,则 $T(n)=\Theta(f(n))=\Theta(n\log n)$。

当然,主定理求解方法并不是万能的,有些递推式无法满足主定理的 3 种情况,如 $T(n)=4T(n/2)+n^2\log n$。有 $a=4, b=2, n^{\log_b a}=n^2, f(n)=n^2\log n$,虽然 $f(n)=\Omega(n^2)$,但 $f(n)$ 并不满足多项式地大于 n^2。根据定理,对每个 $b>1$ 和 $a>0$,有 $\log_b n=O(n^a)$,说明对数级复杂度总是严格小于多项式级复杂度,因此找不到 $\varepsilon>0$,使 $f(n)=n^2\log n=\Omega(n^{2+\varepsilon})$ 成立,因此,无法使用主定理求解。此时,可以使用递归树或迭代法进行求解,下面给出用迭代法求解的过程。

$$T(n)=4T(n/2)+n^2\log n$$
$$=4\left[4T(n/4)+(n/2)^2\log\left(\frac{n}{2}\right)\right]+n^2\log n$$
$$=4^2 T\left(\frac{n}{4}\right)+n^2\log\left(\frac{n}{2}\right)+n^2\log n$$
$$=\cdots$$
$$=4^k T\left(\frac{n}{2^k}\right)+n^2\log\left(\frac{n}{2^{k-1}}\right)+\cdots+n^2\log\left(\frac{n}{2}\right)+n^2\log n$$

令 $n=2^k, T(1)=0$,则

$$T(n)=n^2(1+2+3+\cdots+k)$$

$$= n^2 \frac{k(k+1)}{2}$$
$$= O[n^2(\log n)^2]$$

引申：时间复杂度分析中常用的求和公式和定理

等差数列求和公式：$S_n = \dfrac{n(a_1+a_n)}{2} = na_1 + \dfrac{n(n-1)}{2}d$

等比数列求和公式：$S_n = \begin{cases} na_1, & q=1 \\ \dfrac{a_1(1-q^n)}{1-q} = \dfrac{a_1-a_nq}{1-q}, & q \neq 1 \end{cases}$

自然数列求和公式：$S_n = \sum\limits_{k=1}^{n} k = \dfrac{n(n+1)}{2} = O(n^2)$

自然数平方数列求和公式：$S_n = \sum\limits_{k=1}^{n} k^2 = \dfrac{n(n+1)(2n+1)}{6} = O(n^3)$

自然数立方数列求和公式：$S_n = \sum\limits_{k=1}^{n} k^3 = \left[\dfrac{n(n+1)}{2}\right]^2 = O(n^4)$

调和级数求和公式：$S_n = \sum\limits_{k=1}^{n} \dfrac{1}{k} = \ln n + O(1)$

对数级数求和公式：$S_n = \sum\limits_{k=1}^{n} \log k = \Theta(n\log n)$

其他可能的变换：$\log n - 1 < \lfloor \log n \rfloor \leqslant \log n, n/2 < 2^{\lfloor \log n \rfloor} \leqslant n$

定理：对每个 $b>1$ 和 $a>0$，有 $\log_b n = O(n^a)$。

定理：对每个 $r>1$ 和 $d>0$，有 $n^d = O(r^n)$。

1.4 空间复杂度分析

空间复杂度表明程序占用计算机存储空间大小随输入数据规模变化的趋势，空间复杂度的分析方法与时间复杂度分析方法类似。对于某个具体程序，程序的空间复杂度就是程序中所有变量需要的内存空间，且一般情况下需要的数组空间大小就可以作为整个程序的空间复杂度。若程序中需要一个包含 n 个元素的数组，则空间复杂度通常为 $O(n)$；若需要一个 $n \times n$ 个元素的数组，则空间复杂度通常为 $O(n^2)$。这里的分析忽略了对数组以外的变量的分析，这类变量占用的空间通常会以空间复杂度的低阶项形式出现，在最终结果的表示中会被约简。

以代码 1-1 为例，程序实现需要 n、j、x 这 3 个变量和一个长度为 n 的数组 L，其空间复杂度可表示为 $O(n+3) = O(n)$。

计算机的存储空间不是无限的，根据访问速度不同，通常会将存储空间分成大小不一的多个存储层次，如寄存器、Cache、主存储器、辅助存储器等，存储空间越大，访问速度越慢。原则上，程序对计算机存储空间的占用越少越好，或者占用的存储空间层次越接近寄存器资源越好，越接近寄存器的存储空间访问速度越快。在时间复杂度相同的情况下，空间复杂度越低的程序越可能具有好的运行性能。

现有一个理想状态下的计算平台,该平台只有两级存储结构,第 1 级存储空间大小为 S,对其中的数据进行读写需要 1 个时钟周期,第 2 级存储空间是第 1 级的 2 倍,访问速度比第 1 级慢 5 倍,该平台同一时刻只有一个操作可执行。现针对某以数组访问为基本操作的问题,有时间复杂度为 $O(n)$,空间复杂度分别为 $O(n)$ 和 $O(1)$ 的两种不同实现方法。理论上,该问题的求解时间会随着问题规模 n 的变化呈线性增长,但因为存储空间有限且访问速度存在差异,当问题需要的存储空间(需要的存储空间和问题规模之间相差一个系数,通常某个问题规模下需要的数据量个数乘以数据对应的数据类型所占存储空间比特数即为需要的存储空间大小)超过 S 时,问题求解需要的时钟周期会呈现出新的线性增长趋势(加粗线条),如图 1-6 所示。

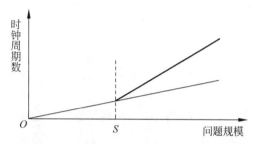

图 1-6　不同空间复杂度下问题执行时钟周期数随问题规模变化趋势

当然,现实系统中存储空间结构更复杂,指令执行情况更复杂,但依然会呈现类似的现象。空间复杂度体现的不仅仅是对计算平台存储资源的消耗,更多地会体现出对实际程序运行时间的影响。

1.5　最优性证明

最优性并非指在所有算法中最优,而是指在某个算法类中最优,算法类是指解决某一问题的各种算法中基本操作相同的一类算法。为了说明某个算法在最坏情况下是否是最优算法,比较对象必须都在同一个算法类中,若算法 A 所在的算法类中其他算法在最坏情况下执行基本操作的次数不比 A 更少,则 A 是该算法类中的一个最优算法。所以,最优算法并不唯一,在某个算法类中可能会有多个最优算法。

以最坏情况为例,算法的最优性证明通常需要经过 3 步:①求基本操作次数,求解问题规模为 n 时,算法 A 至多做的基本操作次数为 $W(n)$;②证明一个定理,即算法类中任何一个算法在最坏情况下至少做 $F(n)$ 次基本操作;③比较,若 $W(n)=F(n)$,则算法 A 是该算法类中在最坏情况下的最优算法,否则算法 A 不是最优算法。

下面看一个具体的实例,在 n 个不同项的数组 L 中寻找最大项的算法,见代码 1-3。

代码 1-3:寻找最大项

输入:L, n
输出:最大项 Max
```
1    Max = L[0]; i = 1;
2    while (i <= n-1) {
3        if (Max < L[i]) Max = L[i];
4        i = i + 1;
```

```
    5       }
    6       printf(Max);
```

该算法的思想是从第 1 个元素开始逐个比较,对于输入长度为 n 的数组 L,最坏情况下该算法需要做 $n-1$ 次比较,即 $W(n)=n-1$。

确定 $W(n)$ 后,进行证明的第 2 步,证明一个定理,即在具有 n 个不同项的数组中,以"比较操作"为基本操作的算法类中的任何一个算法在最坏情况下至少做 $n-1$ 次比较操作。

下面阐述上述定理的证明过程。

(1) 在 n 个不同项的数组中,$n-1$ 个项不是最大项;

(2) 对 $n-1$ 个较小项中的任何一个,当它至少比数组中另外一项较小时,才能断定它不是最大项;

(3) 又有每次比较只能确定一个较小项,当且仅当把 $n-1$ 个较小项确定之后才能定出最大项;

(4) 所以,比较算法类中的任何算法,在最坏情况下,至少做 $n-1$ 次比较,才能找到最大项,即 $F(n)=n-1$。

通过比较 $F(n)$ 和 $W(n)$,可知代码 1-3 对应的算法是在最坏情况下以比较操作为基本操作的算法类中的一个最优算法。

引申:最优算法

以比较操作为基本操作,少数已知问题在最坏情况下的最优算法如表 1-1 所示。

表 1-1 少数已知问题在最坏情况下的最优算法

问　　题	最 优 算 法	时间复杂度
求无序序列中的最大(小)数	穷举法	$n-1$
求无序序列中的最大和最小数	分治法或淘汰赛法	$\lceil 3n/2 \rceil - 2$
求无序序列中的最大和次大数	淘汰赛法	$n + \lceil \log n \rceil - 2$
在一个有序序列中查找某个数	二分查找法	$O(\log n)$

1.6 计算误差分析

科学问题的求解大多是对浮点数的计算,又由于现有计算系统都是有限精度计算系统,浮点计算存在计算误差不可避免。如何控制并减少计算误差就成为浮点计算领域的研究重点,计算误差的大小也成为评价浮点计算算法优劣的重要指标之一。

1.6.1 误差分析基础

目前普遍使用的浮点数标准为 IEEE-754 标准,下面先简单介绍一下该标准定义的浮点数格式,在此基础上阐述计算误差中包含的各类型误差,最后介绍一种常用的误差表述形式。

1. 浮点数

IEEE-754 标准中,浮点数由符号域、指数域和尾数域 3 个域组成,其中保存的值分别用于表示给定二进制浮点数中的符号(Sign,简记为 s)、指数(Exponent,简记为 e)和尾数(Fraction,简记为 f),可表示为式(1-13)的形式。这样,通过尾数和可调节的指数表达给定的数值。

$$(-1)^s \cdot \beta^e \cdot (1+f) \tag{1-13}$$

其中,β 为浮点数的基底,一般都为 2。

常用的浮点数类型有双精度浮点数和单精度浮点数两种,分别由 64 位二进制位和 32 位二进制位构成,各部分所占二进制位数情况如图 1-7 所示。

IEEE 单精度浮点数

符号	指数	尾数
1位	8位	23位

IEEE 双精度浮点数

符号	指数	尾数
1位	11位	52位

图 1-7 IEEE-754 浮点数格式

格式中第 1 个域为符号域,占 1 位,0 表示正数,1 表示负数。第 2 个域为指数域,其中单精度为 8 位,双精度为 11 位。由于指数可以为正数,也可以为负数,因此实际的指数值按要求需要加上一个偏差(Bias)值作为保存在指数域中的值,单精度浮点数的偏差值为 127,而双精度浮点数的偏差值为 1023。单精度浮点数可表示的指数值范围为 [−127,128],双精度浮点数则为 [−1023,1024]。第 3 个域为尾数域,其中单精度浮点数为 23 位,双精度浮点数为 52 位。除了某些特殊值,IEEE-754 标准要求浮点数必须是规范的,即尾数的小数点左侧必须为 1,但在实际表示时小数点左侧的 1 省略,以空出一个二进制位保存更多的尾数。

浮点数可划分成 5 类数:非数(Not a Number,简记为 NaN,又包括 QNaN 和 SNaN 两类)、无穷数(Infinity,简记为 inf)、有限数、非规格化浮点数(Denormal Floating-Point,简记为 dnp)和零,如表 1-2 所示。

表 1-2 IEEE-754 浮点数分类

指 数	分 类	隐含位	尾 数	说 明
111⋯111	QNaN	1	1XX⋯XXX	尾数高位为 1,但尾数不为 0
	SNaN	1	0XX⋯XXX	尾数高位为 0,但尾数不为 0
	inf	1	0	尾数不为 0
XXX⋯XXX	有限数	1	XXX⋯XXX	指数非 0、非全 1
000⋯000	dnp		XXX⋯XXX	没有隐含位,尾数不为 0
	零	0	0	尾数为 0

1) 有限数

有限数是最常用的也是唯一以常规方式解释的数。有限数的特征是指数在最大值和最小值之间,且隐含位恒为 1。有限数的使用除了遵循数学规则之外,没有其他规则。有限数的形式为

$$(-1)^s \cdot 2^{e-\text{OFFSET}} \cdot (1+f) \tag{1-14}$$

其中,OFFSET 为指数偏移,单精度为 127,双精度为 1023。

2) 零

零的特征是指数、尾数、隐含位全为 0,只有符号位可能不为 0。它的形式为

$$(-1)^s \cdot 2^{0-\text{OFFSET}} \cdot (0+0) \tag{1-15}$$

与数学中零无正负不同,IEEE-754 标准定义的零有正负,即 +0 和 -0。产生这种情况的原因是被零除通常产生无穷数,而无穷数有正、负无穷数两类。

3) 非规格化数

非规格化数的指数位与零相同,但尾数部分不是 0。非规格化数没有隐含位,尾数最高位就是它的整数位。它的形式为

$$(-1)^s \cdot 2^{0-\text{OFFSET}} \cdot f \tag{1-16}$$

4) 无穷数

无穷数的指数位为全 1,隐含位为 1,尾数为 0。它的形式为

$$(-1)^s \cdot 2^{\text{Max}-\text{OFFSET}} \cdot (1+0) \tag{1-17}$$

5) NaN

NaN 的指数位为全 1,隐含位为 1,但尾数不为 0。它的形式为

$$(-1)^s \cdot 2^{\text{Max}-\text{OFFSET}} \cdot (1+f) \tag{1-18}$$

其中,$f \neq 0$。NaN 有两类,一类是 QNaN(Quiet NaN),另一类是 SNaN(Signal NaN)。两者的不同在于 IEEE-754 标准规定,若 SNaN 参与运算则触发非法操作异常,而 QNaN 不触发异常。两者的格式区别在于 QNaN 的尾数最高位是 1,而 SNaN 的尾数最高位是 0。

引申:一种新型浮点数据格式

John L. Gustafson 等在 2017 年提出了一种新的灵活的浮点数据格式——Posit。Posit 类型数由 4 个域组成:Sign、Regime、Exponent 和 Fraction。一个 Posit 数字系统可以由 n 和 es 两个变量进行定义,其中 n 表示总的比特位数,es 表示 Exponent 最多能使用的位数,如 Posit<32,2>表示 $n=32$,es$=2$ 的 Posit 数字系统。

Posit<n,es>的完整结构如图 1-8 所示。

图 1-8 Posit 数据格式

(1) Sign(s):与 IEEE-754 浮点数标准的符号位含义相同,0 代表正数,1 代表负数。如果是负数,在对后面的域解码前先取补码。用 s 表示 Sign 位,则 Sign 的值为 $(-1)^s$。

(2) Regime(r):Regime 是 Posit 数字系统独有的概念,Posit 的很多优点正是依靠 Regime 体现的。Regime 位数可变,从 1 到 $n-1$。该域以全 0 或全 1 开始,当用完剩余的位数或出现与前面不同的位时 Regime 域结束。也就是说,如果符号位后的第 1 个位是 0,那么 Regime 的范围直到用完 $n-1$ 位或遇到某一位是 1;反之,如果符号位后的第 1 个位是 1,那么 Regime 的范围直到用完 $n-1$ 位或遇到某一位是 0。大多数处理器能在硬件层面支持"找到第 1 个 1"或"找到第 1 个 0",所以对 Regime 的解码是可行的。useed^k 是 Posit 数值的乘数因子,其中 useed$=2^{2^{\text{es}}}$,k 通过 Regime 域计算。用 m 表示 Regime 中相同的位数,则有

$$k = \begin{cases} -m, & \text{Regime 有 } m \text{ 个 } 0 \\ m-1, & \text{Regime 有 } m \text{ 个 } 1 \end{cases}$$

因此，Regime 的值为 $2^{k2^{es}}$。

（3）Exponent(e)：该域表示一个无符号整数，但不同于 IEEE-754 标准，它没有偏移。指数位可以没有，但是最多只能有 es 位，取决于 Regime 之后还剩下多少位可以使用。用 e 表示该域的无符号整数，Exponent 的值为 2^e。

（4）Fraction(f)：如果还有剩余没用的位，那就是 Fraction 域。与 IEEE-754 标准相同，小数点前有一个隐藏位 1，表示 $1.f$。但不同于 IEEE-754 标准，因为 Posit 没有非规格化数，它不需要考虑隐藏比特位为 0 的情况。该域的值为 $1.f$。

每个域的值都是 Posit 数值的乘数因子，将它们组合起来，一个 Posit 数的值 p 可表示为

$$p = (-1)^s \cdot 2^{k2^{es}} \cdot 2^e \cdot (1.f) \qquad (1-19)$$

下面看一个具体的 Posit 数的格式，如图 1-9 所示。

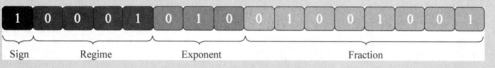

图 1-9 具体的 Posit 数

扫一扫

看彩图

这是 Posit<16,3> 中的一个 Posit 数。Sign 域为 1 表示负数。Regime 域有 3 个相同的比特 0，则 $k=-3$，由于 es=3，则 $used^k = 256^{-3}$。Exponent 域为 010，表示 $2^2 = 4$。Fraction 域的 01001001 表示值为 1.28515625。因此，该 Posit 数的值 $p = -1 \cdot 256^{-3} \cdot 4 \cdot 1.28515625 \approx 3.06405 \times 10^{-7}$。

2. 舍入

在现代计算系统中，采用 IEEE-754 标准的浮点数是离散的。在这样的计算系统中，输入数都会被近似表示为与该数最近的一个机器可表示浮点数，且近似表示会出现在每步计算过程中。当前这种近似表示有 4 种不同的选择，也是针对 IEEE-754 浮点数的 4 种不同的舍入方式，具体如下。

（1）就近舍入(Rounding to Nearest, RN)：将输入 x 舍入到在距离上最接近 x 的可表示浮点数，当 x 与它左、右两个可表示浮点数距离相同时，会被舍入到是尾数最后一位为 0 的那个可表示浮点数。该舍入方式通常作为默认舍入方式控制浮点计算。

（2）向负无穷舍入(Rounding Towards $-\inf$, RD)：将输入 x 舍入到一个小于或等于 x 且最大的可表示浮点数。

（3）向正无穷舍入(Rounding Towards $+\inf$, RU)：将输入 x 舍入到一个大于或等于 x 且最小的可表示浮点数。

（4）向 0 舍入(Rounding Towards 0, RZ)：当输入 x 大于或等于 0 时，则舍入结果和 RD 一致，否则舍入结果和 RU 一致。

以 $x > 0$ 为例，4 种不同舍入方式下的舍入结果如图 1-10 所示。

浮点数不能够精确表示所有数，且浮点数的计算伴随着舍入，浮点数的计算过程及结果总是存在各种误差，包括表示误差、舍入误差以及因舍入误差可能引起的累积误差和恶性相消等。

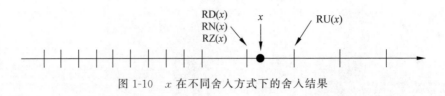

图 1-10　x 在不同舍入方式下的舍入结果

3. ULP

浮点计算中的误差表示方法主要分为绝对误差和相对误差两种。ULP(Unit in the Last Place)即最后一位表示的数,是用来表示舍入误差的常用方法。ULP的大小随着数值大小的变化而变化,更进一步,可以将ULP表示成ulp(x),即两个最接近x的浮点数(机器所能表示的)的差。ULP的概念由Kahan提出之后,出现的定义有以下几种。

定义 1-6　以最接近于x的两个机器数为端点的区间(可以不包含x)的距离称作KahanUlp(x)。

定义 1-7　最接近于x的两个可表示点a和b($a \leqslant x \leqslant b, a \neq b$)之间的距离(假设$a$、$b$没有指数的变化)称作HarrisonUlp($x$)。

定义 1-8　当x表示为浮点数$d.dddd \cdots d\beta^e$时,$|d.dddd \cdots d - (x/\beta^e)|$称作GoldbergUlp($x$)。

3种定义表述方式有所不同,但含义相同,通过比较分析可以将ulp(x)的定义总结归纳如下。

$$\text{ulp}(x) = \begin{cases} \text{HarrisonUlp}(x), & |x| \leqslant L \\ \text{KahanUlp}(x) = L - L^-, & |x| > L \end{cases}$$

其中,L表示无穷数($|x| > L$表示非数);L^-表示最接近L的机器数。

本书在进行误差分析的过程中选用的是计算精确值的ULP,而非计算值的ULP。这是因为计算值是一种近似值,在测试过程中无法衡量计算误差,往往会使结果出现偏差。下面通过举例说明这一问题。

假设一个二进制且具有n位有效位的系统,在此系统中选取一个真实值$x = 1 + 2^{-n+1}$和两个近似值,分别为$a = 2 - 2^{-n+1}$、$b = 2 + 2^{-n+2}$。以近似值a和b的ULP值分别计算a和b相对于x的误差 $\text{error}(a-x) = \dfrac{a-x}{\text{ulp}(a)} = \dfrac{1 - 2^{-n+1}}{2^{-n+1}} = 2^{n-1} - 2$,$b$相对于$x$的误差 $\text{error}(b-x) = \dfrac{b-x}{\text{ulp}(b)} = \dfrac{1 + 2^{-n+1}}{2^{-n+2}} = 2^{n-2} + 1/2$。当$n \geqslant 4$时,有$b$相对于$x$的误差小于$a$相对于$x$的误差,但实际情况是$a$比$b$更接近于$x$,如图1-11所示。

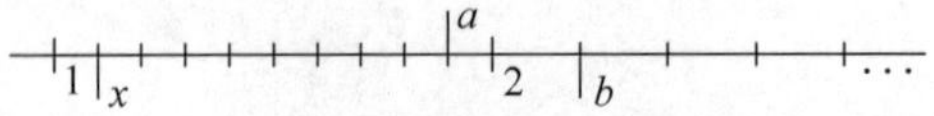

图 1-11　ULP 误差示意图

其中,$x = 1^+ = 1 + 2^{-n+1}$,$a = 2^- = 2 - 2^{-n+1}$,$b = 2^+ = 2 + 2^{-n+2}$。

总体而言,在二进制系统中,在就近舍入模式下,机器可表示浮点数和真实数之间的最大误差不会超过0.5ulp。更严谨地说,有

$$X = \text{RN}(x) \rightarrow |X - x| \leqslant 0.5\text{ulp}(X) \tag{1-20}$$

> **引申：ulp(x) 和 y ulp**
>
> ulp(x) 表示浮点数 x 在可表示浮点数域中与最近浮点数之间的距离，这个距离通常是 2 的某个幂次方；y ulp 表示某个计算结果对应的误差是 y，其误差单位是 ulp，更准确地可以表示为 y ulp(x)，x 是计算对应的真实结果在浮点数域中某个具体的可表示浮点数。

1.6.2 误差分析方法

浮点程序的计算由四则运算组成，而减法和加法相当，除法和乘法相当，所以对浮点计算程序的误差分析重点都集中在对加运算和乘运算的误差分析。

1. 加和乘的误差

存在两个浮点数 a 和 b，现有计算 $s=\mathrm{RN}(a+b)$，s 会被正确舍入到最近的可表示浮点数。在加运算没有产生溢出的情况下，误差可表示为 $(a+b)-s$，这样的误差可以用称为 Fast2Sum 的算法进行求解。

Fast2Sum 算法描述如下。

```
输入：a,b
输出：t
1    s←RN(a + b)
2    z←RN(s − a)
3    t←RN(b − z)
```

Fast2Sum 算法要求 a 的指数要大于或等于 b 的指数，且浮点数的基数不大于 3（常用浮点数的基数为 2）。很多时候并不知道初始状态下 a 和 b 的大小关系，为了减少比较和交换可能带来的额外消耗，并实现任意浮点数相加产生误差的计算，可利用 2Sum 算法进行求解。

2Sum 算法描述如下。

```
输入：a,b
输出：t
1    s←RN(a + b)
2    a'←RN(s − b)
3    b'←RN(s − a')
4    δ_a←RN(a − a')
5    δ_b←RN(b − b')
6    t←RN(δ_a + δ_b)
```

对于任意的浮点数 a 和 b，在相加不出现溢出的情况下，利用 2Sum 算法可以得到 $s+t=a+b$，其中 t 就是 $a+b$ 的计算误差。与加运算类似，同样存在计算乘运算的误差，如 Fast2MultFMA 算法可用来计算 ab 的误差。

Fast2MultFMA 算法描述如下。

```
输入：a,b
输出：t
1    s←RN(ab)
2    t←RN(ab − s)
```

Fast2MultFMA 算法依赖于乘减操作,且需满足 $e_a+e_b \geqslant e_{\min}+p-1$。其中,$e_{\min}$ 是当前使用浮点数精度下的最小指数(double 型浮点数为 -1022,float 型浮点数为 -126);e_a 和 e_b 分别表示 a 和 b 的指数;p 是当前使用浮点数对应的精度(double 型浮点数为 53,float 型浮点数为 24)。

2. 多项式计算的误差

一般情况下,解决科学问题所用的浮点计算通常都由加和乘操作构成的多项式计算实现。所以,对一个浮点计算程序的误差分析,主要是针对核心多项式计算的误差分析。

式(1-21)可以看作对 $\cos(x)$ 函数的一种近似计算。其中,定义域 $x \in [-\pi/256, \pi/256]$,$a_0 = -2\,251\,799\,813\,622\,611 \times 2^{-52}$,$a_1 = 1\,501\,189\,276\,987\,675 \times 2^{-55}$。

$$P(x) = 1 + a_0 x^2 + a_1 x^4 \tag{1-21}$$

其中一种实现方式的伪代码表述如下。

```
输入: x, a₀, a₁
输出: sₕ, sₗ
1    y ← RN(x²)
2    s₁ ← RN(a₀ + a₁y)
3    s₂ ← RN(s₁y)
4    (sₕ, sₗ) ← Fast2Sum(1, s₂)
5    return(sₕ, sₗ)
```

该算法的计算结果由与输入数 x 对应的两个同精度浮点数 s_h 和 s_l 组成,s_h 表示结果浮点数的高位,s_l 表示结果浮点数的低位。若 x 为 64 位双精度浮点数,则计算结果表示为 128 位扩展双精度浮点数,其中,s_h 和 s_l 都是 64 位浮点数。

下面将一步步实现对上述算法的误差分析。

首先,基于 RN 函数的单调性,可以得到 y 的范围,即

$$0 \leqslant y \leqslant \text{RN}[(\pi/256)^2] = b_y$$

其中,b_y 为 y 的上界或最大值,且可表示为两个可表示浮点数的除法,即

$$b_y = \frac{1\,395\,403\,955\,455\,759}{9\,223\,372\,036\,854\,775\,808}$$

根据对浮点数 ULP 的计算,有

$$\text{ulp}(b_y) = 2^{-65}$$

从理论方面对程序的误差进行分析,得到的(或者说能够确定的)都是对误差界(最大误差)的分析,所以有

$$\text{ulp}(y) = 2^{-65}$$

根据式(1-20),算法第 1 步计算(即第 1 行对应的对 x 平方的计算)误差可表示为

$$|y - x^2| \leqslant 0.5\,\text{ulp}(b_y) = 2^{-66} \tag{1-22}$$

接着,对第 2 步进行误差计算,有

$$a_0 + a_1 y \in [a_0, a_0 + a_1 b_y]$$

因此,有

$$s_1 = \text{RN}(a_0 + a_1 y) \in [\text{RN}(a_0), \text{RN}(a_0 + a_1 b_y)] \tag{1-23}$$

则有

$$\text{ulp}(s_1) \leqslant \text{ulp}(\max\{|a_0|, |a_0 + a_1 b_y|\}) = \text{ulp}(|a_0|) = 2^{-54}$$

进一步,有

$$|s_1-(a_0+a_1y)|\leqslant 2^{-55} \qquad (1\text{-}24)$$

据此,累积到第 2 步计算后的误差可表示为

$$|s_1-(a_0+a_1x^2)|\leqslant|s_1-(a_0+a_1y)|+|(a_0+a_1y)-(a_0+a_1x^2)|$$

代入式(1-22)和式(1-24),有

$$|s_1-(a_0+a_1x^2)|\leqslant 2^{-55}+a_1|y-x^2|\leqslant 2^{-55}+a_12^{-66} \qquad (1\text{-}25)$$

继续计算算法第 3 行操作的误差为

$$s_1y\in[\mathrm{RN}(a_0)y,\mathrm{RN}(a_0+a_1b_y)y]$$

代入 y 的界

$$s_1y\in[a_0b_y,0]$$

则有

$$s_2=\mathrm{RN}(s_1y)\in[\mathrm{RN}(a_0b_y),0] \qquad (1\text{-}26)$$

代入 a_0 和 b_y 可得

$$\mathrm{ulp}(s_2)\leqslant 2^{-66}$$

再进一步,有

$$|s_2-s_1y|\leqslant 2^{-67} \qquad (1\text{-}27)$$

现在可以得到经过第 3 步计算后的误差为

$$|s_2-(a_0x^2+a_1x^4)|\leqslant|s_2-s_1y|+|s_1y-s_1x^2|+|s_1x^2-(a_0x^2+a_1x^4)|$$

这一步变换在前面第 2 步计算误差的过程中也出现过,这是能够从理论上计算出具体误差值的关键。该变换的核心是利用前面每步计算的误差计算表达式,在当前的计算式中演变出前面各步计算的误差表示形式。

根据式(1-22)、式(1-23)、式(1-25)、式(1-27)以及 a_0、a_1 和 b_y,可得

$$|s_2-(a_0x^2+a_1x^4)|\leqslant 2^{-67}+|s_1||y-x^2|+x^2|s_1-(a_0+a_1x^2)|$$
$$\leqslant 2^{-67}+|a_0|2^{-66}+(\pi/256)^2(2^{-55}+a_12^{-66})\leqslant 1.775\,18\times 10^{-20}$$

计算的最后一步,利用 Fast2Sum 算法实现 1 和 s_2 相加,根据式(1-26),有 $|s_2|<1$,满足应用 Fast2Sum 算法实现加运算并求得到计算误差的条件,且有

$$s_h+s_l=1+s_2$$

最终,可以得到这段计算的理论误差界为

$$|(s_h+s_l)-P(x)|\leqslant 1.775\,18\times 10^{-20}$$

利用上述计算,可以计算所有多项式计算的相对误差界。但这也不是万能的,在并行系统中实现多项式计算,可能不太可行。此外,对于很复杂的多项式计算,这样的分析可能会带来误差爆炸,即分析得到的误差界变得巨大无比,没有了实际意义,此时就需要依赖新的技术,如动态的误差检测技术。

1.7 NP 完全理论

算法主要用来高效地解决实际问题,但并不是所有问题都可以找到高效的算法,有些问题可以用算法解决,有些问题不可以;有些问题可以很容易地解决,有些问题很难解决。对于问题可计算性以及计算复杂度的分析,这部分内容属于 NP 完全性理论的范畴,在此并不进行偏于形式化的定义与分析,只是希望通过尽量通俗的语言帮助读者理解 P 问题、NP 问

扫一扫

视频讲解

题、NPC 问题以及三者之间的关系。

1.7.1 计算模型

对于问题是否可计算，需要通过统一的计算模型来划分，基本的计算模型有随机存取机（Random Access Machine，RAM）、随机存取存储程序机（Random Access Stored Program Machine，RASP）和图灵机（Turing Machine，TM），三者在计算能力上等价，可相互转化。下面描述使用最广泛的图灵机模型。

> **引申：图灵**
>
> 图灵全名艾伦·麦席森·图灵，也译作阿兰·图灵，被称为计算机之父、人工智能之父，主要成就包括可计算理论、判定问题、电子计算机、人工智能等。为了纪念他对计算机科学的巨大贡献，从 1966 年开始设立一年一度的图灵奖，以表彰在计算机科学中作出突出贡献的人，图灵奖被喻为"计算机界的诺贝尔奖"。

简单地说，图灵机模型就是模拟人算数的过程。假设有一张向某个方向有无限长度的纸条，有一个指针指向了纸条的某个位置，指针受到控制器的控制，纸条上划分了若干等大小的格子，每个格子可以存放一个符号，整张纸条可以向左或向右移动。可以进行的动作包括：读指针指向格子中的符号、将某个符号写进指针对应格子和移动纸条向右或向左运动。这样一个装置及动作就构成了确定性单带单向无穷图灵机模型。

利用图灵机模型可以实现任何可计算问题的计算，如实现对一串数字的取反操作，当输入 110 时，则输出 001。根据图灵机模型规定的操作，实现取反操作的可能动作有读、写和移动，具体如表 1-3 所示。对于所处状态，首先执行读操作，根据读的内容执行相应的写操作，之后执行移动操作。

表 1-3 取反操作对应动作

读	写	移　动
空	—	—
1	0	向右
0	1	向右

注：—表示不做任何操作。

初始状态如图 1-12 所示，指针 q_0 指向首位 1 对应的格子。

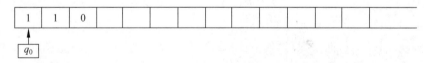

图 1-12 取反操作的初始状态

从初始态开始进行读操作，当前指针指向的格子中的符号为 1，则进入写操作，根据表 1-3 的内容，将该格子中的符号写为 0，并进行向右移动操作，至此完成一轮动作，结果如图 1-13 所示。

在第 2 轮动作中，经过读 1、写 0、向右移动后，结果如图 1-14 所示。

在第 3 轮动作中，经过读 0、写 1、向右移动后，结果如图 1-15 所示。

此时，读到格子为空，操作停止，完成取反。

下面给出图灵机计算模型的形式化定义。

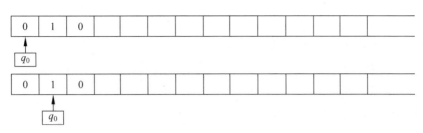

图 1-13　取反操作第 1 轮动作后的状态

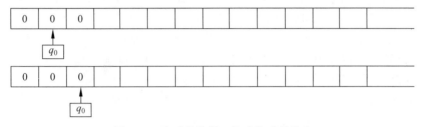

图 1-14　取反操作第 2 轮动作后的状态

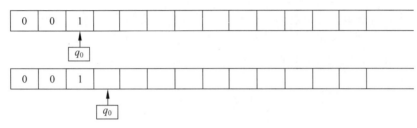

图 1-15　取反操作的最终状态

定义 1-9　一个确定的、单带图灵机 M 由七元组构成，即 $M=(Q,\Sigma,\Gamma,\delta,B,s,t)$。其中，$Q$ 是有穷状态集；Σ 是有穷的输入字母表；Γ 是有穷的带字母表(包含 Σ 和 B)；δ 是状态转移函数($Q\times\Gamma\to Q\times\Gamma\times\{L,R\}$)；$B$ 是空白符号($B\in\Gamma-\Sigma$)；s 是初始状态；t 是接受状态。

状态转移函数是一个二元单值函数，一般形式为 $\delta(q,a)=(p,X,L/R)$，$p,q\in Q,a\in\Gamma,X\in\Gamma$。

结合定义，可以进一步形式化地描述上述取反操作对应的图灵机为 $M=(\{q_0,q_1\},\{0,1\},\{0,1,B\},\delta,B,q_0,q_1)$。其中，转移函数 δ 如下：

(1) $\delta(q_0,0)=(q_0,1,R)$，将 0 改写为 1；

(2) $\delta(q_0,1)=(q_0,0,R)$，将 1 改写为 0；

(3) $\delta(q_0,B)=(q_1,B,0)$，遇到空白符号，进入接受状态，停机。

图灵机有多种变形，如双向无限带图灵机、多带图灵机、非确定性图灵机等，就其计算能力而言，图灵机可以模拟任何计算机。总体而言，可计算的函数都可以等价为图灵机能计算的函数，即图灵机能计算的问题就是可计算问题，图灵机不能计算的问题就是不可计算问题。

引申：不可计算问题

不是所有问题都是可以计算的，最著名的不可计算问题是图灵停机问题，该问题可以简单描述为判断任意程序是否能在有限的时间内结束运行的问题，该问题的证明可以借助反证法。类似的不可计算问题还有理发师悖论等。

1.7.2 P 问题、NP 问题和 NPC 问题

对于可计算问题,将一个在多项式时间(包含常数时间)内可解决的问题称为易解问题,将一个不存在多项式时间算法的问题称为难解问题。

一般来说,求解一个问题往往比较困难,但验证一个问题相对比较容易。计算复杂性理论从问题是否可验证的角度,讨论判定问题的复杂性。判定问题是仅仅要求回答是或否的问题。在实际应用中,很多问题以求解或计算的形式出现,但是,大多数问题可以很容易地转换为相应的判定问题。例如子集求和问题:给定一个整数集合,找到一个非空子集使它的和为 0。其对应的判定问题是:给定一个整数集合,是否存在一个非空子集使它的和为 0。再如旅行售货员问题:找到一条从起点出发,经过图中每个顶点仅且一次又回到起点的回路,且该回路上所花费的代价最小。其对应的判定问题是:是否存在一条回路,从起点出发,经过图中每个顶点仅且一次又回到起点,且该回路上所花费的代价小于或等于正整数 k。

问题和判定问题之间的关系方便我们理解问题的难易程度。判定问题在某种意义上比问题更容易或至少不会比问题更难,我们可以通过求解问题来求解相应的判定问题。例如,如果找到了旅行售货员问题的解,那么就可以将最小花费与判定问题中的 k 进行比较,从而可以求解判定问题。也就是说,如果一个问题是容易的,那么其相应的判定问题也不难;反之,如果判定问题是难的,它相应的问题也不容易。因此,可以从判定问题的角度对问题的难易程度进行分类。

在多项式时间内可求解的判定问题称为 P(Polynomial)问题。显然,易解问题属于 P 问题。

在多项式时间内可验证的判定问题称为 NP(Non-deterministic Polynomial)问题。显然,P 问题属于 NP 问题。而子集和问题、旅行售货员问题、0-1 背包问题等则是 NP 问题,给定一个可能的解,可以在多项式时间内验证是否是判定问题的解。

P=NP 吗? 这个问题自 1971 年被提出后,就成为计算机科学领域最深奥、有趣的开放性研究问题之一,至今还没有定论。但科学家在研究该问题的过程中,发现了在 NP 问题中有一类有趣的问题——NP 完全(Non-deterministic Polynomial Complete, NPC)问题。在给出 NPC 问题的定义前,首先介绍多项式时间归约的概念。

考虑一个判定问题 A,如果 A 的任意输入都可以在多项式时间内通过某个变换转换为判定问题 B 的输入,且问题 B 的计算结果与问题 A 的结果相同,该变换过程称为多项式时间归约算法,记为 $A \leqslant_p B$。符号 $\leqslant_p$ 表示多项式时间归约,$A \leqslant_p B$ 意味着问题 A 在难度上不会超过问题 B。

利用多项式时间归约算法,可以得到以下结论。

(1) 如果问题 B 存在多项式时间可解的算法,那么问题 A 也存在多项式时间可解的算法。因为对于问题 A 的任何一个输入,首先可以在多项式时间内转换为问题 B 的输入,然后调用问题 B 的多项式时间算法,这两个步骤的复杂度也是多项式时间,由于问题 B 的计算结果与问题 A 相同,因此说明问题 A 也存在多项式时间可解的算法。

(2) 如果不存在求解问题 A 的多项式时间的算法,那么也不存在求解问题 B 的多项式时间算法。可以用反证法证明。假设存在求解问题 B 的多项式时间的算法,那么根据多项式时间归约算法,一定存在问题 A 的多项式时间的求解算法,而这与已知矛盾,因此假设不成立。

因此，多项式时间归约算法给出了判断两个判定问题的难易关系的方法。

NPC问题是个NP问题，同时满足所有NP问题都可以在多项式时间归约到该问题，这样的问题就是NPC问题。归约具有传递性，若问题A可归约为问题B且问题B可归约为问题C，则问题A也可归约为问题C。在此过程中，会得到更多的NPC问题。

显然，如果找到了一个NPC问题L的多项式时间可解算法，那么对于所有$L'\in NP$，根据$L'\leqslant_p L$，可以得到L'也存在多项式可解的算法，也就是所有NP问题存在多项式时间的求解算法，即P=NP。反之，如果证明一个NPC问题L不存在多项式时间的求解算法，那么所有NPC问题都不存在多项式时间的求解算法，就可以得到P!=NP。因此，NPC问题是否存在多项式时间的求解算法是解决P是否等于NP的关键，这也是NPC问题受到广泛关注和持续研究的原因。

除此之外，还有一类比NPC问题范围更广的问题，称为NP-Hard（Non-deterministic Polynomial Hard）问题，该问题不一定是NP问题，但所有NP问题也能够多项式时间归约到这个问题。按照目前普遍认为的P!=NP的说法，各类问题之间的关系如图1-16所示。

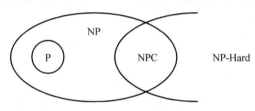

图1-16　各类问题之间的关系

引申：第1个NPC问题

可满足性问题是第1个NPC问题，在20世纪70年代提出并证明。这个问题是命题逻辑中的一个基本问题，该问题可表述为任意给定一个合取范式F，问F是否可满足；或者给定一个逻辑电路，问是否存在一种输入使输出为真。在此之后出现了若干NPC问题，如哈密顿回路问题、旅行商问题等。

1.7.3　常见典型问题

本书中涉及的典型应用中，求阶乘、斐波那契数列、排序、棋盘覆盖、数字三角形、矩阵连乘、最长公共子序列、最长不上升子序列、活动安排、哈夫曼编码、最小生成树、最短路径、最大子段和等问题为易解问题；汉诺塔、全排列、多机调度、旅行售货员、n皇后、0-1背包等问题为难解问题。

对于难解问题，可采用的有效求解方法包括但不限于并行算法、概率算法、近似算法等，部分算法在后续章节中将有所涉及，但还有更多的算法需要读者参考其他文献。

1.8　小结

本章主要介绍了NP完全理论及算法在不同衡量准则下的分析方法，包括正确性、简单性、时空复杂度、最优性、计算误差的分析。通过本章的学习，可以了解从理论层面进行算法评价的有效手段。

扩展阅读

算法是问题高效求解的关键[①]

随着社会的不断进步，路径规划问题出现在与我们生活息息相关的多个方面，送快递、送外卖、跑腿、物流等都希望找到最短路径。要解决该问题，最直观、最简单的方法就是穷举，只要列出所有可能的路径，总是能够找到一条最短的路径，但这个寻找的过程却远非想象中的简单。

计算的速度与信号穿过硅晶体管的时间有关，这个时间大致可由以下公式给出：$t=d/s$，d 为信号穿越的距离，s 为信号穿越的速度，以当前的技术，已经可以达到 $d=0.18\mu m$，$s=10^{11}\mu m/s$，$t=2\times 10^{-12}s$。这个时间只是执行一次原操作的时间，计算机要完成一次排列，需要经过很多次原操作。不妨假设计算机可以在一个原操作时间内完成一次排列，要在 n 个城市中完成路径规划任务，所有可能的路径为 $n!$，如果 $n=23$，计算机要在 23 个城市中找到一条最短的路径，需要 1640 年。如果将计算速度提高至每 $10^{-15}s$ 执行一次原操作，信号穿越的距离必须为现在的 1/2000（要达到这个距离，晶体管的厚度不能超过一个原子的直径，并且这个速度已经是一个极限），以这个速度找出 23 个城市的最短路径，需要 299 天，但是只要将城市的数目增加 1，找出最短路径的时间就会骤然升至 20 年！由此可见，计算速度的提高对于本问题来说几乎于事无补，因为只要将城市的数目再增加 1，那由于计算速度提高而缩短的计算时间将瞬间被呈指数级增长的计算量抵消。所以，穷举法求解该问题行不通（n 比较大时）。

如果采用并行计算，可利用多台计算机同时处理问题，确实可以在一定程度上提高计算速度。如果 $n=61$，同时启用 2^{200} 台处理器，在计算速度为 $10^{-15}s$ 的情况下，需要 10 年的时间才能计算出所有排列。如果 $n=62$，在同样情况下，则需要 624 年的时间，所以当 n 无限大时，并行计算对该问题也显得无能为力，并且处理器的数目不可能无限增加。

当采用提高计算速度的方法求解已经行不通时，就必须转而寻求算法上的解决方法，只要能够找到一种方法，可以在不断完善路径的同时逼近最优解，那么就能找到一个时间复杂度为 $O(n^2)$ 或 $O(n)$ 的算法，求出与最佳解答大致相近的解答。有一种思路是不断地寻找与目前所在的城市距离最近的城市，寻找的顺序就构成了所求路径中经过城市的先后顺序，这种算法被形象地称为贪心法（在第 6 章会详细讲到），该方法虽然不能保证得到最优解，却可以在有效时间内给出近似解。

总的来说，好的算法（时间复杂度为多项式级）比快速的计算设备更为关键！

从算法思想到立德树人

对于算法的评价，有多种不同的指标，包括正确性、简单性、时间复杂度、空间复杂度、最优性等，不同的算法因为其各自的特点，适用于求解不同的问题或同一个问题的不同规模，不存在没有应用场景的算法。

就像每个人的人生一样，对于成功的人生并不存在标准定义，同样可以从多个不同的方面评价，如家庭美满、事业有成、身心健康等，只要找到自己的定位、特点和闪光点，活出自己想要的样子，那就是你最好的人生。

[①] 参考来源：陈晓娟,李学军,于胜,等.浅谈 NP 问题[J].中国科技信息,2005,2(22):53.

习题 1

扫一扫

习题

第 2 章

视频讲解

思政教学案例

从实践看算法

本章学习要点

- 程序的性能测试方法
- 程序的内存空间测试方法
- 浮点程序的误差测试方法

不同的算法有不同的能力,不同的能力体现在时间、空间或误差上。第 1 章已经阐述了理论上对算法的评价方法,但往往实践中的环境更为复杂多变。算法变成具体程序后,程序运行时间、占用空间、计算误差等具体数值的确定,需要从实践角度进行测算。本章将介绍相关的方法和工具。

2.1 性能测试方法

性能是衡量程序不可或缺的标准之一。性能测试结果反映算法在变为具体程序后的运行时间。如何进行性能测试是本节的主要内容。

2.1.1 从零做测试

性能测试的方式大多相同,但衡量标准不一,一般会使用节拍或时间。

Python 性能测试函数(时间:微秒)有多种,如 time.time()、time.clock()、timeit.default_timer()函数等,可根据具体应用场景选择合适的函数进行测试。

以调用 time.time()函数为例,如代码 2-1 所示。其中,time.time()函数获取当前的时间,start_time 和 end_time 变量分别存放调用计时函数前后的时间,最终计算 time_use 得到代码的性能开销。

代码 2-1:性能测试代码(时间:微秒)

```python
# 导入库
import time

# 主函数
if __name__ == '__main__':
    start_time = time.time()
    ...  # 具体代码
    end_time = time.time()
    time_use = (end_time - start_time) * 1000000.0
    print('该程序运行时间: ', time_use, "微秒")
```

若使用代码 2-1 测试一个函数的运行时间,只需要将代码 2-1 中的省略号替换为被测函数即可。此外,若使用 time.clock() 或 timeit.default_timer() 函数测试性能,则只需对代码 2-1 中的 time.time() 函数进行替换即可。

2.1.2 工具介绍

除自己编写程序实现测试程序外,在不同的操作系统环境中也都有可直接使用的性能测试工具,这些工具除了可以完成运行时间的统计,还可以同步记录很多程序执行中包含的各类信息。

1. gprof 测试工具

gprof 测试工具是 Linux 系统中可用的性能评测工具,主要功能有两方面:一是统计程序运行中各函数的运行时间,帮助程序员找出程序中的热点函数;二是生成程序函数调用关系,包括调用次数,帮助程序员分析程序的运行流程。

1)使用方法

在使用 gcc 编译程序时,加入 -pg 编译选项;运行可执行程序后,将自动生成 gmon.out 文件,可通过查看该文件获取分析结果,结果中包含的信息见参数说明。

2)参数说明

%time:函数在整个程序执行过程中的时间占比,通过此项内容,可以得到程序中的热点函数。

cumulative seconds:累积时间,即某一函数本身的执行时间加上结果输出列表中在该函数。之前的所有函数的执行时间的总和。

self seconds:函数本身的执行时间。

calls:函数被调用的次数。

self s/call:函数每次被调用所花费的平均时间。

total s/call:函数及其调用子函数被调用所花费的平均时间。

name:函数名。

3)实例分析

针对代码 2-2 进行性能测试。

代码 2-2:性能测试代码示例

```
def new_func1():
    print("\n Inside new_func1() \n")
    for i in range(0xffffffaa):
        i
    return

def func1():
    print("\n Inside func1 \n")
    for i in range(0xffffffaa):
        i
    new_func1()
    return

def func2():
    print("\n Inside func2 \n")
    for i in range(0xffffffaa):
```

```
            i
    return

#主函数
if __name__ == '__main__':
    print("\n Inside main \n")
    for i in range(0xfffffffaa):
        i
    func1()
    func2()
```

该程序的调用关系为：主函数调用 func1() 和 func2() 函数，func1() 函数调用 new_func1() 函数。其中，func1() 函数的循环次数最多，func2() 函数最少，故执行时间最长的应该为 func1() 函数，其次为 new_func1() 函数，最短为 func2() 函数。

在使用 gcc 编译时使用 -pg 选项：gcc -pg test.c，程序提交运行后生成 gmon.out 文件，通过 gprof -b a.out gmon.out|less 命令查看输出结果。其中，less 命令是为了方便在命令行窗口通过上下方向键查看输出结果。a.out 文件为编译产生的可执行文件。输出结果如图 2-1 所示，各项具体的含义如表 2-1 所示，调用关系如图 2-2 所示。

```
Each sample counts as 0.01 seconds.
  %   cumulative   self              self    total
 time   seconds   seconds  calls    s/call  s/call  name
 35.48     7.94     7.94      1      7.94   15.37   func1
 33.17    15.37     7.43      1      7.43    7.43   new_func1
 32.85    22.73     7.35      1      7.35    7.35   func2
  0.09    22.75     0.02                            main
```

图 2-1　程序运行信息

表 2-1　程序运行信息分析

项目	含义
%time	func1() 函数执行的时间占比最大，为 35.48%；new_func1() 函数为 33.17%；func2() 函数为 32.85%。因此，func1() 函数为热点函数，集中分析优化 func1() 函数以获得最佳的性能收益
cumulative seconds	func1() 函数为 7.94μs，由于 func1() 函数在表中为第 1 个函数，所以它的累积时间为其本身的时间；new_func2() 函数为 15.37μs，其累积时间需要加上 func1() 函数的执行时间，即 7.94+7.43=15.37μs；其他函数以此类推
calls	func1() 函数、func2() 函数被 main 函数各调用一次，值均为 1；new_func1() 函数被 func1() 函数调用一次，值为 1
self s/call	func1() 函数被调用一次，故平均执行时间为其本身的执行时间；其他函数以此类推
total s/call	func1() 函数的子函数 new_func1() 函数执行时间为 7.43μs，所以总的执行时间为其本身的执行时间加上其子函数的执行时间，即 7.43+7.94=15.37μs；其他函数以此类推

根据缩进可确定父子函数，如 main 函数下面缩进一格显示 func1() 和 func2() 函数，则表示 func1() 和 func2() 函数是 main 函数的子函数。为了更便于程序分析，可进一步利用 gprof 或 cflow 工具将函数调用关系可视化。

引申：函数调用关系可视化方法

（1）下载并安装 cflow，安装 graphviz，复制 tree2dotx 脚本（https://gitee.com/ethan-net/linux-0.11-lab/blob/master/tools/tree2dotx），并修改 tree2dotx 执行权限，通过 chmod a+x tree2dotx 命令实现。

(2) 执行./cflow -T -m main test.c > main.txt 命令将函数调用关系存入 main.txt 文件中。

(3) 使用 tree2dotx 将.txt 文件内容转换为.dot 格式,命令为 cat main.txt |./tree2dotx > main.dot。

(4) 使用 dot 命令生成调用关系图:dot -Tpng main.dot -o main.png。

此外,也可针对 gmon.out 文件利用 gprof 画出函数调用关系。

```
index % time    self  children    called     name
                                             <spontaneous>
[1]     100.0   0.02   22.73                 main [1]
                7.94    7.43      1/1        func1 [2]
                7.35    0.00      1/1        func2 [4]
-----------------------------------------------------------
                7.94    7.43      1/1        main [1]
[2]      67.6   7.94    7.43      1          func1 [2]
                7.43    0.00      1/1        new_func1 [3]
-----------------------------------------------------------
                7.43    0.00      1/1        func1 [2]
[3]      32.6   7.43    0.00      1          new_func1 [3]
-----------------------------------------------------------
                7.35    0.00      1/1        main [1]
[4]      32.3   7.35    0.00      1          func2 [4]
-----------------------------------------------------------
```

图 2-2 程序调用关系

2. VTune 测试工具

VTune 可视化性能分析器(Intel VTune Performance Analyzer)是一款用于分析和优化程序性能的工具,是 Intel 为开发者提供的专门寻找软硬件性能瓶颈的一款分析工具。该工具能确定程序的热点(Hotspot),找到导致性能不理想的原因,从而让开发者据此对程序进行优化。

VTune 性能分析器从当前系统中收集性能数据,并从系统到源代码等不同的层次上以不同的形式组织和展示数据,由此发现潜在的性能问题,并提出改进措施。

2.2 空间测试方法

在 Windows 和 Linux 系统中,一般可以通过操作系统的任务管理器或进程监听命令查看程序所占用的内存空间。

2.2.1 Windows 系统

Windows 系统中,可以通过右击任务栏,在弹出的快捷菜单中选择"任务管理器"快速打开"任务管理器"窗口(或按 Ctrl+Shift+Esc 快捷键)。单击"详细信息"按钮,即可看到当前程序中所有进程及其内存占用、CPU 占用、磁盘占用等详细信息,如图 2-3 所示。

其中,PID 列对应进程 ID,CPU 列对应进程占用 CPU 资源的百分比,"内存"列对应进程占用内存空间的大小,"磁盘"列显示进程实时读取磁盘的速度。另外,右击表头可以选择窗口中需要显示哪些信息。图 2-3 中的 Everything.exe,其进程 ID 是 168,进程名称是 Everything.exe,占用的 CPU 资源为 0.1%,内存占用为 229.4MB。

2.2.2 Linux 系统

各个版本的 Linux 系统一般都自带 ps、top 等命令,方便用户实时监测进程的运行状

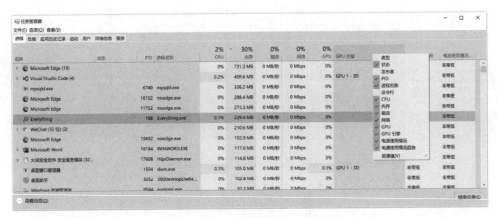

图 2-3　Windows 系统任务管理器

态,因此可以通过这些命令查看程序所占用的内存空间。

1. ps 命令

ps 命令基本格式如下。

ps -aux

其中,a 表示显示一个终端的所有进程,除会话引线(utility)外;u 表示显示进程的归属用户及内存的使用情况;x 表示显示没有控制终端的进程。

ps -aux 命令的输出结果示例如图 2-4 所示,可以看到 PID 为 1 的进程,其虚拟内存占用空间为 169128KB,实际物理内存占用空间为 12096KB。

```
USER         PID %CPU %MEM    VSZ   RSS TTY      STAT START   TIME COMMAND
root           1  0.0  0.3 169128 12096 ?        Ss   Jan18   1:57 /sbin/init
root           2  0.0  0.0      0     0 ?        S    Jan18   0:01 [kthreadd]
root           3  0.0  0.0      0     0 ?        I<   Jan18   0:00 [rcu_gp]
root           4  0.0  0.0      0     0 ?        I<   Jan18   0:00 [rcu_par_gp]
root           6  0.0  0.0      0     0 ?        I<   Jan18   0:00 [kworker/0:0H-kblockd]
root           9  0.0  0.0      0     0 ?        I<   Jan18   0:00 [mm_percpu_wq]
root          10  0.0  0.0      0     0 ?        S    Jan18   0:09 [ksoftirqd/0]
root          11  0.0  0.0      0     0 ?        I    Jan18   3:09 [rcu_sched]
root          12  0.0  0.0      0     0 ?        S    Jan18   0:10 [migration/0]
root          13  0.0  0.0      0     0 ?        S    Jan18   0:00 [idle_inject/0]
root          14  0.0  0.0      0     0 ?        S    Jan18   0:00 [cpuhp/0]
root          15  0.0  0.0      0     0 ?        S    Jan18   0:00 [cpuhp/1]
root          16  0.0  0.0      0     0 ?        S    Jan18   0:00 [idle_inject/1]
root          17  0.0  0.0      0     0 ?        S    Jan18   0:09 [migration/1]
```

图 2-4　ps -aux 命令的输出结果示例

输出信息中各列的具体含义如表 2-2 所示。

表 2-2　ps -aux 命令输出信息含义

列　名	含　义
USER	该进程是由哪个用户产生的
PID	进程 ID
%CPU	该进程占用 CPU 资源的百分比,占用的百分比越高,进程越耗费资源
%MEM	该进程占用物理内存的百分比,占用的百分比越高,进程越耗费资源
VSZ	该进程占用虚拟内存的大小,单位为 KB
RSS	该进程占用实际物理内存的大小,单位为 KB
TTY	该进程是在哪个终端上运行的

续表

列名	含义
STAT	进程状态。常见的状态有以下几种： -D：不可被唤醒的睡眠状态，通常用于 I/O 情况； -R：该进程正在运行； -S：该进程处于睡眠状态，可被唤醒； -T：停止状态，可能是在后台暂停或进程处于出错状态
START	该进程的启动时间
TIME	该进程占用 CPU 的运算时间
COMMAND	产生此进程的命令名

2. top 命令

top 命令可以动态地持续监听进程的运行状态，与此同时，该命令还提供了一个交互界面，进而更清楚地了解进程的运行状态。top 命令的基本格式如下。

top [选项]

其中，选项中，-d 表示指定 top 命令每隔几秒更新，默认是 3s；-b 表示使用批处理模式输出，一般和-n 选项合用，将 top 命令重定向到文件中；-n 表示指定 top 命令执行的次数；-p 表示仅查看指定 ID 的进程；-u 表示只监听某个用户的进程。

top 命令的输出结果示例如图 2-5 所示，输出进程信息的具体含义如表 2-3 所示。

```
top - 09:49:45 up 28 days, 22:42,  1 user,  load average: 0.00, 0.04, 0.04
Tasks: 171 total,   1 running, 170 sleeping,   0 stopped,   0 zombie
%Cpu(s):  0.5 us,  0.2 sy,  0.0 ni, 99.2 id,  0.2 wa,  0.0 hi,  0.0 si,  0.0 st
MiB Mem :   3931.2 total,    968.2 free,    579.3 used,   2383.7 buff/cache
MiB Swap:      0.0 total,      0.0 free,      0.0 used.   3064.9 avail Mem

    PID USER      PR  NI    VIRT    RES    SHR S  %CPU %MEM     TIME+ COMMAND
1538957 root      20   0 1384588  70420  39716 S   0.7  1.7   4:45.91 dockerd
   1586 root      20   0 1050924 106576  28276 S   0.3  2.6 344:45.02 YDService
 440177 root      20   0  494316  16924   4236 S   0.3  0.4 124:07.50 barad_agent
1893995 ubuntu    20   0    9496   4216   3500 R   0.3  0.1   0:00.03 top
      1 root      20   0  169128  12096   7308 S   0.0  0.3   1:57.81 systemd
      2 root      20   0       0      0      0 S   0.0  0.0   0:01.03 kthreadd
      3 root       0 -20       0      0      0 I   0.0  0.0   0:00.00 rcu_gp
      4 root       0 -20       0      0      0 I   0.0  0.0   0:00.00 rcu_par_gp
      6 root       0 -20       0      0      0 I   0.0  0.0   0:00.00 kworker/0:0H-kblockd
      9 root       0 -20       0      0      0 I   0.0  0.0   0:00.00 mm_percpu_wq
```

图 2-5 top 命令的输出结果示例

表 2-3 top 命令输出进程信息的含义

列名	含义
PID	进程的 ID
USER	该进程是由哪个用户产生的
PR	优先级，数值越小，优先级越高
NI	优先级，数值越小，优先级越高
VIRT	该进程占用虚拟内存的大小，单位为 KB
RES	该进程占用实际物理内存的大小，单位为 KB
SHR	该进程占用共享内存的大小，单位为 KB
S	进程状态。常见的状态有以下几种： -D：不可被唤醒的睡眠状态，通常用于 I/O 情况； -R：该进程正在运行；

续表

列 名	含 义
S	-S: 该进程处于睡眠状态,可被唤醒; -T: 停止状态,可能是在后台暂停或进程处于出错状态
%CPU	该进程占用CPU资源的百分比,占用的百分比越高,进程越耗费资源
%MEM	该进程占用物理内存的百分比,占用的百分比越高,进程越耗费资源
TIME+	该进程占用CPU的运算时间
COMMAND	产生该进程的命令名

另外,需要注意的是,top 和 ps 命令的输出比较类似,如果只是在终端执行对应命令,则不能看到所有进程,而只能看到占比靠前的进程,一般需要通过翻页键或者辅以 grep 或其他交互式命令,从而实现快速准确的查找。例如,一个十分常用的 top 命令的实例如图 2-6 所示,通过 top -p 1114 命令只显示 ID 为 1114 的进程。

```
top - 09:50:19 up 28 days, 22:42,  1 user,  load average: 0.00, 0.04, 0.03
Tasks:   1 total,   0 running,   1 sleeping,   0 stopped,   0 zombie
%Cpu(s):  0.2 us,  0.3 sy,  0.0 ni, 99.5 id,  0.0 wa,  0.0 hi,  0.0 si,  0.0 st
MiB Mem :   3931.2 total,    968.9 free,    578.6 used,   2383.7 buff/cache
MiB Swap:      0.0 total,      0.0 free,      0.0 used.   3065.6 avail Mem

  PID USER      PR  NI    VIRT    RES    SHR S  %CPU  %MEM     TIME+ COMMAND
 1114 gdm       20   0 3800900 145924  66740 S   0.0   3.6   9:29.16 gnome-shell
```

图 2-6 top 命令实例

2.3 误差测试方法

2.3.1 计算 ULP

由第 1 章内容可知,ULP 是用来表示舍入误差最好的方法之一。在此进一步阐述 ULP 的具体计算方法。浮点数格式采用通用浮点计算标准 IEEE-754,数据类型为 double,即浮点数长度为 64b,尾数为 52b。令 $x=9.4$,那么 x 的二进制表示为

0 10000000010 0010110011001100110011001100110011001100110011001101

则有 $ulp(x)=ulp(9.4)=ulp(1.***\times 2^3)=2^3\times 2^{-52}=2^{-49}$

以 double 型为例,使用 Python 语言时,可直接调用 math.ulp() 函数完成计算,详见代码 2-3。

2.3.2 从零做测试

浮点程序误差的测试通常有两种途径,一种为静态分析,另一种为动态检测。静态分析可以计算输出误差的最坏情况,而不需要详尽地测试每种输入。该方法可能会给出极大的误差范围,存在大量的误报;动态检测主要通过被测结果与精度更高结果比较的方式实现,检测结果与输入强相关。下面主要讲解动态检测方法。

高精度的计算结果是动态检测的基础,通常由多精度函数库 mpmath 提供,它是一个开源的 Python 库,在理论上提供对任意精度浮点函数的支持。计算机内存是使用 mpmath 库进行高精度计算的唯一限制。只要内存资源足够,mpmath 库可以给出数学函数的任意精度实现。

下面对动态检测方法做详细解释,以计算 sin() 函数为示例。首先计算得到 sin() 函数的结果 $\text{Expression}(x)_{\text{double}}$。在此基础上,就可以利用 mpmath 库完成 sin() 函数的误差检

测。计算过程中将用到 2.3.1 节给出的 ULP 计算方法,使用 ULP 作为衡量单位可以直观地反映计算值与精确值之间的近似程度。浮点误差的计算流程如代码 2-3 所示,具体的误差计算式如下。

$$\text{relativeULP} = \frac{|\text{Expression}(x)_{\text{double}} - \text{Expression}(x)_{\text{mpmath}}|}{\text{ulp}(\text{Expression}(x))_{\text{mpmath}}} \tag{2-1}$$

代码 2-3:误差检测

```
import mpmath
import math
mpmath.mp.prec = 128
def foo_h(x):
    x = mpmath.mpf(x)
    return mpmath.sin(x)

def foo_h2(x):
    x = math.sin(x)
    return x

if __name__ == '__main__':
    print("please input a number: ")
    input = float(input())
    oracle = foo_h(input)
    result = foo_h2(input)
    oracle = mpmath.mpf(oracle)
    result = mpmath.mpf(result)
    delta = abs(result - oracle)
    ulp = delta / math.ulp(oracle)
    print("input = ", input, ", ULP = ", "%.6f" % ulp)
```

foo_h2() 函数用于计算 sin() 函数对应输入 input 的计算结果,foo_h() 函数用于计算同输入下 sin() 函数的精确结果,在得到相应的计算结果后,统一转换为 128 位精度的计算结果,然后利用式(2-1)完成 sin() 函数在输入 input 下的误差测试。

2.4 小结

本章可以看作第 1 章内容的延伸,在掌握理论分析方法的基础上,从实践的角度进一步给出了程序各类指标的分析方法和工具。这些技术方法都是在工程实现过程中经常使用的方法,对了解程序的具体指标、提供程序性能和空间优化建议有重要帮助。

扩展阅读

实践中的算法[①]

秦朝末年,楚汉相争。一次,韩信率 1500 名将士与楚军大将李锋交战。苦战一场,楚军

[①] 参考来源:曹雪辛. 韩信点兵的奥秘:中国剩余定理[J]. 语数外学习:初中版,2020(8):30-31.
贺连顺. "中国剩余定理"的再认识与探索[J]. 山西煤炭管理干部学院学报,2002(4):42-43.

不敌,败退回营,汉军也死伤四五百人,于是韩信整顿兵马也返回大本营。当行至一山坡,忽有后军来报,说有楚军骑兵追来。只见远方尘土飞扬,杀声震天。

汉军本已十分疲惫,这时队伍大哗。韩信马上到坡顶,见来敌不足五百骑,便急速点兵迎敌。他命令士兵3人一排,结果多出2名;接着命令士兵5人一排,结果多出3名;他又命令士兵7人一排,结果又多出2名。

韩信马上向将士们宣布:我军有1073名勇士,敌人不足五百,我军居高临下,以众击寡,一定能打败敌人。汉军本来就信服自己的统帅,这样一来更相信韩信是"神仙下凡""神机妙算",于是士气大振。一时间旌旗摇动,鼓声喧天,汉军步步进逼,楚军乱作一团。交战不久,楚军大败而逃。

众人不明其理,不知韩信用什么方法这么快就能得出正确结果。同学们,你知道吗?类似上述韩信点兵的问题最早出现在我国的"算经十书"之一的《孙子算经》中,原文是:"今有物,不知其数,三三数之,剩二,五五数之,剩三,七七数之,剩二,问物几何?"答曰:"二十三"。

《孙子算经》的作者及确切成书年代均不可考,不过根据考证,成书不会在晋朝之后,以此考证上述问题的解法,中国人发现得比西方早,所以这个问题的推广及其解法被称为中国剩余定理(Chinese Remainder Theorem)。中国剩余定理在近代抽象数学中占有非常重要的地位,后来经过南宋数学家秦九韶的推广,又发现了一种算法,叫作"大衍求一术",在中国还流传着这样一首歌诀:"三人同行七十稀,五树梅花廿一枝,七子团圆月正半,除百零五便得知。"它的意思是:将某数(正整数)除以3所得的余数乘以70,除以5所得的余数乘以21,除以7所得的余数乘以15,再将所得的3个积相加,并逐次减去105,减到差小于105为止。用上面的歌诀计算《孙子算经》中的问题,便得到

$$2 \times 70 + 3 \times 21 + 2 \times 15 = 233$$
$$233 - 105 \times 2 = 23$$

同学们,根据上述小故事,大家应该能够明白,算法取之于理论,而用之于实践。取而不用,不能体现算法的价值;用而不取,不能提炼快捷的算法,即理论、算法、实践三者不可舍其一。

从算法思想到立德树人

　　都说实践是检验真理的唯一标准,在此同样适用。每个知识点、每件事情都可以区分理论和实践两个层面,且无处无时不在。

　　既要理解理论、详细分析理论,更要用实践验证理论、丰富理论。

习题 2

扫一扫

习题

第二篇

算法设计

算法是程序完成计算的主体,针对具体问题,如何设计出高效的算法十分关键。经过前人不断研究和发展,已形成的常用算法设计策略包括递归、分治、动态规划、贪心、回溯、分支限界和概率算法等。上述算法都将在本篇逐一阐述。

对于每种算法设计策略,首先通过引例引入算法,接着阐述算法思想、步骤、原理,再结合典型应用的描述、分析、算法设计、代码实现、实例演示、算法分析、改进、扩展等内容,对算法设计策略进行全面描述,帮助读者在典型应用的详细解析中掌握并运用它。

第3章

递 归

扫一扫

视频讲解

扫一扫

思政教学案例

本章学习要点
- 递归的概念
- 递归的两个基本要素
- 通过典型应用学习递归算法设计策略
  - ➢ 阶乘
  - ➢ 汉诺塔
  - ➢ 全排列
  - ➢ 整数划分

"递"有更替、传送之意,而"归"有返回、趋向或集中之意,"递归"就是一个不断传递进去又回来的过程。在计算机范畴内,递归是在其定义中直接或间接调用自身的一种方法,如数据结构中对于二叉树的定义,就是一个递归定义——二叉树是一棵空树,或者是一棵由一个根节点和两棵互不相交的分别称作根的左子树和右子树组成的非空树;左子树和右子树又同样都是二叉树。

通过最后这句话,可以很直接地感受到这是一个递归的定义。类似的递归过程在数学中也很常见,如阶乘和斐波那契数列等。

3.1 引例:阶乘

问题描述 一个正整数的阶乘是求所有小于及等于该数的正整数的积,定义 0 的阶乘为 1。自然数 n 的阶乘写作 $n!$,也可以表示为

$$n! = \begin{cases} 1, & n=0 \\ n(n-1)!, & n>0 \end{cases}$$

从问题描述中可以看出,对于阶乘的定义是一个递归定义,每次计算都是用当前数值乘以前次阶乘的结果。由此可以得到利用递归进行直接求解的算法,用 Fact(n) 函数表示对 $n!$ 的计算,当 $n=0$ 时,直接返回 1,否则返回 nFact($n-1$)。

以 $n=5$ 为例,递归计算过程如图 3-1 所示。先计算 Fact(5),进入函数后,需要返回 5Fact(4),这里又需要 Fact(4) 的结果,则进入 4Fact(3),以此类推,进入一个递推的过程,当进入 1Fact(0) 时,计算 Fact(0),因为 $n=0$,直接返回 1;然后进入回归阶段,首先得到 Fact(1) 的结果,接着得到 Fact(2)、Fact(3)、Fact(4),直到最后得到 Fact(5) 的值为 120,通过递推和回归两个阶段完成整个的递归计算过程。

扫一扫

看彩图

扫一扫

视频讲解

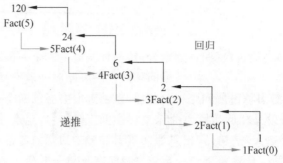

图 3-1　阶乘的递归执行过程

3.2　递归的基本思想

在上述阶乘的求解过程中,通过递归的过程把一个不好解决的大问题(5!的求解)转化为一个或几个小问题(4!的求解),再把这些小问题进一步分解成更小的小问题(3!的求解),直至每个小问题都可以直接解决(0!的求解)。在递归过程中,计算如何传递,以及什么阶段开始返回是两个重点,这也对应了递归中的两个基本要素:边界条件和递归式。递归函数只有具备了这两个要素,才能在有限次计算后得到结果。

边界条件:确定递归到何时终止,也称为递归出口。

递归式:大问题是如何分解为小问题的,也称为递归体,通常以递推方程的形式给出。

在设计递归算法时,要牢记这两个基本要素。递归式是算法的主体执行过程,边界条件可以确保递归过程能够结束。

扫一扫

视频讲解

3.3　递归应用:汉诺塔问题

问题描述　设 A、B、C 是三个塔座,开始时,在 A 塔座上有一叠 n 个自下而上由大到小叠在一起的圆盘,这些圆盘按从小到大编号为 $1,2,\cdots,n$,如图 3-2 所示。现要求将 A 塔座上的这一叠圆盘移动到 B 塔座上,并仍按同样的顺序叠放。

扫一扫

看彩图

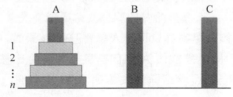

图 3-2　n 阶汉诺塔

移动规则是:①每次只能移动一个圆盘;②任何时刻都不允许将较大的圆盘压在较小的圆盘之上;③在满足前两条移动规则的前提下,可将圆盘移至 A、B、C 中任意塔座上。

问题分析　最简单的情况是当只有一个圆盘时,可以将这个圆盘直接从 A 塔座移动到 B 塔座;当不止一个圆盘时,需要利用 C 塔座实现辅助移动,可以先将 $n-1$ 个较小的圆盘依照规则从 A 塔座移动到 C 塔座;接着将剩下的最大圆盘从 A 塔座移至 B 塔座;最后将 $n-1$ 个较小的圆盘依照规则从 C 塔座移至 B 塔座。经过这样的 3 步后,就能够完成 n 个圆盘的移动。在此过程中,将 n 个圆盘移动问题分解为两次 $n-1$ 个圆盘移动问题;而对于 $n-1$ 个圆盘的移动,又可以利用上面的过程,去移动两次 $n-2$ 个圆盘,以此类推。

算法思想　结合上述分析过程,可以得到这样的一个递归算法,定义一个 Hanoi()函数,输入为 n,以及三个塔座 A、B、C。当 $n>0$ 时,首先将 $n-1$ 个圆盘从 A 塔座移动到 C 塔座,借助 B 塔座完成这个移动,接着直接将第 n 个圆盘从 A 塔座移动到 B 塔座,最后再将 $n-1$ 个圆盘从 C 塔座移动到 B 塔座,借助 A 塔座完成这个移动。

算法实现　具体实现如代码 3-1 所示,对应了算法思想中的 3 个步骤。

代码 3-1:汉诺塔问题的实现

```python
def Move(n, A, B):                    #输出函数,第 n 个圆盘从 A 塔座移动到 B 塔座
    print(n, ':', A, '-->', B)

def Hanoi(n, A, B, C):                #递归函数
    if n > 0:                         #边界条件
        Hanoi(n - 1, A, C, B)
        Move(n, A, B)
        Hanoi(n - 1, C, B, A)

if __name__ == '__main__':
    A = 'A'
    B = 'B'
    C = 'C'
    n = int(input("请输入圆盘个数:"))
    Hanoi(n, A, B, C)
```

以 3 阶汉诺塔为例,分析递归的执行过程。初始状态如图 3-3 所示。

首先,执行 Hanoi(3,A,B,C)函数,进入函数后,3>0,执行 Hanoi(2,A,C,B)函数;2>0,执行 Hanoi(1,A,B,C)函数;1>0,执行 Hanoi(0,A,C,B)函数,此时不满足条件,直接返回,回到 Hanoi(1,A,B,C)函数的第 2 步执行 Move(1,A,B)函数,得到状态如图 3-4 所示。

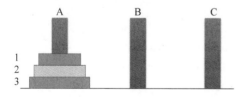

图 3-3　3 阶汉诺塔初始状态

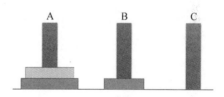

图 3-4　3 阶汉诺塔第 1 次移动

接着执行 Hanoi(1,A,B,C)函数的第 3 步 Hanoi(0,C,B,A)函数,不满足条件,直接返回,此时 Hanoi(1,A,B,C)函数执行完成;进入 Hanoi(2,A,C,B)函数的第 2 步 Move(2,A,C)函数,得到状态如图 3-5 所示。

接着执行 Hanoi(2,A,C,B)函数的第 3 步 Hanoi(1,B,C,A)函数,进入后会执行 Move(1,B,C)函数,得到状态如图 3-6 所示。

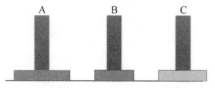

图 3-5　3 阶汉诺塔第 2 次移动

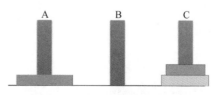

图 3-6　3 阶汉诺塔第 3 次移动

此时，Hanoi(2,A,C,B)函数执行完毕，接着执行 Move(3,A,B)函数，得到状态如图 3-7 所示，以此类推，完整的执行调用过程如图 3-8 所示。

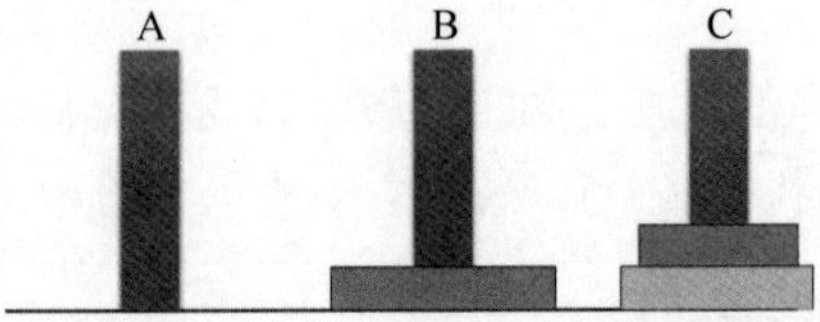

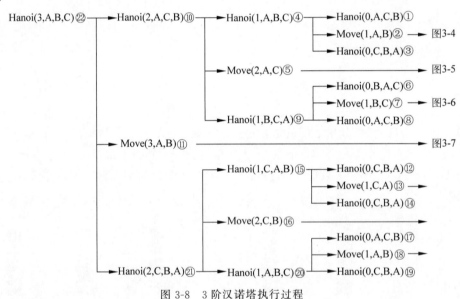

图 3-7　3 阶汉诺塔第 4 次移动

整个执行过程并不是并行执行，而是逐步递进的执行过程，图 3-8 中函数的标号顺序表明该函数结束计算的顺序，标号越小说明函数越早结束计算。

算法分析　结合上述过程，可以得到代码 3-1 对应的递推式为 $T(n)=2T(n-1)+1$，计算后可得 $T(n)=2^n-1$，时间复杂度为 $O(2^n)$。由此可知，汉诺塔问题是一个难解问题，即使使用当今性能最佳的高性能计算机，当 n 接近 100 时，也无法在有效时间内求解。

图 3-8　3 阶汉诺塔执行过程

3.4　递归应用：全排列

问题描述　设 $R=\{r_1,r_2,\cdots,r_n\}$ 为要进行排列的 n 个元素，各元素不重复，设计一个算法，输出这 n 个元素的全排列。

问题分析　以 $n=3$，$R=\{1,2,3\}$ 为例，所有全排列情况如下。

```
1  2  3
1  3  2
2  1  3
2  3  1
3  1  2
3  2  1
```

观察一下这样的排列,如以 1 开头,后面跟的就是 2 和 3 的两种排列,即除 1 外剩余元素进行全排列;后面以 2 开头的排列、以 3 开头的排列都具有同样的情况。可以看到,每个元素都会分别作为排列的第 1 个元素,除此之外,后面的排列就是除此元素以外剩余 $n-1$ 个元素的全排列,这种关系就是一种递归关系。

算法思想 为了更清楚地表达全排列的递归关系,做如下定义:设 $R_i = R - \{r_i\}$。集合 R_i 中元素的全排列记为 $\mathrm{Perm}(R_i)$。$(r_i)\mathrm{Perm}(R_i)$ 表示在全排列 $\mathrm{Perm}(R_i)$ 的每个排列前加上前缀 r_i 得到的排列。

由此就能得到对于 R 的全排列,当 $n=1$ 时,$\mathrm{Perm}(r)=(r)$,r 是集合中唯一的元素;当 $n>1$ 时,$\mathrm{Perm}(R)$ 由 $(r_1)\mathrm{Perm}(R_1)$,$(r_2)\mathrm{Perm}(R_2)$,$\cdots$,$(r_n)\mathrm{Perm}(R_n)$ 构成。

算法实现 根据递归关系,全排列的递归算法如代码 3-2 所示。根据前面的分析,需要由每个元素开始进行全排列,所以在循环中,依次将元素交换到第 1 个位置,然后进行 $k+1$ 到 len 的排列,排列完后,再恢复元素位置,对于 Perm() 函数,执行 $\mathrm{Perm}(a,0,n-1)$ 函数就实现了对数组 a 前 n 个元素的全排列。

代码 3-2:全排列的代码实现

```
"""
可直接调用排列函数 permutations()

from itertools import permutations
data = input().split()
for i in permutations(data):
    print("".join(i))
"""

def Perm(a, k, len):
    if k == len:                              #边界条件
        global a_i
        print("第{0}种排列为: {1}".format(a_i, "".join(a)))
        a_i += 1
    else:
        for i in range(k, len + 1):
            a[i], a[k] = a[k], a[i]           #交换 a[i]和 a[k]
            Perm(a, k + 1, len)
            a[i], a[k] = a[k], a[i]           #恢复现场
if __name__ == '__main__':
    a_i = 1
    a = list(input("请输入排列的字符串:"))   #string 为不可变类型,因此转为 list
    Perm(a, 0, len(a) - 1)
```

以 $n=3$,$a[3]=\{1,2,3\}$ 为例,分析实现全排列的过程,如图 3-9 所示。深色线路为递归调用过程,浅色线路为递归返回过程。首先调用 $\mathrm{Perm}(a,0,2)$ 函数,根据算法执行过程,在计算过程中,需要再调用 $\mathrm{Perm}(a,1,2)$ 函数,以此类推。通过这样的调用和返回过程,就可以完成全排列。

算法分析 结合代码 3-2,可以得到全排列的递推式为 $T(n)=nT(n-1)+O(1)$,计算后可得其时间复杂度为 $O(n!)$,这是一个比 2^n 还大得多的时间复杂度,所以全排列问题也是一个难解问题。

扫一扫

看彩图

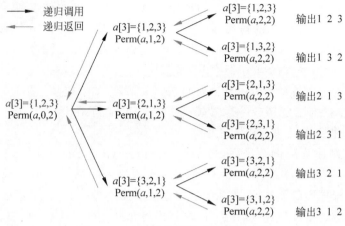

图 3-9　3 个元素的全排列的执行过程

扫一扫

视频讲解

3.5　递归应用：整数划分

问题描述　整数划分问题要求将一个正整数表示成一系列正整数之和。其中，正整数 n 的这样一种表示称为它的一个划分，不同划分个数称为正整数 n 的划分数。现给出一个正整数 n，要求出其划分数。

问题分析　以整数 6 为例，先给出可表示的正整数之和，分别为

6

5+1

4+2,4+1+1

3+3,3+2+1,3+1+1+1

2+2+2,2+2+1+1,2+1+1+1+1

1+1+1+1+1+1

上述划分一共有 11 种，可以将其分为 6 类，对应第 1 个数不同的情况。此外，在确定了第 1 个划分数之后，后续的数都不会超过第 1 个数。若第 1 个数确定为 3，则对 6 的划分就可以转化为对 6-3=3 的划分，划分方法与对 6 的划分相同。最终，通过对每类划分个数的汇总得到总的划分数。

算法思想　针对上述过程，先定义一个 $q(n,m)$ 函数表示在正整数 n 的所有不同划分中，最大加数不大于 m 的划分个数，根据 n 和 m 的关系，可以得到以下几种情况。

当 $n=1$ 时，此时只有一种情况。

当 $m=1$ 时，表示所有加数最大为 1，也只会有一种情况。

当 $m>n$ 时，表示加数 m 比划分数 n 还大，这是不会出现的情况，因为 m 最大只会和 n 相等，所以此时 $q(n,m)$ 等价为 $q(n,n)$。

对于 $m=n$，可以等价为 n 本身的一种划分和 $m=n-1$ 时的划分之和。

最后，当 $n>m>1$ 时，其实存在两类情况，一类是加数不超过 $m-1$，即不包含 m，应该是 $q(n,m-1)$；另一类是包含加数 m，此时就应该是 $q(n-m,m)$。

由此，可以形成完整的递归关系为

$$q(n,m) = \begin{cases} 1, & n=1 \text{ 或 } m=1 \\ q(n,n), & n<m \\ 1+q(n,n-1), & n=m>1 \\ q(n,m-1)+q(n-m,m), & n>m>1 \end{cases}$$

结合递归关系,请读者思考并完成该问题的递归算法实现。整数划分问题还有另外一种提法:给定整数 n,输出它的每种划分,留作习题。

3.6 小结

递归作为一种重要的实现方式,普遍存在于各类算法的实现中。问题能否使用递归求解的重点在于该问题是否可以转换为规模更小的子问题进行求解。带着这样的分析思路,本章对阶乘问题、汉诺塔问题、全排列问题以及整数划分问题进行了详细讲解,重点介绍了递归的两个基本要素:边界条件以及递归式的设计。特别是边界条件,它是递归程序能够正常停止的关键,同时也是编程中容易出错的关键点,在程序实现过程中,设置正确的边界条件尤为重要。

扫一扫

视频讲解

扩展阅读

递 归①

在数学与计算机科学中,递归(Recursion)是指在函数的定义中调用函数自身的方法。顾名思义,递归包含了两个意思:递和归,这正是递归思想的精华所在。递归问题可以分解为若干个规模较小、与原问题形式相同的子问题,这些子问题可以用相同的解题思路来解决,这些问题的演化过程是一个从大到小、由近及远的过程,并且会有一个明确的终点(临界点),一旦到达这个临界点,就不用再向更小、更远的地方走去。最后,从这个临界点开始,原路返回到原点,原问题得以解决。

在春秋战国时期曾子所作的《礼记·大学》中有:"古之欲明明德于天下者,先治其国;欲治其国者,先齐其家;欲齐其家者,先修其身;欲修其身者,先正其心;欲正其心者,先诚其意;欲诚其意者,先致其知,致知在格物。物格而后知至,知至而后意诚,意诚而后心正,心正而后身修,身修而后家齐,家齐而后国治,国治而后天下平。"这就是早在中国上千年前递归思想的体现。

法国数学家爱德华·卢卡斯曾写过一个古老的印度传说:在贝拿勒斯(在印度北部)圣庙里的一块黄铜板上插着 3 根宝石针。印度教的主神梵天在创造世界时,在其中一根针上从下到上穿好了由大到小的 64 片金片,这就是所谓的汉诺塔。不论白天黑夜,总有一名僧侣在按照一定的法则移动这些金片:一次只移动一片,不管在哪根针上,小片必须在大片上面。这就是最初的汉诺塔问题。

百余年来,很多研究者和数学爱好者对汉诺塔问题进行了扩展,包括双色汉诺塔问题、多柱汉诺塔问题等。

1. 双色汉诺塔问题

n 个大小不一的圆盘依半径从大到小自下而上地套在塔座 A 上。这些圆盘从小到大

---
① 参考来源:马昕宇.正心、修身、齐家、治国、平天下[J].文史知识,1987(1):120.
姚云霞.对汉诺塔(Hanoi)问题的算法探索与研究[J].物联网技术,2013,3(7):48-49.

编号为 $1,2,\cdots,n$，奇数号圆盘着红色，偶数号圆盘着蓝色。现在要借助塔座 C 将 n 个圆盘从塔座 A 全部转移到塔座 B 上，并仍按同样顺序叠置。在移动圆盘时应遵循以下条件：

(1) 每次只允许移动一个圆盘；

(2) 在转移过程中不允许大圆盘放在小圆盘上；

(3) 在转移过程中任何时刻都不允许将同色圆盘叠在一起；

(4) 在满足以上移动规则的前提下，可将圆盘移至 A、B、C 中的任意塔座上。

试设计一个算法，用最少的移动次数将塔座 A 上的 n 个圆盘移动到塔座 B 上，并仍按同样顺序叠置。

2. 四柱汉诺塔问题

四柱汉诺塔问题和三柱汉诺塔问题的唯一区别是增加了塔座 D，目标是把塔座 A 上的 n 个圆盘通过塔座 B 和塔座 C 移动到塔座 D 上，在其他移动条件不变的情况下，使用最少的移动次数。

上述问题进一步可以扩展为多柱汉诺塔问题，有兴趣的读者可以尝试不同的汉诺塔问题。

从算法思想到立德树人

递归是一个不断重复相同计算的过程，在不断的重复中达到目标。当然，重复也不是一成不变，每次重复计算都在减小计算规模，向最终的目标逼近。

在我们的学习和科研工作中，很多时候也需要有递归的样子，有经得住寂寞完成重复性工作的耐心，在一遍遍的重复过程中，就会不断接近目标。正所谓"不积跬步，无以至千里；不积小流，无以成江海。骐骥一跃，不能十步；驽马十驾，功在不舍。锲而舍之，朽木不折；锲而不舍，金石可镂。"

习题 3

扫一扫

习题

第4章

分 治 法

视频讲解

思政教学案例

本章学习要点

- 分治法的基本思想
- 分治法的解题步骤
- 通过典型应用学习分治法设计策略
  - ➢ 寻找假币
  - ➢ 二分搜索
  - ➢ 快速排序
  - ➢ 归并排序
  - ➢ 找最大最小项
  - ➢ 棋盘覆盖
  - ➢ 大整数乘法

分治(Divide and Conquer)就是分而治之,有分别治理的含义。在日常生活中,分治就有很多的运用,如全国人口普查。从全国层面看,会先将问题拆分成省级人口普查、市级人口普查,再到区级、乡镇级、街道级,直至小区级,然后通过自下而上的方式汇总得到全国总人数。这其中就体现了分治的思想,将大问题的求解分解为若干小问题的求解。

如何分解问题、问题分解到多大、分解过程是否有限制等问题就成为本章将讨论的主要内容。具体而言,本章将讨论什么是分治法、可以用分治法解决哪些典型应用,以及对分治法如何优化。

4.1 引例:寻找假币

视频讲解

问题描述 现有一个钱袋中装有16枚金币,但其中有一枚是假币,假币除重量比真币轻外,其他都一样。问:在只有一个天平作为工具的前提下,如何区分这枚假币?

对于该问题,很直观的方法就是逐个比较(方法一),任取一枚金币,与其他金币进行比较,若发现轻者,则轻者为假币,最坏情况下可能需要15次比较,如图4-1所示。

更进一步,可以充分利用题目中给出的工具,一次取两枚金币,即将金币分为8组(方法二),利用天平比较每组的两枚金币,最坏情况下需要比较8次,如图4-2所示。

还有更好的方法,也是分组,先分成两组,经过一轮比较后肯定有一组较轻,将这一组再分成两组,以此类推(方法三),最终只需要4次比较,如图4-3所示。

比较上述3种方法,看看它们之间比较次数差异出现的原因。方法一中,每枚金币都至

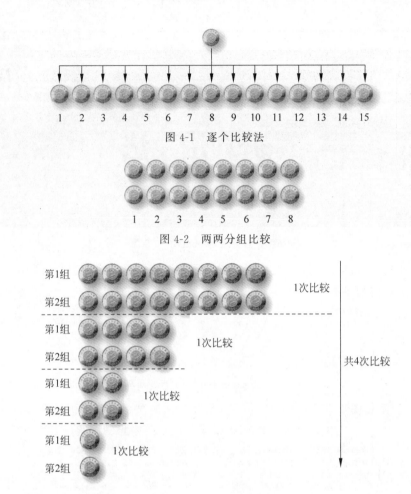

图 4-1 逐个比较法

图 4-2 两两分组比较

图 4-3 等分为两组比较

少进行一次比较,有一枚金币会被比较 15 次;方法二中,每枚金币只进行一次比较;而方法三中,一次比较可以将查找的范围缩小到原来的一半,充分利用了只有一枚假币的性质,更好的方法体现在是否能够实现更好的分组。

例如,这个问题还存在更好的分组方式,只需要 3 次比较。第 1 次划分不变,将 16 枚金币等分,之后将轻的一组划分为 3 组,而不是之前的两组,通过 3 组之间的比较,可以快速找到假币(方法四),如图 4-4 所示。

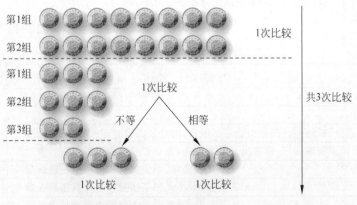

图 4-4 3 次比较过程

比较方法二、三、四,3 种方法都是通过分组的方式完成对问题的求解,都将原问题分解为小问题,这就是分治思想的直接体现。但同时也看到,不同方法所需要的比较次数并不相同,方法二需要 8 次比较,方法三需要 4 次比较,方法四则只需要 3 次比较,不同的分组方式产生的计算量完全不同。因此,问题的划分方法是影响分治法效率的重要因素。

4.2 分治法基本思想

对于一个规模为 n 的问题,首先将要求解的问题分割成 m 个更小规模的子问题,如图 4-5 所示;其次,对 m 个子问题分别求解,如果子问题的规模仍然不够小,则再划分为若干个子问题,如此递归地进行下去,直到问题规模小到很容易求出其解为止;最后,将求出的小规模问题的解合并为一个更大规模的问题的解,自底向上逐步求出原问题的解。上述过程就构成了分治法的思想:将一个难以直接解决的大问题,分解成一些规模较小的同类型问题,以便各个击破,分而治之。

所以,分治就是分而治之,实质上就是将原问题分解成多个规模较小而性质与原问题相同的子问题,然后递归地解这些子问题,再通过合并子问题的解得到原问题的解。

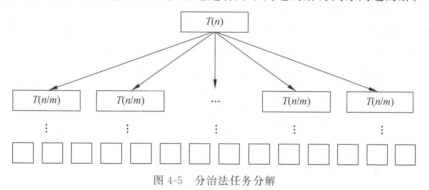

图 4-5 分治法任务分解

4.2.1 分治法解题步骤

分治法的解题步骤通常为 3 步,如图 4-6 所示。

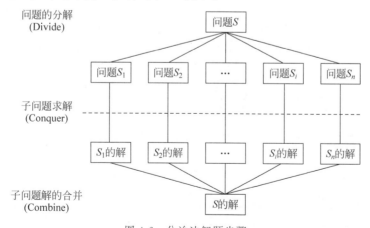

图 4-6 分治法解题步骤

第 1 步是分解(Divide),将原问题分解成一系列子问题。
第 2 步是求解(Conquer),递归地解各子问题。若子问题足够小,则可直接求解。

第3步是合并(Combine),将子问题的结果合并成原问题的解。

4.2.2 分治法适用条件

当然,也不是所有问题都可以使用分治法,或者用分治法就能够实现快速求解,适合使用分治法的问题通常要具备以下几个特征。

(1) 该问题的规模缩小到一定的程度就可以容易地解决。
(2) 该问题可以分解为若干个规模较小的相同问题。
(3) 针对该问题分解出的子问题的解可以合并为该问题的解。
(4) 该问题所分解出的各个子问题相互独立,即子问题之间不包含公共子问题。

对于第1个特征,因为问题的计算复杂度一般随问题规模的增大而增大,因此大部分问题满足该特征;第2个特征是应用分治法的前提,大多数问题可以满足,此特征反映了递归思想的应用;第3个特征是能否利用分治法的必要条件;第4个特征则涉及分治法的效率,如果各子问题不独立,则分治法要做许多不必要的工作,重复地解公共的子问题,此时虽然也可用分治法,但一般用动态规划法更好。

4.2.3 分治法代码框架

对于适合使用分治法求解的问题,通常可以采用代码4-1对应的框架实现,其对应的就是分治法的3步:分解、求解和合并。其中,$|P|$表示问题P的规模,n_0是一个阈值,当问题规模小于n_0时,调用smc()函数直接进行求解。

代码4-1:分治法代码框架

```
1  divide-and-conquer(P) {
2      if ( |P| <= n_0 )   smc(P);                    /*解决小规模的问题*/
3      divide P into smaller subinstances P_1,P_2,…,P_k;   /*分解*/
       /*递归求解各子问题*/
4      for ( i=1; i<=k; i++ )
5          y_i = divide-and-conquer(P_i);
       /*将子问题的解合并为原问题的解*/
6      return merge(y_1,y_2,…,y_k);
7  }
```

在此过程中,为了使计算更优,分解遵循平衡原则,即分解的子问题的规模要大致相同,将一个问题分成大小相等的m个子问题的处理方法是最有效的。这种使子问题规模大致相等的做法就是平衡子问题的思想,这种分解方式通常总是比子问题规模不等的做法要好。

扫一扫

视频讲解

4.3 分治法应用:二分搜索

问题描述 给定已按升序排好序的n个元素组成的数组$a[n]$,现要在这n个元素中找出一特定元素x。

问题分析 顺序搜索方法可以解决该问题,但比较低效;结合序列有序的特点,可以采用更为高效的二分搜索法。

算法思想 x与中间位置的元素进行比较,相等则查找成功;否则,如果x较小,继续在左边的有序区中二分搜索;如果x较大,则继续在右边的有序区中二分搜索,直到有序区中没有元素。二分搜索通过一次比较,把规模为n的问题分解为一个规模为$n/2$的子问题,继续对该子问题进行递归求解,直至查找成功或失败。因此,二分搜索是一个基于分治策略的算法。

算法实现 对于该算法的实现有两种形式,一种为递归实现,另一种是非递归实现。无论是哪种形式,都体现了分治的 3 步过程。对于二分搜索算法,主要的任务体现在分和治两方面,具体实现见代码 4-2 和代码 4-3。

代码 4-2:二分搜索的递归实现

```
def BinarySearch(a, x, h, r):              #在数组元素 a[h]到 a[r]中搜索元素 x
    if r >= h:
        m = (h+r)//2                       #将数列二分,并向下取整
        if x == a[m]:                      #边界条件
            return m
        if x < a[m]:
            r = m-1        #如果右半边第 1 个元素比 x 大,只搜索左半边,需要更新右端点
        else:
            h = m+1        #如果左半边最后一个元素比 x 大,只搜索右半边,需要更新左端点
        return BinarySearch(a, x, h, r)    #递归
    else:
        return -1

if __name__ == '__main__':
    n = int(input())
    x = int(input())
    a = list(map(int, list(input().split()))) #将 list 中空格去掉并将 str 类型转换为 int 类型

    print(BinarySearch(a, x, 0, n-1))
```

代码 4-3:二分搜索的非递归实现

```
def BinarySearch(a, x, h, r):              #二分搜索函数,在数组元素 a[h]到 a[r]中搜索元素 x
    while r >= h:                          #循环条件
        m = (h+r)//2                       #将数列二分,并向下取整
        if x == a[m]:                      #找到 x 跳出循环
            return m+1
        if x < a[m]:      #若 x 小于右半边的最小值,更新右边界,重新进入循环
            r = m-1
        else:             #若 x 大于左半边的最大值,更新左边界,重新进入循环
            h = m+1
    return -1

if __name__ == '__main__':
    n = int(input())
    x = int(input())
    a = list(map(int, list(input().split()))) #将 list 中空格去掉并将 str 类型转换为 int 类型
    print(BinarySearch(a, x, 0, n-1))
```

实例分析 现有 9 个元素构成的升序数组,如图 4-7 所示。需要查找的元素 x 为 1。初始状态,变量 h 和 r 分别指向数组的首尾位置。根据算法思想,首先得到变量 h 和 r 的中间位置 $m=4$,并比较 $a[4]$ 与 x 的大小,此时 $a[4]>1$,则需要查找的元素 x 位于中间位置 m 的左侧,修改 $r=m-1=3$;再次得到变量 h 和 r 的中间位置 $m=1$,并比较 $a[1]$ 与 x 的大小,此时 $a[1]>1$,则需要查找的元素 x 位于中间位置 m 的左侧,修改 $r=m-1=0$;再次得到变量 h 和 r 的中间位置 $m=0$,并比较 $a[0]$ 与 x 的大小,此时 $a[0]$ 与 x 相等,找到所需

元素,程序结束。

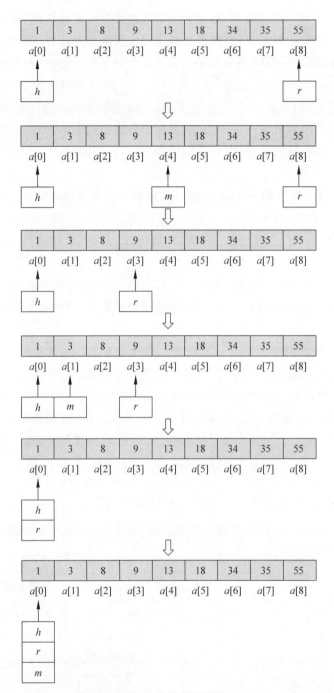

图 4-7 二分搜索实例分析

算法分析 对于二分搜索,基本操作是 x 与数组中元素的比较操作。首先看最好情况,x 正好出现在数组的中间位置,此时只需要一次比较。再看最坏情况,每次比较不成功后,继续在其左半边或右半边二分搜索,搜索范围从 n 降低为 $\lfloor \frac{n}{2} \rfloor$。用 $W(n)$ 表示最坏情况下的比较次数,则可以得到如下递推方程。

$$\begin{cases} W(n)=1+W\left(\left\lfloor\dfrac{n}{2}\right\rfloor\right), & n>1 \\ W(1)=1 \\ W(0)=0 \end{cases} \quad (4\text{-}1)$$

采用迭代法求解式(4-1),得到

$$W(n)=1+W\left(\left\lfloor\dfrac{n}{2}\right\rfloor\right)=1+1+W\left(\left\lfloor\dfrac{n}{2^2}\right\rfloor\right)=\cdots=k+W\left(\left\lfloor\dfrac{n}{2^k}\right\rfloor\right) \quad (4\text{-}2)$$

令

$$\left\lfloor\dfrac{n}{2^k}\right\rfloor=0 \Rightarrow n<2^k \Rightarrow \log n<k \quad (4\text{-}3)$$

又因为 k 为正整数,所以 k 为大于 $\log n$ 的最小正整数,得 $k=1+\lfloor\log n\rfloor$。

所以有

$$W(n)=k+W\left(\left\lfloor\dfrac{n}{2^k}\right\rfloor\right)=1+\lfloor\log n\rfloor=O(\log n) \quad (4\text{-}4)$$

对于平均情况,首先分析输入种类。x 在序列中出现的 n 个可能位置以及 x 不在序列中出现的 $n+1$ 个可能位置,共 $2n+1$ 种。设 I_i 为 $x=a[i]$ 的输入类(为方便起见,这里 $1\leqslant i\leqslant n$,假设数组的第 1 个元素存储在 $a[1]$ 中),I_{n+1} 为 $x<a[1]$ 的输入类,I_{n+j} 为 $a[j-1]<x<a[j]$ 的输入类($2\leqslant j\leqslant n$),I_{2n+1} 为 $a[n]<x$ 的输入类,假定每种输入出现的概率 $p(I_i)$ 相等,根据所需的比较次数 $1,2,\cdots,\lfloor\log n\rfloor,1+\lfloor\log n\rfloor$ 对 $2n+1$ 种输入进行分组,就可以得到平均时间复杂度。现在问题的关键在于如何将比较次数与输入的种类对应起来。

当 $n=25$ 时,有 x 在序列中出现的 25 种输入($I_1 \sim I_{25}$)和 x 不在序列中出现的 26 种输入($I_{26} \sim I_{51}$),共 51 种输入,如图 4-8 所示。

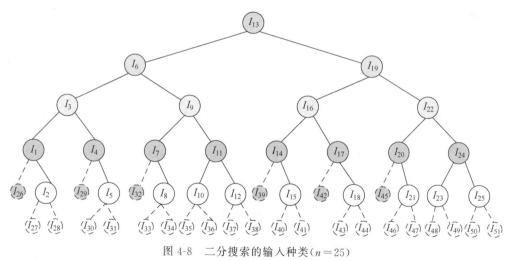

图 4-8 二分搜索的输入种类($n=25$)

对应不同的输入类,二分搜索算法所执行的比较次数如表 4-1 所示,其中 i 表示第 I_i 种输入,$t(I_i)$ 表示输入为 I_i 时二分搜索算法需要的比较次数。

表 4-1 二分搜索算法每种输入对应的比较次数（$n=25$）

i	$t(I_i)$	i	$t(I_i)$
1	4	14	4
2	5	15	5
3	3	16	3
4	4	17	4
5	5	18	5
6	2	19	2
7	4	20	4
8	5	21	5
9	3	22	3
10	5	23	5
11	4	24	4
12	5	25	5
13	1	26,29,32,39,42,45	4
		其余	5

从表 4-1 中可以看出大多数的输入是最坏情况，也就是说，大多数情况要做 5 次比较来寻找 x。为了分析方便，假定对某个整数 $k \geqslant 1$，$n=2^k-1$，可以看到 $k=1+\lfloor \log n \rfloor$ 是在最坏情况下比较的次数。对于 $1 \leqslant t \leqslant k$，设 s_t 为算法要做 t 次比较的输入的个数。例如，对于 $n=25$，$s_3=4$，因为对于 4 个输入 I_3, I_9, I_{16}, I_{22} 中的每个，算法要做 3 次比较。很容易看到，$s_1=1=2^0, s_2=2=2^1, s_3=4=2^2$，而且一般地，对于 $t<k$，$s_t=2^{t-1}$。若 x 在数组中 2^{k-1} 个位置中的任何一个以及在 $n+1$ 个间隙中的任何一个，则算法要做 k 次比较，所以 $s_k=2^{k-1}+n+1$（若不假设 $n=2^k-1$，则对于某些间隙，算法可能只做 $k-1$ 次比较，如 $n=25$ 时见表 4-1）。因此，平均比较次数为

$$A(n)=\frac{1}{2n+1}\sum_{t=1}^{k}ts_t=\frac{1}{2n+1}\Big[\sum_{t=1}^{k}t2^{t-1}+k(n+1)\Big] \tag{4-5}$$

$$\sum_{t=1}^{k}t2^{t-1}=\sum_{t=1}^{k}t(2^t-2^{t-1})=\sum_{t=1}^{k}t2^t-\sum_{t=0}^{k-1}(t+1)2^t$$

$$=\sum_{t=1}^{k}t2^t-\sum_{t=0}^{k-1}t2^t-\sum_{t=0}^{k-1}2^t=k2^k-(2^k-1)=(k-1)2^k+1 \tag{4-6}$$

因此有

$$A(n)=\frac{(k-1)2^k+1}{2n+1}+\frac{k(n+1)}{2n+1}=\frac{(k-1)2^k+1}{2^{k+1}-1}+\frac{k2^k}{2^{k+1}-1}$$

$$\approx \frac{k-1}{2}+\frac{k}{2}=k-\frac{1}{2}=\lfloor \log n \rfloor+\frac{1}{2}=O(\log n) \tag{4-7}$$

通过对平均情况下时间复杂度的分析，可知对有 n 项的有序表进行二分搜索，平均需要做 $\lfloor \log n \rfloor+1/2$ 次比较。实际上，在以比较操作为基本操作的算法类中，对于搜索有序表给定元素的问题，二分搜索算法在平均、最坏情况下都是最优算法。

4.4 分治法应用：快速排序

快速排序又是一个被熟知且常用的算法，同时也是时间复杂度最好的排序算法之一。快速排序分为两个阶段：一是在数组中任选一个元素作为基准元素，用它与其他每个元素

比较，小于基准的放在其左边，大于或等于基准的放在其右边；二是分别对基准的左、右两个无序区进行快速排序，直到无序区只有一个元素。

代码 4-4：快速排序实现

```
def QuickSort(a, p, r):          # 对数组元素 a[p]到 a[r]的快速排序
    if p < r:
        q = Partition(a, p, r)   # 划分函数，划分位置
        QuickSort(a, p, q - 1)   # 对左半段快速排序
        QuickSort(a, q + 1, r)   # 对右半段快速排序
```

从代码 4-4 可以看出整个过程其实就是选择一个基准并找到它的位置，然后以此分成左、右两部分，再进行同样操作的过程。其中，第 1 阶段对应"分"，第 2 阶段对应"治"，而这样的过程，在子问题都解决后，就自然完成了排序过程，不再需要合并。Partition()函数和QuickSort()函数实现见代码 4-5。

代码 4-5：快速排序的排序过程

```
def Partition(a, p, r):
    i = p                          # 左端的哨兵
    j = r + 1                      # 右端的哨兵
    x = a[p]                       # 选择最左端元素为基准元素
    # 将小于 x 的元素交换到左边区域；大于或等于 x 的元素交换到右边区域
    while True:
        i += 1                     # 左端哨兵扫描起始位置
        while a[i] < x and i <= r: # 当 a[i]>=x, i<=r 时跳出循环
            i += 1                 # 当 a[i]<x 时哨兵位置往后移一位
        j -= 1                     # 右端哨兵扫描起始位置
        while a[j] > x:            # 当 a[j]<=x 时跳出循环
            j -= 1                 # 当 a[i]>x 时哨兵位置往前移一位
        if i >= j:
            break
        a[i], a[j] = a[j], a[i]    # 找到的第 1 对元素交换位置，使 a[i]<x,a[j]>x

    a[p] = a[j]                    # 将基准元素放到中间,使其左边元素都比它小,右边都比它大
    a[j] = x
    return j

# 快速排序函数
def QuickSort(a, p, r):
    if p < r:
        q = Partition(a, p, r)
        QuickSort(a, p, q - 1)     # 对左半段快速排序
        QuickSort(a, q + 1, r)     # 对右半段快速排序

if __name__ == '__main__':
    n = int(input())
    a = list(map(int, list(input().split())))   # 将 list 中空格去掉并将 str 类型转换为 int 类型

    Partition(a, 0, n - 1)         # 调用一次排序函数

    for i in a:
        print(i, end = ' ')
```

实例分析 图 4-9 展示了对数组中元素进行快速排序的过程。对于初始数组，i 指向数组首元素对应的位置，j 指向数组尾元素对应的后面的位置，同时数组的首元素作为基准比较值。Partition()函数执行过程中，首先从 i 开始向 j 方向逐个扫描，直到第 1 个大于或等于基准值 x 的位置，此时 i 指向该位置 $a[2]$；接着，从 j 开始向 i 方向逐个扫描，直到第 1 个

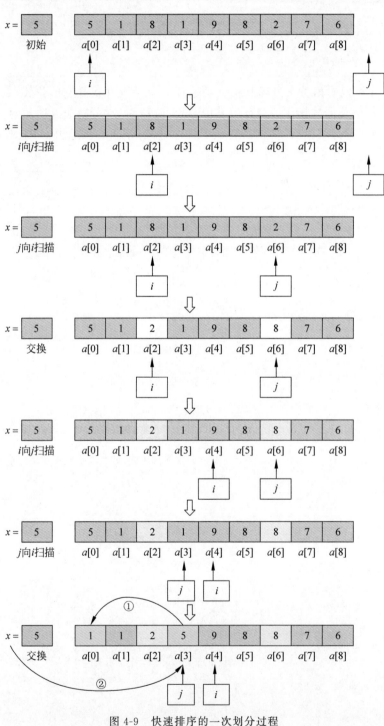

扫一扫

看彩图

图 4-9 快速排序的一次划分过程

小于基准值 x 的位置,此时 j 指向该位置 $a[6]$;各完成一次移动后,i 和 j 未相遇且 j 依然指向 i 右边位置,此时交换 $a[2]$ 和 $a[6]$ 的值,并继续重复上述交替扫描过程,直到 i 位于 j 的右侧;之后,完成两次赋值操作,将基准值 x 移动到正确的位置 $a[3]$。完成第 1 次划分后,再分别递归处理子数组 $a[0]\sim a[2]$ 和 $a[4]\sim a[8]$,以完成整个快速排序过程。

在每次划分过程中,还需要注意 i 和 j 的取值范围,i 不能大于 r,j 不能小于 p。

算法分析 在快速排序中,根据平衡原则,最好情况是每次基准都把序列分为几乎相等的两部分,基准刚好放于中间,即完成等分,对应的递推式为 $T(n)=2T(n/2)+n-1$,利用主定理,可以得到复杂度为 $O(n\log n)$。最坏情况是每次选中的基准都把序列分为两部分,其中一部分为空,即基准被放于序列首端或末端,对应的递推式为 $W(n)=W(n-1)+n-1$,同样可以得到它的复杂度为 $O(n^2)$。至于平均情况,可以从划分后基准元素所在的位置分析。

快速排序在排序过程中,多次调用划分过程。当第 1 次执行划分后,把整个序列划分成前、后两部分,其后再对前、后两部分进行划分。对问题的 $n!$ 个输入,按某种确定的规则选取基准项 x,进行划分后,x 所在位置 i 可能是 $1,2,\cdots,n$ 中的一个,这样,$n!$ 个输入实际上被分成了 n 个子类。

假定 i 取 $1,2,\cdots,n$ 的可能性相等,设 $A(n)$ 为快速排序的平均时间复杂度,则 $A(i-1)$ 为快速排序前半部分的平均比较次数,$A(n-i)$ 为快速排序后半部分的平均比较次数,通过 $n-1$ 次比较进行了第 1 次划分后,有

$$A(n)=n-1+\frac{1}{n}\sum_{i=1}^{n}[A(i-1)+A(n-i)] \tag{4-8}$$

由于 $\sum_{i=1}^{n}A(i-1)=\sum_{i=1}^{n}A(n-i)$,结合初始条件,可以得到如下递推方程。

$$\begin{cases} A(n)=n-1+\dfrac{2}{n}\sum_{i=0}^{n-1}A(i) \\ A(0)=A(1)=0 \end{cases} \tag{4-9}$$

使用差消法求解式(4-9)的过程如下。
用 n 乘以式(4-9)两边,得到

$$nA(n)=n(n-1)+2\sum_{i=0}^{n-1}A(i) \tag{4-10}$$

用 $n-1$ 代替式(4-10)中的 n,两边乘以 $(n-1)$,得到

$$(n-1)A(n-1)=(n-1)(n-2)+2\sum_{i=0}^{n-2}A(i) \tag{4-11}$$

式(4-10)减去式(4-11),得到

$$nA(n)=2(n-1)+(n+1)A(n-1) \tag{4-12}$$

式(4-12)两边同除以 $n(n+1)$,得到

$$\frac{A(n)}{n+1}=\frac{2(n-1)}{n(n+1)}+\frac{A(n-1)}{n} \tag{4-13}$$

式(4-13)是一个递推式,对其求解,得到

$$\frac{A(n)}{n+1}=2\sum_{i=2}^{n}\frac{i-1}{i(i+1)}=2\sum_{i=2}^{n}\left(\frac{2}{i+1}-\frac{1}{i}\right)$$

$$= 4\sum_{i=3}^{n+1}\frac{1}{i} - 2\sum_{i=2}^{n}\frac{1}{i} = 2\sum_{i=3}^{n+1}\frac{1}{i} + \frac{2}{n+1} - 1 \tag{4-14}$$

因为

$$\sum_{i=3}^{n+1}\frac{1}{i} < \int_{e}^{n+1}\frac{\mathrm{d}x}{x} < \ln(n+1) \tag{4-15}$$

所以有

$$A(n) < 2(n+1)\ln(n+1) + 2 - (n+1) = 2(n+1)\ln(n+1) + 1 - n \tag{4-16}$$

又因为 $\ln n = \ln 2\log n$，$\ln 2 = 0.69315$，快速排序算法在平均情况下大约做 $2n\log n$ 次比较，得到 $A(n) = O(n\log n)$，达到了以比较操作为基本操作的排序算法类的下界。因此，快速排序在以比较操作为基本操作的算法类中，是平均时间复杂度下的最优算法。

从时间复杂度的分析中可以看到，快速排序的时间复杂度主要取决于基准元素是否能将原数据等分，即快速排序的性能取决于划分的对称性。为了减少出现最坏情况的可能，对于基准值的选择，可以利用随机性进行改进，在快速排序算法的每步中，当数组还没有被划分时，可以在 $a[p:r]$ 中随机选出一个元素作为划分基准，从而期望划分是较对称的，至少可以以很大的概率避免最坏情况的出现。改进后的快速排序算法就成为一种概率算法，在后续章节中将详细讲解。

4.5 分治法应用：归并排序

对于归并排序，其算法思想是将待排序元素分成规模大致相同的两个子集合，分别对两个子集合进行排序，最终将排好序的子集合合并成为一个有序集合。结合算法思想，算法实现见代码 4-6。

代码 4-6：归并排序的递归实现

```
b = [None]

def Merge(R, R1, low, mid, high):    #将数组 R 中 R[low:mid]和 R[mid+1:high]的元素合并到数组 R1
    i = low
    j = mid + 1
    k = low
    while i <= mid and j <= high:    #比较 R[low:mid]和 R[mid+1:high]中的元素
                                     #按照从小到大的顺序合并到 R1
        if R[i] <= R[j]:
            R1[k] = R[i]
            k += 1
            i += 1
        else:
            R1[k] = R[j]
            k += 1
            j += 1
    while i <= mid:                  #将左边剩余元素合并到数组 R1
        R1[k] = R[i]
        k += 1
        i += 1
    while j <= high:                 #将右边剩余元素合并到数组 R1
        R1[k] = R[j]
        k += 1
```

```
            j += 1

def MergeSort(a, left, right):              # 对 a[left]到 a[right]的元素快速排序
    if left < right:                        # 至少有两个元素,进行递归
        i = (left + right) // 2             # 取中点
        MergeSort(a, left, i)
        MergeSort(a, i + 1, right)
        global b                            # 声明全局变量 b
        Merge(a, b, left, i, right)
        for i in range(left, right + 1):    # 将排好序的元素从数组 b 复制到数组 a
            a[left] = b[i]
            left += 1

if __name__ == '__main__':
    n = int(input())
    a = list(map(int, list(input().split()))) # 将 list 中空格去掉并将 str 类型转换为 int 类型
    b = b * n                               # 初始化 b 的元素个数

    MergeSort(a, 0, n − 1)

    for i in a:
        print(i, end = ' ')
```

以初始序列[49 38 65 97 76 13 27]为例,归并排序的问题分解过程如图 4-10 所示。

```
初始序列    [49  38  65  97  76  13  27]

第1轮      [49  38  65  97] [76  13  27]

第2轮      [49  38] [65  97] [76  13  27]

第3轮      [49] [38] [65  97] [76  13  27]
...
```

图 4-10 归并排序的问题分解过程

在此过程中,算法首先对问题进行分解,经过多轮的任务分解,最后会得到一个元素构成的序列,再依次合并为规模更大的子问题的解,直至原问题的解。进一步分析,任务分解步骤可以省去,直接将每个元素看成一个独立的序列,然后进行两两合并,最后完成排序,这个过程就是归并排序的非递归实现,如图 4-11 所示。

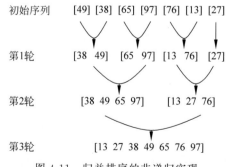

图 4-11 归并排序的非递归实现

归并排序的非递归实现如代码 4-7 所示。

代码 4-7：归并排序的非递归实现

```python
#借助辅助空间数组 R1 把 R 数组的两部分合并为一个有序数组放到 R1 中
def Merge(R, R1, low, mid, high):    #将数组 R 中 R[low:mid]和 R[mid+1:high]的元素合并到数组 R1
    i = low
    j = mid + 1
    k = low
    while i <= mid and j <= high:    #比较 R[low:mid]和 R[mid+1:high]中的元素
                                     #按照从小到大的顺序合并到 R1
        if R[i] <= R[j]:
            R1[k] = R[i]
            k += 1
            i += 1
        else:
            R1[k] = R[j]
            k += 1
            j += 1
    while i <= mid:                  #将左边剩余元素合并到数组 R1
        R1[k] = R[i]
        k += 1
        i += 1
    while j <= high:                 #将右边剩余元素合并到数组 R1
        R1[k] = R[j]
        k += 1
        j += 1

#一轮两两归并
def MergePass(R, R1, length, n):     #length 是本轮归并有序数组长度
    i = 0
    while i + 2 * length - 1 < n:    #循环条件为右端点不越界
        Merge(R, R1, i, i + length - 1, i + 2 * length - 1)
        i = i + 2 * length           #更新 i

    if i + length - 1 < n - 1:       #右端点越界,但是右半段仍有数需要合并
        Merge(R, R1, i, i + length - 1, n - 1)
    else:                            #其他情况
        for j in range(i, n):
            R1[j] = R[j]

def MergeSort(R, n):                 #对长度为 n 的数组 R 进行排序
    length = 1
    R1 = [None]
    R1 = R1 * n
    while length < n:
        MergePass(R, R1, length, n)
        length *= 2
        MergePass(R1, R, length, n)
        length *= 2

if __name__ == '__main__':
    n = int(input())
    a = list(map(int, list(input().split())))    #将 list 中空格去掉并将 str 类型转换为 int 类型
```

```
MergeSort(a, n)

for i in a:
    print(i, end = ' ')
```

在算法实现过程中,当排序没有完成时,利用 MergePass() 函数不断地进行数组合并。该函数通过辅助数组 R1 实现对数组元素的一轮合并,其中 Merge() 函数通过比较实现两个有序数组合并到一个有序数组。通过上述过程的分析可知,归并排序算法的分治计算过程主要体现在"治"和"合"两方面。

算法分析 对于归并排序,其时间复杂度与具体输入无关,对应的递推式为 $T(n)=2T(n/2)+O(n)$,计算可得时间复杂度为 $O(n\log n)$。无论在最坏情况还是平均情况下,归并排序算法是比较操作排序算法类中的最优算法。

4.6 分治法应用:求最大最小项

问题描述 给定 n 个元素构成的数组 L,求出其中的最大项和最小项。

问题分析 按照逐一比较算法,求最大(小)项至少需要 $n-1$ 次比较,重复执行该算法两遍,通过 $(n-1)+(n-2)=2n-3$ 次比较操作可以得到最大项和最小项;借鉴竞技比赛中的淘汰赛算法,每两个元素为一组,大者进入下一轮,然后继续两两比较,大者进入下一轮,最后剩下的元素即为最大项。淘汰赛算法找最大项需要 $n-1$ 次比较,而最小项只可能出现在第 1 轮两两比较中失败的(小)元素以及第 1 轮因为轮空没有参加比较的元素中,这些元素共有 $\lceil \frac{n}{2} \rceil$ 个,因此可用 $\lceil \frac{n}{2} \rceil - 1$ 次比较得到最小项。所以,用淘汰赛算法找数组中的最大项和最小项,比较次数为 $n-1+\lceil \frac{n}{2} \rceil -1 = \lceil \frac{3n}{2} \rceil -2$。以 7 个元素为例,淘汰赛算法求最大项和最小项的过程如图 4-12 所示。

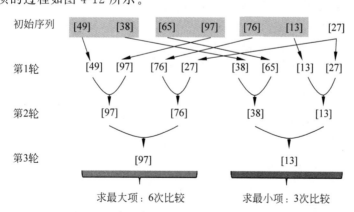

扫一扫

看彩图

图 4-12 淘汰赛法求最大项和最小项的过程

下面考虑用分治法求解该问题。

算法设计 按照分治法的解题步骤,得到分治法求解最大最小项的过程如下。

(1) 分解。将数组 L 分为 L_1 和 L_2 两个项数几乎相同的数组。

(2) 递归求解子问题。分别找出 L_1 和 L_2 中的最大项及最小项。

(3) 把子问题的解合并为原问题的解。比较 L_1 和 L_2 中的最大项,大者为 L 的最大项;比较 L_1 和 L_2 中的最小项,小者为 L 的最小项。

为便于理解,首先给出对应的伪代码。

代码 4-8:分治法求最大最小项(伪代码)

```
MAXMIN(L, max, min)
输入:数组 L
输出:max,min
1   if (|L| == 1) {
2       max←L 中唯一的元素;
3       min←max;
4   }
5   else
6   {
7       把 L 分解成两部分 L₁ 和 L₂;
8       MAXMIN(L₁, max1, min1);
9       MAXMIN(L₂, max2, min2);
10      max←max(max1, max2);
11      min←min(min1, min2);
12  }
```

算法实现 伪代码 4-8 对应的 Python 程序见代码 4-9。

代码 4-9:分治法求最大最小项(Python)

```python
def MAXMIN(a, left, right, result):
    if left == right:       #边界:当表中只有一个元素时,它既是最大项,也是最小项
        result[0] = result[1] = a[left]
        return
    mid = (left + right) // 2
    left_result = [0, 0]
    right_result = [0, 0]

    #递归求解表的左半部分的最大最小项
    MAXMIN(a, left, mid, left_result)
    #递归求解表的右半部分的最大最小项
    MAXMIN(a, mid + 1, right, right_result)

    #两部分的大者为合并后表的最大项
    result[0] = max(left_result[0], right_result[0])
    #两部分的小者为合并后表的最小项
    result[1] = min(left_result[1], right_result[1])

if __name__ == '__main__':
    n = int(input("输入 n: "))
    pMAX = pMIN = 0
    a = list(map(eval, input("输入数组 a: ").split()))
    result = [0, 0]                   #存放结果
    MAXMIN(a, 0, n - 1, result)
    print(result[0], result[1])
```

算法分析 设该算法在最坏情况下的比较次数为 $T(n)$,建立递推方程如下。

$$\begin{cases} T(n) = T(|L_1|) + T(|L_2|) + 2 \\ T(1) = 0 \\ T(2) = 1 \end{cases}$$

其中,$|L_1|$、$|L_2|$ 分别为 L_1 和 L_2 中的元素个数。

为了讨论方便，令 $n=2^k$（k 为整数）且 $|L_1|=|L_2|$，则有

$$\begin{aligned}
T(n) &= 2T\left(\frac{n}{2}\right)+2 = 2T(2^{k-1})+2 \\
&= 2[2T(2^{k-2})+2]+2 \\
&\cdots \\
&= 2^{k-1}T(2)+\sum_{i=1}^{k-1}2^i = 2^{k-1}+2^k-2 \\
&= \frac{3n}{2}-2
\end{aligned}$$

可以看到，分治法与淘汰赛算法的比较次数是一致的，优于两次运用找最大（小）项的算法。那么，对于求解最大最小项这个问题，以比较操作为基本操作的算法类中，分治法与淘汰赛法是最优算法吗？先来证明一个定理。

定理 用比较算法类中的任意算法找出 n 项表中的最大项和最小项，在最坏情况下，至少要比较 $\lceil \frac{3n}{2} \rceil - 2$ 次。

证明 A 是比较算法类中的任意算法，S 是用算法 A 找出 L 中最大项和最小项所做的比较操作集合，按比较项的胜败情况，S 可细分为：

S_1：比较的两项都是初次参加比较；

S_2：比较的两项中，一项初次参加比较，另一项在以前的比较中从没有败过；

S_3：比较的两项中，一项初次参加比较，另一项在以前的比较中从没有胜过；

S_4：比较的两项在以前的比较中都没有败过；

S_5：比较的两项在以前的比较中都没有胜过；

S_6：其他情况。

显然 $S_1 \cup S_2 \cup S_4$ 为找最大项当且仅当要做的比较，$S_1 \cup S_3 \cup S_5$ 为找最小项当且仅当要做的比较。又因为在 n 项表中找最大项（或最小项）至少要 $n-1$ 次比较，可得

$$|S_1|+|S_2|+|S_4| \geqslant n-1, \quad |S_1|+|S_3|+|S_5| \geqslant n-1, \quad |S_1| \leqslant \lfloor \frac{n}{2} \rfloor$$

因此，有

$$|S| = \sum_{i=1}^{6}|S_i| \geqslant \sum_{i=1}^{5}|S_i| = (|S_1|+|S_2|+|S_4|) +$$

$$(|S_1|+|S_3|+|S_5|)-|S_1| \geqslant n-1+n-1-\lfloor \frac{n}{2} \rfloor = \lceil \frac{3n}{2} \rceil - 2$$

得证。

因此，在求解最大最小项问题中，淘汰赛算法和分治法在最坏情况下的比较次数都是 $\lceil \frac{3n}{2} \rceil - 2$，它们都是在最坏情况下求解最大最小项问题的最优算法。

4.7 分治法应用：棋盘覆盖

问题描述 在一个由 $2^k \times 2^k$ 个方格组成的棋盘中，恰有一个方格与其他方格不同，称该方格为特殊方格，且称该棋盘为特殊棋盘。在棋盘覆盖问题中，要用图 4-13 的 4 种不同形态的 L 形骨牌覆盖给定的特殊棋盘上除特殊方格以外的所有方格，且任何两个 L 形骨牌

不得重叠覆盖。

图 4-13 分别给出了初始棋盘、四种 L 形骨牌和针对初始棋盘的覆盖棋盘。该覆盖棋盘由 5 个 L 形骨牌进行覆盖。

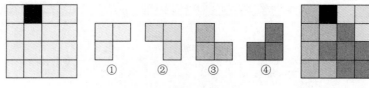

图 4-13 棋盘覆盖

问题分析 对于如图 4-14 所示的棋盘,这是一个 $2^k \times 2^k$ 的棋盘,里面有一个特殊方格,为了将问题规模变小,可以将这个棋盘进行划分,将 $2^k \times 2^k$ 棋盘分割为 4 个 $2^{k-1} \times 2^{k-1}$ 子棋盘。此时,特殊方格位于某个较小子棋盘中,而其余 3 个子棋盘中并没有特殊方格。也就是说,在此过程中将原问题分解成了 4 个小问题,但是其中有 3 个小问题和原问题不一样,这显然不符合分治法的要求,因为分治法要求分解的小问题要和原问题是同类型问题。

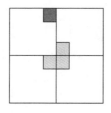

图 4-14 $2^k \times 2^k$ 大小棋盘覆盖问题

为了统一子问题,需将 3 个无特殊方格的子棋盘转化为特殊棋盘,此时可以使用一个 L 形骨牌覆盖这 3 个较小棋盘的会合处,将原问题转化为 4 个较小规模的棋盘覆盖问题。这里必须要注意,这不是真的增加了特殊方格,如果真的增加了,那肯定就改变了原问题,所以这里只是用 L 形骨牌做一个变换。在此基础上,可以递归地使用这种分割,直到棋盘简化为 1×1。具体的分解和转化过程可参考图 4-15。

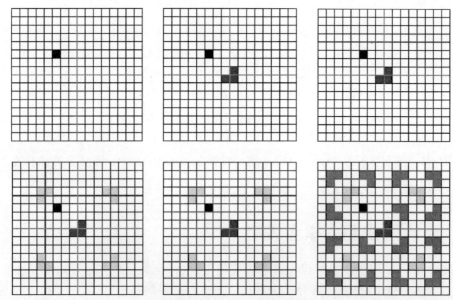

图 4-15 棋盘分解和转化过程

算法思想 将原问题分解为规模缩小一半的 4 个子问题，判断特殊方格所在位置，如果在左上区域，用图 4-13 中④号 L 形骨牌覆盖子问题交汇处；在右上区域，用图 4-13 中③号 L 形骨牌覆盖；在左下区域，用图 4-13 中②号 L 形骨牌覆盖；在右下区域，用图 4-13 中①号 L 形骨牌覆盖。之后，在 4 个小区域内继续递归执行上述过程，直至全部覆盖。

算法实现 首先定义相关的数据结构，包括：$2^k \times 2^k$ 棋盘，大小用 size（$=2^k$）表示；特殊方格，用左上角所在坐标(dr,dc)表示；棋盘左上角坐标为(tr,tc)；L 形骨牌，每个 L 形骨牌有一个唯一编号，从 1 开始，编号相同的表示同一个骨牌。具体的算法实现如代码 4-10 所示。

代码 4-10：棋盘覆盖

```python
board = []
tile = 1

#(tr,tc)为棋盘左上角坐标,(dr,dc)为特殊方格坐标,size 为棋盘大小
def chessBoard(tr, tc, dr, dc, size):
    if size == 1:
        return
    global tile, board
    t = tile                                        #L 形骨牌号
    tile += 1
    s = size // 2                                   # 分割棋盘
    #覆盖左上角子棋盘
    if dr < tr + s and dc < tc + s:                 #特殊方格在此棋盘中
        chessBoard(tr, tc, dr, dc, s)
    else:                                           #此棋盘中无特殊方格
        board[tr + s - 1][tc + s - 1] = t           #用 t 号 L 形骨牌覆盖右下角
        chessBoard(tr, tc, tr + s - 1, tc + s - 1, s)   #覆盖其余方格
    #覆盖右上角子棋盘
    if dr < tr + s and dc >= tc + s:
        chessBoard(tr, tc + s, dr, dc, s)
    else:
        board[tr + s - 1][tc + s] = t               #用 t 号 L 形骨牌覆盖左下角
        chessBoard(tr, tc + s, tr + s - 1, tc + s, s)
    #覆盖左下角子棋盘
    if dr >= tr + s and dc < tc + s:
        chessBoard(tr + s, tc, dr, dc, s)
    else:
        board[tr + s][tc + s - 1] = t               #用 t 号 L 形骨牌覆盖右上角
        chessBoard(tr + s, tc, tr + s, tc + s - 1, s)
    #覆盖右下角子棋盘
    if dr >= tr + s and dc >= tc + s:
        chessBoard(tr + s, tc + s, dr, dc, s)
    else:
        board[tr + s][tc + s] = t                   #用 t 号 L 形骨牌覆盖左上角
        chessBoard(tr + s, tc + s, tr + s, tc + s, s)

if __name__ == '__main__':
    size, dr, dc = list(map(int, list(input().split())))

    board = [[0 for j in range(size)] for i in range(size)]    #初始化 board 列表

    chessBoard(0, 0, dr, dc, size)
```

```
for i in board:
    for j in i:
        print(j, end = '\t')
    print()
```

下面看一下具体的算法实现过程,首先是边界条件,当 size 为 1 时,直接返回,说明棋盘不可再分。用 t 对 L 形骨牌进行编号,保证每轮划分填充的 3 个方格编号相同。首先对棋盘进行分割,$s=$ size/2,接着分别覆盖左上角、右上角、左下角和右下角棋盘,每部分的处理都是先判断特殊方格是否在其中,若在,则递归调用 chessBoard() 函数对该棋盘进行划分;若不在,则用当前骨牌进行覆盖,覆盖的位置为与其他 3 个子棋盘相邻的方格,覆盖后充当特殊方格,接着再递归调用 chessBoard() 函数对该棋盘进行划分。

以图 4-13 的初始棋盘为例,分析一下算法执行过程。

(1) 初始状态时,tr=tc=dr=0,dc=1,size=4。

(2) 进入函数后,$t=1,s=2$。接着进入左上角棋盘的处理,通过判断语句 dr＜tr＋s&&dc＜tc＋s 先判断特殊方格是否在此棋盘中,此时,0＜0+2&&1＜0+2,条件成立,接着执行 chessBoard(0,0,0,1,2) 函数。进入函数后,$t=2,s=1$。进入左上角棋盘的处理,通过判断,此时,0＜0+1&&1＜0+1,条件不成立,说明不包含特殊方格,进入 else 分支,得到 board[0][0]=2,即得到图 4-16(a) 对应的计算结果。

(3) 接着执行 chessBoard(0,0,0,0,1) 函数。进入函数后,因 size=1,退出函数。

(4) 此时,执行 $t=2,s=1$ 情况下处理右上角棋盘的部分,判断 dr＜tr+s&&dc＞=tc+s,即 0＜0+1&&1＞=0+1,条件成立,包含特殊方格,执行 chessBoard(0,1,0,1,1) 函数。进入函数后,因 size=1,退出函数。

(5) 此时,执行 $t=2,s=1$ 情况下处理左下角棋盘的部分,判断 dr≥tr+s&&dc＜tc+s,即 0≥0+1&&1＜0+1,条件不成立,不包含特殊方格,执行 else 分支的 board[tr+s][tc+s−1]=t,得到 board[1][0]=2,即图 4-16(b) 对应的计算结果。

(6) 接着执行 chessBoard(1,0,1,0,1) 函数。进入函数后,因 size=1,退出函数。

(7) 此时,进入 $t=2,s=1$ 情况下对右下角棋盘的处理,计算结果如图 4-16(c) 对应的计算结果。

扫一扫

看彩图

(a) 处理左上角　　(b) 处理左下角　　(c) 处理右下角　　(d) 处理右上角

图 4-16　棋盘覆盖问题求解过程(1)

(8) 接着,执行 $t=1,s=2$ 情况下对右上角的处理,判断 dr＜tr+s&&dc＞=tc+s,即 0＜0+2&&1＞=0+2,条件不成立,不包含特殊方格,执行 else 分支的 board[tr+s−1][tc+s]=t,得到 board[1][2]=1,即得到图 4-16(d) 对应的计算结果。

(9) 接着执行 chessBoard(0,2,1,2,2) 函数。以此类推,执行过程如图 4-17 所示。

算法分析　对上述算法过程,可直接列出其递推式并计算得到时间复杂度为 $O(4^k)$。

$$T(k) = \begin{cases} O(1), & k=0 \\ 4T(k-1)+O(1), & k>0 \end{cases}$$

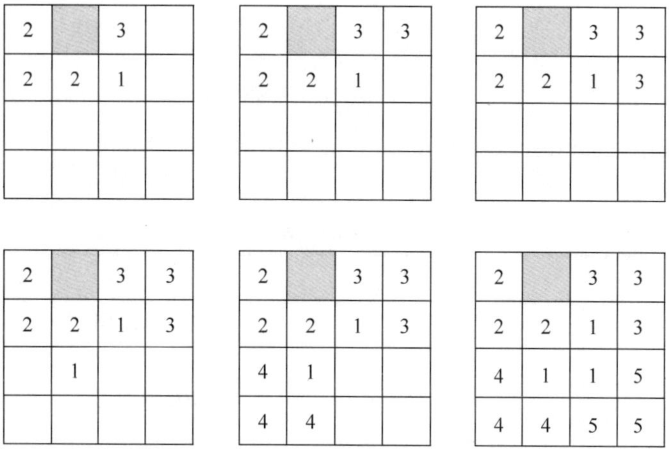

图 4-17　棋盘覆盖问题求解过程(2)

棋盘覆盖问题展现出两方面的信息,一方面说明了并不是所有问题都能够直接使用分治法求解,另一方面又说明了问题的转化在求解过程中的重要作用。对于该问题,通过合理的问题变换,就可以满足分治法要求的分解后问题与原问题同性质的特征,这也成为分治法求解该问题的关键。

4.8　分治法应用:大整数乘法

问题描述　实现两个 n 位大整数的乘法运算。

问题分析　对于该问题,最直接的方式就是通过位乘法实现,位乘法即模拟手工乘,因其主要思想与手工竖式乘法类似而得名,该方法通过位与位的相乘得到乘积,计算复杂度为 $O(n^2)$。除位乘法外,分治法也是该问题的有效方法之一,主要通过将大数分解为小规模数据的方式实现计算,计算复杂度可以达到 $O(n^{1.59})$。

4.8.1　位乘法实现

算法思想　位乘法的思想来源于乘法的竖式运算。首先,对两个乘数的各位进行编号,最低位编号为0,计算结果的各位也进行类似编号。算法主体运算可分为两步:

(1) 将乘数的各位两两相乘,乘积结果存放在两位编号之和对应的位置;

(2) 对于逐位相乘得到的结果,其除以 10 向下取整的结果作为进位,将余数保留为本位的结果。

有别于竖式运算中每次乘法运算后直接执行进位操作,位乘法采用累积进位的方式处理进位,即将每两位相乘的结果暂时保留不进位,等到所有乘法运算结束后根据相应的进位规则进行进位操作,算法计算示意如图 4-18 所示,其中斜体字符为每次乘法运算产生的进位。

算法实现　该算法的实现过程首先从预处理工作开始,需要的数据结构如表 4-2 所示。字符串数组 num1[N] 和 num2[N] 用于存储大整数 a 和 b,而字符串数组 result[N] 用于存

扫一扫

看彩图

```
         1 2 3 4              1 2 3 4
    ×      5 6 7         ×      5 6 7
       8 6 3 8              7₁4₂1₂8
     7 4 0 4              6₁2₁8₂4
   6 1 7 0                5₁0₁5₂0
   6 9 9 6 7 8            6 9 9 6 7 8
```

图 4-18　竖式运算与位乘法对比

储计算结果。整型变量 num1Len 和 num2Len 分别用于存储 num1[N] 和 num2[N] 的有效长度。

表 4-2　位乘法数据结构定义

变　　量	类　　型	含　　义
num1[N]	string	申请存储空间并存储大整数 a
num2[N]	string	申请存储空间并存储大整数 b
result[N]	string	初始化用于存储计算结果
num1Len	int	存储 num1[N] 有效长度
num2Len	int	存储 num2[N] 有效长度
resultLen	int	存储结果的有效长度
change	int	判断结果是否为 0

在此基础上,实现按位相乘。result[0]存放结果 result 数组的长度,result[1]存放最高位 result[2]的进位,大整数 a、b 的各个位相乘的结果存入 result 数组中下标为 2～resultLen 的数组项中(由于 num1 和 num2 数组是倒序存储,故最低位在 result[resultLen])。

处理进位。从最低位开始进行进位处理,除以 10 的余数保留,商进位。

结果输出。change 初始值为 0,用于判断大整数的乘积结果是否为 0,当最高位 result[1] 不为 0 时,说明结果一定不为 0,将 change 标志置 1,然后将 result 数组按序输出即可。当最高位进位 result[1]为 0 时,进一步判断 result[2],若 result[2]=0,说明最终乘积为 0,直接输出 0 即可,否则从 result[2]开始按序输出。

代码 4-11：位乘法实现

```python
def bitMul(num1, num2, result, num1Len, num2Len):
    change = 0
    resultLen = num1Len + num2Len

    for j in range(num2Len):
        for i in range(num1Len):
            # 大整数 num1 和 num2 各个位相乘的结果存入 result
            # 数组中下标为 2～resultLen 的数组项中
            result[i + j + 2] += int(num1[i]) * int(num2[j])
    for i in range(resultLen, 1, -1):  # 从最低位开始处理进位(最低位在 result[resultLen]中
        result[i - 1] += result[i] // 10
        result[i] = result[i] % 10

    result[0] = resultLen                      # 结果输出
    for i in range(1, result[0] + 1):
        if result[i] != 0:
```

```
                change = i
                break
        for i in range(change, result[0] + 1):
            print(result[i], end = '')

if __name__ == '__main__':
    num1, num2 = list(input().split())

    result = [0 for i in range(len(num1) + len(num2) + 1)]

    bitMul(num1, num2, result, len(num1), len(num2))
```

实例分析 以 123×456 为例。在预处理部分,num1[N]和 num2[N]以字符串形式存储 123 和 456,长度变量 num1Len=3,num1Len=3,resultLen=6。result[N]完成初始化等待存储计算结果。

实现按位相乘。由于 num1[i] * num2[j]的结果累加到 result[$i+j+2$]项中,故运算后数组 result[N]中的数据如图 4-19 所示,result[1]保持初始值为 0(result[1]为防止进位处理中 result[2]超过 10 产生进位,导致结果溢出),result[0]=resultLen=6。

进位处理。从 result[6]开始,十位向前进位,个位保留,得到结果如图 4-20 所示。最终得到计算结果 56088。

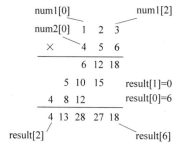

图 4-19 位乘法按位相乘

图 4-20 数组 result[N]进位处理结果

4.8.2 分治法实现

算法思想 分治的思想是将问题分解成相互独立的小问题,假设要相乘的两个数是 x 和 y。可以将 x 和 y 进一步写成

$$x = a \cdot 10^{n/2} + b \tag{4-17}$$

$$y = c \cdot 10^{n/2} + d \tag{4-18}$$

其中,n 为数的位数。如果 n 是偶数,则 a 和 b 都是 $n/2$ 位;如果 n 是奇数,则 a 是 $n/2+1$ 位,b 是 $n/2$ 位。

根据式(4-17)和式(4-18),并经化简后可得

$$xy = ac \cdot 10^n + (ad + bc) \cdot 10^{n/2} + bd \tag{4-19}$$

在式(4-19)的计算中,使用了 4 次 $n/2$ 位的乘法、3 次加法和两次移位操作,计算该分治法的时间复杂度,有 $T(n)=4T(n/2)+O(n)$,计算得到 $T(n)=O(n^2)$,与位乘法时间复杂度相同。为了进一步降低算法的复杂度,可以通过减少子问题个数的方式实现,将式(4-19)改写为

$$xy = ac \cdot 10^n + [(a-b)(d-c) + ac + bd] \cdot 10^{n/2} + bd \qquad (4-20)$$

式(4-20)中使用了 3 次 $n/2$ 位的乘法、3 次加法和两次移位操作，加法和移位操作共使用 $\theta(n)$ 次。结合上述过程，得到 $T(n)=3T(n/2)+O(n)$，经计算，该算法的时间复杂度为 $O(n^{\log 3}) \approx O(n^{1.59})$。

算法实现 以数据类型为 long long 的大数为例，首先实现位数计算，大整数不断除以 10 直到商为 0 为止，期间需要的除法次数就是大整数的位数。

代码 4-12：分治法实现大数乘法

```python
from math import ceil

def count(input):                               # 计算输入十进制数的位数
    number = 0
    while input >= 1:
        input //= 10
        number += 1
    return number

def mul(x, y):
    digit = count(x)
    if digit == 1 or digit == 0:                # 一位或 0 直接相乘
        return x * y
    num = pow(10, ceil(digit / 2))              # 按照位数分
    a = x // num                                # x 的前半部分
    b = x % num                                 # x 的后半部分
    c = y // num                                # y 的前半部分
    d = y % num                                 # y 的后半部分
    ac = mul(a, c)                              # 递归计算 a * c
    bd = mul(b, d)                              # 递归计算 b * d
    xy = ac * num ** 2 + (ac + mul(a - b, d - c) + bd) * num + bd
    return xy

if __name__ == '__main__':
    x, y = list(map(int, input().split()))
    print(mul(x, y))
```

进行核心计算，通过 count() 函数得到大整数的位数 num，根据位数 num 对两个大整数进行划分，大整数 x、y 分别由高位部分 a、c 和低位部分 b、d 构成，根据式(4-20)，以递归形式计算最终大整数相乘的结果。

实例分析 以 12 和 34 相乘为例，核心函数 mul() 中，$x=12$，$y=34$，位数 digit 为 2，num=10，$a=1$，$b=2$，$c=3$，$d=4$。在计算 xy 时递归计算 $mul(a,c)$、$mul(b,d)$ 和 $mul((a-b),(d-c))$。由于 a、c 位数均为 1，$mul(a,c)$ 直接返回 $ac=3$，由于 b、d 位数也为 1，$mul(b,d)$ 直接返回 $bd=8$。最终代入式(4-20)得到 $xy=3 \times 10^2 + (3+(-1) \times 1 + 8) \times 10 + 8 = 408$。

4.9 小结

本章介绍了分治法的基本思想和优化方法，并详细给出了多个典型应用的求解过程。分治法的核心是将问题分解为规模更小且性质相同的若干子问题，假设原问题的工作量表示为 $T(n)$，根据分治法的平衡原则，一般情况下有 $T(n)=aT(n/b)+O(n)$，其中 a 表示

分解后子问题的个数，n/b 表示分解后子问题的规模。要想 $T(n)$ 变小，由递推式可以推出，可以减小 a 或增大 b，即要优化分治法，可以通过减少子问题个数或减小子问题规模实现。

本章讲到的大整数乘法就是典型的通过减少子问题个数实现更优计算的应用。而在快速排序中所涉及的优化就是希望通过随机的方式实现子问题的近似平衡划分，对应的是一种减小子问题规模的优化方法。

扩展阅读

分　　治①

分治就是分而治之，有分别治理的含义。"分而治之"一词，出自清代俞樾的《群经平议·周官二》"巫马下士二人医四人"："凡邦之有疾病者，疕疡者造焉，则使医分而治之，是亦不自医也。"

分治策略在各朝代的治国理政中常有体现，如西周分封制、秦朝郡县制等都体现了分治思想。《孙子兵法》中有"故形人而我无形，则我专而敌分。我专为一，敌分为十，是以十攻其一也，则我众而敌寡。"这句话的含义是"能查明敌人的情况而不让敌人查明我军情况，就能够做到自己兵力集中而使敌人兵力分散；我军兵力集中于一处，敌人兵力分散于十处，我就能以十倍于敌的兵力打击敌人，造成我众而敌寡的有利态势。"该计策同样体现了分而治之的思想。

民国初期，孙中山先生为了探索适合当时中国国情的政治制度，提出了"权能分治"理论，"权能分治"是把国家的政治权力分为"政权"和"治权"两部分。1916 年 8 月，孙中山先生在浙江省议会所作的演讲中明确提出了政府和人民的责任各有所属："政府有政府之责任，人民有人民之责任"，这里已经含有了"权"与"能"分离的思想。他说："政是众人之事，集合众人之事的大力量，便叫作政权；政权就可以说是民权。治是管理众人之事，集合管理众人之事的大力量，便叫作治权。所以政治之中包含有两个力量：一个是政权，一个是治权。这两个力量，一个是管理政府的力量，一个是政府自身的力量。"这样，国家的政治权力就被分成了两部分：一部分是"政权"，或者称为"民权"，简称"权"；一部分是"治权"，简称"能"。"权能分治"的目的是造就一个为人民谋福利的政府。在人民掌握"政权"的前提下，把"治权"完全交给政府去行使。

在计算机科学中，分治法是一种很重要的算法，和上述故事体现的"分而治之"思想一样，就是把一个复杂的问题分成两个或更多的相同或相似的子问题，再把子问题分成更小的子问题，直到最后子问题可以直接求解。由分治法产生的子问题往往是原问题的较小模式，这就为使用递归技术提供了方便。在这种情况下，反复应用分治手段，可以使子问题与原问题类型一致而其规模却不断缩小，这自然导致递归过程的产生。分治与递归像一对孪生兄弟，经常同时应用在算法设计之中，并由此产生许多高效算法。

---

① 参考来源：孙武，曹操.十一家注孙子[M].上海：上海古籍出版社，1978.
　　王时霞.论孙中山"权能分治"理论[J].安徽警官职业学院学报，2008，7(6)：20-21,28.

从算法思想到立德树人

分治法思想本质上来源于生活,是对生活中处理一类问题的方法进行总结后形成的算法设计策略。分治法来源于生活,也可以指导生活。

当我们遇到复杂问题时,总是会困难重重且难于下手。此时,若能将问题分解为若干小问题,往往可以得到清晰的解题思路,能够快速解决问题。

习题 4

扫一扫

习题

第5章 动态规划

视频讲解

思政教学案例

本章学习要点

- 动态规划的基本思想
- 适合用动态规划求解的问题具有的两个重要性质
  - 最优子结构性质
  - 重叠子问题性质
- 动态规划的解题步骤
  - 找出最优解的性质,并刻画其结构特征
  - 递归地定义最优值
  - 以自底向上的方式计算出最优值
  - 根据计算最优值时得到的信息,构造最优解
- 通过典型应用学习动态规划算法设计策略
  - 斐波那契数列
  - 数字三角形问题
  - 0-1背包问题
  - 矩阵连乘问题
  - 最长公共子序列
  - 最长不上升子序列
  - 编辑距离问题
  - 最优二叉搜索树

前面学习了递归和分治,两种算法设计策略的共同点是把问题转化或分解为规模较小的子问题进行求解。对于某些问题,分解得到的子问题有重复的情况,此时使用分治法会导致子问题重复计算,影响算法效率。

对于此类问题,如何避免子问题的重复计算以降低算法时间复杂度?本章讨论的动态规划(Dynamic Programming,DP)算法设计策略将给出解决这类问题的一般方法。首先通过两个引例阐述动态规划的基本思想和解题步骤,然后介绍若干典型应用,借助典型应用的问题分析和求解进一步加深对动态规划的理解和运用。

5.1 引例一:兔子繁殖问题

视频讲解

问题描述 一对兔子从出生后第3个月开始,每月生一对小兔子。小兔子到第3个月开始生下一代小兔子。如果兔子只生不死,1月抱来一对刚出生的小兔子,问一年中每个月

各有多少对兔子？

问题分析 这个问题是依据兔子的繁殖规律，推算每个月兔子的数量。根据题目描述可以得到前两个月都是1对；第3个月加上繁殖的1对小兔子，共2对；第4个月，最开始的1对依旧会繁殖1对小兔子，而其他兔子暂没有繁殖能力，共3对；第5个月，除了最开始的1对会繁殖1对外，第3个月出生的小兔子也可以繁殖1对，共5对，以此类推，如图5-1所示。这种方法随着月份的增长，分析越来越困难。下面从兔子的繁殖规律进行分析，推算兔子数量的计算公式。

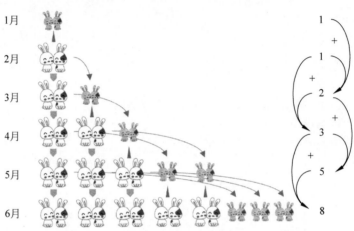

图5-1 兔子繁殖过程

由于兔子到第3个月才具备繁殖能力，因此，第n个月的兔子对数$F(n)$由两部分组成，一部分是上个月，即第$n-1$个月的兔子保持不变，另一部分是新出生的兔子，因为第$n-2$个月的兔子到第n个月具备繁殖能力，即新出生的兔子数量为第$n-2$个月的兔子数量，因此，可以得到$F(n)=F(n-1)+F(n-2)$。这个递推关系是一个非常有名的数列——斐波那契数列(Fibonacci)，该数列的完整描述如下。

$$F(n)=\begin{cases}1, & n=0,1 \\ F(n-1)+F(n-2), & n\text{取其他值}\end{cases} \tag{5-1}$$

下面讨论斐波那契数列的求解方法。

1. 递归方法

$F(n)=F(n-1)+F(n-2)$具有明显的递归特点，也可以看作基于分治策略的一种解决方法。不难写出递归实现方法，如代码5-1所示。

代码5-1：斐波那契数列的递归实现

```python
def F(n):
    if n == 0 or n == 1:          # 边界条件,当n=0或n=1时F(n)=1
        return 1
    else:
        return F(n - 1) + F(n - 2)    # 递归式


if __name__ == '__main__':
```

```
n = int(input())
print(F(n))
```

在计算过程中，$F(n)$分为$F(n-1)$和$F(n-2)$两部分，$F(n-1)$需要计算$F(n-2)$和$F(n-3)$，$F(n-2)$需要计算$F(n-3)$和$F(n-4)$，以此类推，如图5-2所示。

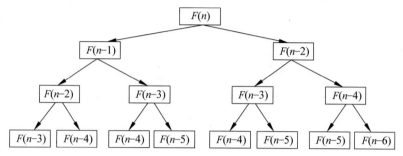

图5-2 递归法求解斐波那契数列

从图5-2可以看出，在求解$F(n)$的过程中，有很多子问题被多次重复计算，如$F(n-3)$要计算3次，$F(n-4)$要计算5次等，重复计算必然导致算法效率的降低。运用递归算法的时间复杂度分析方法，该算法的时间复杂度可表示为

$$T(n) = T(n-1) + T(n-2) + O(1) \tag{5-2}$$

运用递归树方法求解式(5-2)，得到$T(n)=O(2^n)$。

可见，递归实现的代码5-1虽然具有代码简洁、容易理解的优点，但子问题多次重复计算导致算法效率很低，实用性差。为了优化算法，需要寻找避免问题重复计算的方法。

2. 带记忆的递归

基于朴素的思想，如果把问题结果保存起来，需要使用时直接查询，就可以避免问题的重复计算。这种实现方法称为带记忆的递归实现，也称为备忘录方法。代码5-2为斐波那契数列的备忘录实现。

代码5-2：斐波那契数列的备忘录实现

```
def F(n):
    global A
    if n == 0 or n == 1:         # 初始条件
        A[n] = 1
    elif A[n] == 0:
        A[n] = F(n-1) + F(n-2)   # 记录F(n)的值到A(n)
    return A[n]

if __name__ == '__main__':
    n = int(input())
    A = [0 for i in range(n + 1)]
    print(F(n))
```

与代码5-1不同，代码5-2增加数组A保存问题结果，初始时数组元素为0。递归调用前，首先判断$A[n]$是否为0，如果为0则表示$F(n)$还没有计算，此时进行递归调用，同时把结果存入$A[n]$；如果$A[n]$不为0，则表示问题$F(n)$已经计算完毕，直接返回结果$A[n]$；

边界条件处理中,增加把结果存入 A 中的处理($A[n]=1$)。该算法中,由于每个问题只计算了一次,因此,代码 5-2 的时间复杂度为 $O(n)$,空间复杂度为 $O(n)$。具体的计算过程如图 5-3 所示。

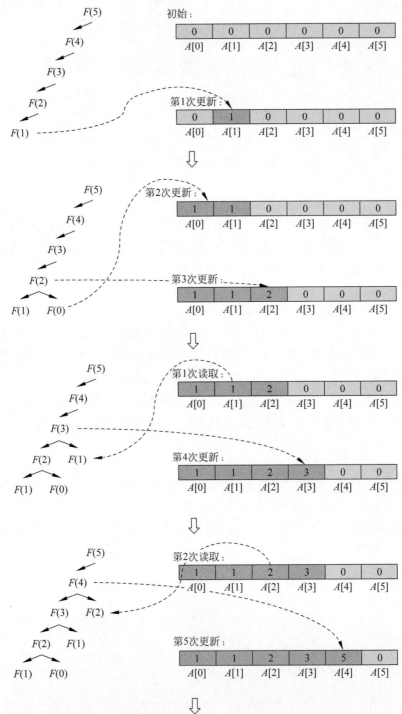

图 5-3 斐波那契数列备忘录方法的执行过程示意图

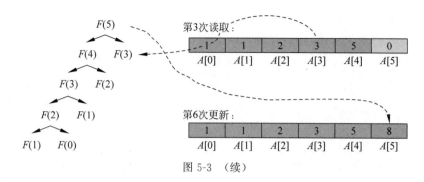

图 5-3 （续）

3. 递推实现一

代码 5-1 和代码 5-2 都是运用递归技术，从大问题先递归求解小问题，再从小问题结果得到大问题结果。

结合斐波那契数列的定义 $F(n)=F(n-1)+F(n-2)$，可以采用更简单的方法——递推法，从小问题依次推出大问题，具体实现见代码 5-3。

代码 5-3：斐波那契数列的递推实现一

```python
def F(n):
    A[0] = A[1] = 1                    # 初始值
    for i in range(2, n + 1):
        A[i] = A[i-1] + A[i-2]         # 递推公式
    return A[n]

if __name__ == '__main__':
    n = int(input())
    A = [0 for i in range(n + 1)]
    print(F(n))
```

4. 递推实现二

代码 5-3 仍然会用到数组 A，时间复杂度为 $O(n)$，空间复杂度为 $O(n)$。如果只需要得到第 n 个月的兔子对数，可以进一步降低空间需求，具体实现见代码 5-4。

代码 5-4：斐波那契数列的递推实现二

```python
def F(n):
    a = 1
    b = 1
    c = 0                              # 初始化，用 3 个变量滚动存储数列的值
    for i in range(2, n + 1):
        c = a + b                      # 递推公式
        a = b                          # 滚动更新值
        b = c
    return c

if __name__ == '__main__':
    n = int(input())
    print(F(n))
```

代码 5-4 只需 3 个变量 a、b、c，依次表示前两个月、前一个月以及本月的兔子数，每次计算后，更新 a 为 b，更新 b 为 c。算法时间复杂度为 $O(n)$，空间复杂度为 $O(1)$。

以上讨论了斐波那契数列问题的 4 种不同的实现方法，表 5-1 列出了每种算法的时间复杂度和空间复杂度。

表 5-1　求解斐波那契数列问题的算法实现比较

比　较　项	递归实现	带记忆的递归实现	递推实现一	递推实现二
对应代码	代码 5-1	代码 5-2	代码 5-3	代码 5-4
时间复杂度	$O(2^n)$	$O(n)$	$O(n)$	$O(n)$
空间复杂度	$O(1)$	$O(n)$	$O(n)$	$O(1)$

代码 5-1 由于有重复计算，因此时间复杂度高，其他 3 种方法通过保存问题结果消除了重复计算，降低了时间复杂度，但代价是需要一个长度为 n 的一维数组或若干变量。此外，在代码 5-1 中，空间复杂度未考虑递归调用时系统栈空间的开销。

本节从兔子繁殖问题引出斐波那契数列，并就该问题讨论了多种时空复杂度不同的求解方法，从中可以发现：在问题分析中，找规律很重要，可以使问题更清晰；在问题求解中，通过分析算法的时空复杂度，找到影响算法效率的关键问题，对其改进可以实现算法的优化。

> **引申：时空转换**
>
> 　　时间复杂度和空间复杂度是评价算法的重要方面。在算法设计中，经常会使用时空转换方法优化算法。例如，本节中通过保存问题结果以避免重复计算就是一种用空间换时间的方法。在空间资源相对紧缺的应用中，还可以用时间换空间的方法以达到减少空间的目的。

扫一扫

视频讲解

5.2　引例二：数字三角形问题

问题描述　如图 5-4 所示，由若干数字构成一个三角形，上面第 1 层是塔顶，最下面一层是塔底。除塔底外，每个数字可沿左下或右下方向到达下一层。求一条从塔顶到塔底的路径，使该路径上所经过节点值的和最大。

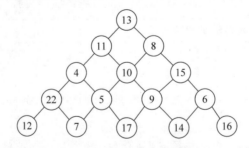

图 5-4　数字三角形问题

问题分析　从塔顶 13 号节点出发，每向下走一层，都有两个方向可以选择。如果塔高为 n 层（塔顶为一个元素，塔底为 n 个元素），采用穷举法可得到共 2^{n-1} 种可能的路径，时间复杂度为 $O(2^{n-1}n)$，效率很低。

运用前面学习的递归与分治策略，从问题是否可以分解为规模更小的子问题的角度出发，分析该问题。从塔顶 13 号节点出发，究竟该往左下（经过 11 号节点）还是右下走（经过 8 号节点）取决于左下方 11 号节点到塔底的最大路径长度与右下方 8 号节点到塔底的最大路径长度的较大者。进一步分析,左下方 11 号节点到塔底的最大路径长度取决于其左下方 4 号节点与右下方 10 号节点到塔底的最大路径长度的较大者;右下方 8 号节点到塔底的最大路径长度取决于其左下方 10 号节点与右下方 15 号节点到塔底的最大路径长度的较大者······直至塔底,而塔底位置到塔底的最大路径长度是数据本身,如塔底 12 号节点到塔底的最大路径长度是 12。因此,数字三角形问题满足某个数到塔底的最长路径等于该数加上其左下方的数到塔底的最长路径和右下方的数到塔底的最长路径中的大者。

把数字三角形最左边一列对齐后可以看作一个下三角矩阵,假设塔顶位于 1 行 1 列,定义第 i 行 j 列的数 $a[i][j]$ 到塔底的最长路径长度为 $f(i,j)$,那么有

$$\begin{cases} f(i,j) = a[i][j] + \max\{f(i+1,j), f(i+1,j+1)\}, i < n (n \text{ 为高度}) \\ f(n,j) = a[n][j] \end{cases} \quad (5\text{-}3)$$

很明显,式(5-3)具有明显的递归特点,可以采用递归法求解。

1. 递归法

根据式(5-3),当 $i=n$ 时,直接返回,否则递归调用 $f(i+1,j)$ 和 $f(i+1,j+1)$。具体实现见代码 5-5。

代码 5-5:数字三角形问题的递归实现

```python
def f(i, j):                                #f(i,j)表示 a[i][j]到塔底的最长路径长度
    global a, n
    if i == n:                              #边界条件,a[i][j]存储数字三角形相应位置的值,塔顶在 a[1][1]
        return a[i][j]
    return a[i][j] + max(f(i + 1, j), f(i + 1, j + 1))    #a[i][j]到塔底的最长路径长度

if __name__ == '__main__':
    n = int(input())
    a = [[None for i in range(n + 1)] for j in range(n + 1)]
    
    data = list(map(int, input().split()))
    num = 0
    for i in range(1, n + 1):
        for j in range(1, i + 1):
            a[i][j] = data[num]
            num += 1
    print(f(1, 1))
```

如果用 $T(n)$ 表示高度为 n 的数字三角形问题的时间复杂度,那么 $T(n)=2T(n-1)+O(1)$,应用迭代法求解,可以得到 $T(n)=O(2^n)$。进一步分析可知,复杂度高的原因是在递归计算过程中有很多问题需要重复计算,如 8 号节点和 11 号节点到塔底的最长路径,都要用到 10 号节点到塔底的最长路径。因此,需要计算两次 10 号节点到塔底的最长路径。

根据 5.1 节介绍的方法,为了避免问题的重复计算,可以采用带记忆的递归实现,具体代码实现,在此不再详述,读者可自行完成。

2. 递推法自底向上求解

除了递归实现方法外,也可以采用先求解小规模问题,再求解大规模问题的方法。这里的自底向上表示自小规模问题求解大规模问题的含义,具体实现见代码 5-6。

代码 5-6：数字三角形问题的自底向上求解

```python
def fun():
    global f
    for j in range(1, n + 1):
        f[n][j] = a[n][j]
    for i in range(n - 1, 0, -1):                    #从下向上加,更新f[i][j]的值,取较大者
        for j in range(1, i + 1):
            f[i][j] = a[i][j] + max(f[i + 1][j], f[i + 1][j + 1])
    return f[1][1]

if __name__ == '__main__':
    n = int(input())
    f = [[0 for i in range(n + 1)] for j in range(n + 1)]    #f[i][j]记录 f(i,j),初始为 0
    #a[i][j]存储数字三角形相应位置的值,塔顶在 a[1][1]
    a = [[0 for i in range(n + 1)] for j in range(n + 1)]

    data = list(map(int, input().split()))
    num = 0
    for i in range(1, n + 1):
        for j in range(1, i + 1):
            a[i][j] = data[num]
            num += 1
    print(fun())
```

在代码 5-6 中,函数的第 1 个 for 循环计算塔底的最长路径并把结果存入 $f[n][j]$,接下来两重 for 循环从倒数第 2 层开始,自左向右依次求解每个位置 (i,j) 到塔底的最长路径并存入 $f[i][j]$。由于 $f[i][j]$ 依赖于 $f[i+1][j]$ 和 $f[i+1][j+1]$,因此整个计算采取从下而上、从左至右的次序,如图 5-5 所示。

以图 5-4 的具体数据为例,代码 5-6 执行后对应 $f[i][j]$ 的结果如图 5-6 所示。

代码 5-6 需要开辟一个二维数组 f 保存问题结果,所以其空间复杂度为 $O(n^2)$,时间主要花费在两重循环中,时间复杂度为 $O(n^2)$,优于穷举法和代码 5-5。

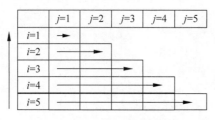

图 5-5　问题的计算次序　　　　图 5-6　数组 f 的结果

从兔子繁殖和数字三角形问题的求解过程中可以发现它们具有以下共性。

(1) 都是最优化问题。数字三角形问题是在若干路径中找到一条长度最大的路径;兔子繁殖问题虽然不是严格意义上的最优化问题,但也可以把每天的兔子数量看作一个最大值的问题。

(2) 问题的最优值和子问题的最优值有一定关系。数字三角形问题中,某个位置 (i,j) 到塔底的最大路径长度与其左下位置 $(i+1,j)$ 和右下位置 $(i+1,j+1)$ 到塔底的最大路径长度有关;兔子繁殖问题中,第 i 个月的兔子数量与第 $i-1$ 个月和第 $i-2$ 个月的兔子数量有关。

(3) 子问题需多次使用,通过保存子问题的结果避免重复计算。数字三角形问题中,除了边缘位置($j=1$ 或 $i=j$)外,某个位置(i,j)到塔底的最大路径长度需要使用多次;兔子繁殖问题中,第i个月的兔子数量在求第$i+1$个月的兔子数量和求第$i+2$个月的兔子数量时需要使用。对于需要多次使用的子问题,为了避免重复计算,在子问题计算完毕后,把子问题的结果保存起来,需要使用时直接查询。

以上3点是逐步深入的,在最优化问题中,如果问题和子问题的最优值具有一定的关系,而且子问题会重复使用,那么可以先求解子问题并存储子问题的结果,利用问题和子问题的最优值关系,逐步得到较大规模问题的最优值,直至得到原问题的最优值。这种解题方法其实就是本章要学习的一种新的算法设计策略——动态规划,下面介绍动态规划的基本思想和解题步骤。

5.3 动态规划基本思想

5.3.1 动态规划与分治法的区别

动态规划与分治法类似,其基本思想也是将待求解问题分解成若干子问题,然后对这些子问题分别求解,如果子问题的规模仍然不够小,再继续划分为若干规模更小的子问题,直到问题规模足够小,很容易求出其解为止;最后合并子问题的结果得到原问题的结果,这是动态规划与分治的共同点。

但与分治法不同的是,适合用动态规划求解的问题,经分解得到的子问题往往不是互相独立的,不同子问题的数目常常只有多项式量级。这里的子问题互相独立是指子问题间没有共同的计算部分,或者说某个子问题不会被重复使用多次。

例如,归并排序采取的是一种分治策略,每次把待排序序列从中间位置分为左、右两个子问题,这两个子问题的排序过程没有重叠部分,所以这两个子问题是互相独立的;又如,快速排序也是基于分治的思想,通过每个元素和基准元素的比较,把待排序序列分为比基准小的一部分和比基准大的一部分,这两部分的排序也是互相独立的;而对于数字三角形问题,通过5.2节的分析可知,有些子问题需要重复使用多次,子问题不是互相独立的。对于这种情形,如果采用分治法,会导致子问题的重复计算,算法时间复杂度较高。此时,适合使用动态规划方法,通过保存子问题结果,避免子问题重复计算,从而降低时间复杂度,优化算法性能。因此,可以通过判断子问题是否相互独立,选择使用分治法还是动态规划。

5.3.2 适合用动态规划求解的问题具有的两个重要性质

一般来说,适合用动态规划求解的问题一般具有两个重要性质:最优子结构性质和重叠子问题性质。

1. 最优子结构性质

最优子结构性质是指对于最优化问题,问题的最优解包含其子问题的最优解。以数字三角形问题为例,如果塔顶到塔底的最长路径为 $a_1 \rightarrow a_2 \rightarrow a_3 \rightarrow \cdots \rightarrow a_n$,那么,$a_2$到塔底的最长路径一定为 $a_2 \rightarrow a_3 \rightarrow \cdots \rightarrow a_n$。因此,数字三角形问题具有最优子结构性质。

判断一个问题是否具有最优子结构性质,通常使用反证法。首先,假设由问题的最优解导出的子问题的解不是最优的;其次,说明在假设下可构造出比原问题最优解更好的解,从而导出矛盾。

仍以数字三角形问题为例,如果 a_2 到塔底的最长路径不是 $a_2 \to a_3 \to \cdots \to a_n$,而是 $a_2 \to b_3 \to \cdots \to b_n$,那么 $a_1 \to a_2 \to b_3 \to \cdots \to b_n$ 的路径长度大于 $a_1 \to a_2 \to a_3 \to \cdots \to a_n$ 的路径长度,与已知 $a_1 \to a_2 \to a_3 \to \cdots \to a_n$ 是塔顶到塔底的最长路径矛盾,因此假设不成立,从而得到数字三角形问题满足最优子结构性质。

利用问题的最优子结构性质,可以自底向上的方式从子问题的最优解逐步构造出整个问题的最优解。

2. 重叠子问题性质

重叠子问题性质是指问题依赖的子问题并不总是新问题,有些子问题会重复出现多次。动态规划算法对每个子问题只求解一次,并将解保存在数组(表格)中,当需要再次计算该子问题时,可以用常数时间查表获得结果,避免重复计算。通常,不同子问题的个数随问题的大小呈多项式增长,因此动态规划算法只需多项式时间即可获得较高的解题效率。

5.3.3 动态规划的解题步骤

在判断问题满足最优子结构性质和重叠子问题性质后,使用动态规划方法求解的步骤如下。

(1) 分析问题和子问题的关系,找出最优解的性质,并刻画其结构特征。
(2) 递归地定义最优值。
(3) 以自底向上的方式计算出最优值。
(4) 根据计算最优值时得到的信息,构造最优解。

步骤(1)和步骤(2)中,对问题进行合适的定义、确定问题和子问题的关系是关键,对问题的定义不同,问题和子问题的关系也有所不同。这里的关系是指问题最优值和子问题最优值之间的递归关系,即问题的最优子结构性质。步骤(3)给出了具体的实现方法,可以采用自底向上方法(从小问题逐步推出大问题),也可以采用备忘录方法(带记忆的递归实现)。步骤(4)是可选步骤,在需要求最优解时使用,求解最优解通常需要记录问题最优值对应的最优解的相关信息,然后从整个问题逐步倒推到子问题,得到最优解。

扫一扫

视频讲解

5.4 动态规划应用:0-1 背包问题

0-1 背包问题是一个经典的动态规划算法求解问题,有多种不同的求解方法,在本书的很多章节都有出现。

问题描述 给定 n 个物品和一个背包,物品 i 的重量为 w_i,价值为 v_i,背包的容量为 C。现在需要从 n 个物品中选择若干物品装入背包,使得在不超过背包容量的前提下,装入背包中的物品价值之和最大。规定物品不能分割,即对每个物品只有两种选择:要么装入,要么不装,因此称为 0-1 背包问题。

为了对问题有更清楚的认识,下面给出 0-1 背包问题的形式化描述。

给定 $C>0, w_i>0, v_i>0, 1 \leq i \leq n$,要求找出一个 n 元 0-1 向量 $(x_1, x_2, \cdots, x_n), x_i \in \{0,1\}$,使得在满足 $\sum_{i=1}^{n} w_i x_i \leq C$ 的条件下,$\sum_{i=1}^{n} v_i x_i$ 达到最大。

问题分析 0-1 背包问题比较容易理解,在实际生活中的应用也比较多。例如,外出旅行时,想拿的东西可能很多,但行李箱的承重或空间有限,因此只能选择部分物品装入。由于每个物品有两种选择,所以 n 个物品的所有装包方案共 2^n 种。针对每种方案,在符合物品重量总和不大于背包容量的条件下,找出价值总和最大的一种。这是一种穷举法的解题思路,由于每种方案最多对 n 个物品求解重量和以及价值和,因此,穷举法的时间复杂度为 $O(n2^n)$,达到了指数级,当 n 较大时,穷举法的效率很低,无法实现有效求解。

0-1 背包问题是否可以运用动态规划求解呢?这需要 0-1 背包问题满足动态规划的两个性质。若满足最优子结构性质,则在 0-1 背包问题的最优解中,如果把物品 j 从背包中拿出来,剩下的物品一定是取自 $n-1$ 个物品且不超过背包容量为 $C-w_j$ 的价值最高的解。为了证明这一点,给出如下命题。

命题 已知 $(x_1, x_2, \cdots, x_n)$ 是 0-1 背包问题的最优解,则 $(x_2, x_3, \cdots, x_n)$ 是满足 $\sum_{i=2}^{n} w_i x_i \leqslant C - w_1 x_1$,且 $\sum_{i=2}^{n} v_i x_i$ 达到最大的最优解。

根据该命题,已知 $(x_1, x_2, \cdots, x_n)$ 是 0-1 背包问题的最优解,若 $x_1 = 0$,说明第 1 个物品不放入背包,那么 $(x_2, x_3, \cdots, x_n)$ 是 0-1 背包问题的最优解;若 $x_1 = 1$,说明第 1 个物品放入背包,那么 $(x_2, x_3, \cdots, x_n)$ 是在背包容量为 $C - w_1 x_1$ 时的最优解。以上两种情况说明,问题的最优解包含子问题的最优解。因此,如果该命题成立,说明 0-1 背包问题满足最优子结构性质。

下面用反证法证明该命题的正确性。

假设 $(x_2, x_3, \cdots, x_n)$ 不是满足 $\sum_{i=2}^{n} w_i x_i \leqslant C - w_1 x_1$,且 $\sum_{i=2}^{n} v_i x_i$ 达到最大的最优解,其对应的最优解为 $(z_2, z_3, \cdots, z_n)$,那么有 $\sum_{i=2}^{n} v_i z_i > \sum_{i=2}^{n} v_i x_i$ 成立,得 $v_1 x_1 + \sum_{i=2}^{n} v_i z_i > \sum_{i=1}^{n} v_i x_i$,即 $(x_1, z_2, \cdots, z_n)$ 是 0-1 背包问题的最优解,这与已知条件 $(x_1, x_2, \cdots, x_n)$ 是 0-1 背包问题的最优解矛盾。因此,假设不成立,从而命题得证。下面结合一个具体实例说明 0-1 背包问题的最优子结构性质。

假设背包容量 $C = 7$,物品个数 $n = 3$,重量 w_i 依次为 $(3, 4, 5)$,价值 v_i 依次为 $(5, 6, 10)$。很明显,该问题的最优解为 $(1, 1, 0)$,对应的最大价值为 11。根据最优子结构性质,若去除物品 3,那么 $x_1 = 1, x_2 = 1$ 一定是问题(背包容量 $C = 7$,物品数 $n = 2$,物品重量 $(w_1, w_2) = (3, 4)$,物品价值 $(v_1, v_2) = (5, 6)$)的最优解。同样,若去除物品 2,那么 $x_1 = 1, x_3 = 0$ 一定是问题(背包容量 $C = 7 - x_2 w_2 = 7 - 1 \times 4 = 3$,物品数 $n = 2$,物品重量 $(w_1, w_3) = (3, 5)$,物品价值 $(v_1, v_3) = (5, 10)$)的最优解。

5.4.1 动态规划求解 0-1 背包问题

步骤 1 分析问题和子问题的关系,找出最优解的性质,并刻画其结构特征。

根据对最优子结构性质的分析可知,0-1 背包问题中影响最优值的因素有物品个数(包含物品的重量和价值)和背包容量。因此,定义 $f(i, j)$ 表示可选物品为 $i, i+1, \cdots, n$,背包容量为 j 时 0-1 背包问题对应的最大价值,$f(1, C)$ 即是整个问题的最优值。

首先考虑规模最小的子问题 $f(n, j)$,表示背包容量为 j,只有第 n 个物品可选的最大价值。此时,问题比较简单,如果 $w_n \leqslant j$,物品 n 装入背包;如果 $w_n > j$,物品 n 不能装入背包,因此有

扫一扫

视频讲解

$$f(n,j) = \begin{cases} v_n, & w_n \leqslant j \\ 0, & w_n > j \end{cases} \tag{5-4}$$

在此基础上,增加第 $n-1$ 个物品,考虑子问题 $f(n-1,j)$ 的求解。$f(n-1,j)$ 表示背包容量为 j,可选物品为第 $n-1$ 个和第 n 个时的最大价值。对于第 $n-1$ 个物品,有以下两种选择。

(1) 如果 $w_{n-1} \leqslant j$,该物品可以装入背包,此时得到的价值为该物品的价值 v_{n-1} 加上物品为 n、背包容量为 $j-w_{n-1}$ 时的价值 $f(n,j-w_{n-1})$;该物品也可以选择不装入背包,此时得到的价值为 $f(n,j)$。

(2) 如果 $w_{n-1} > j$,该物品无法装入背包,此时得到的价值为 $f(n,j)$。

根据以上分析,可以得到

$$f(n-1,j) = \begin{cases} \max(v_{n-1} + f(n,j-w_{n-1}), f(n,j)), & w_{n-1} \leqslant j \\ f(n,j), & w_{n-1} > j \end{cases} \tag{5-5}$$

可见,问题 $f(n-1,j)$ 与子问题 $f(n,j)$ 和 $f(n,j-w_{n-1})$ 有关。以此类推,可以得到 $f(n-2,j), f(n-3,j), \cdots, f(1,j)$。

步骤 2 递归地定义最优值。

步骤 1 分析了 $f(n-1,j)$ 与 $f(n,j)$ 的关系,不难得到更一般的情况即 $f(i,j)$ 的求解方法,即

$$f(i,j) = \max(v_i + f(i+1,j-w_i), f(i+1,j)), i < n \tag{5-6}$$

$$f(n,j) = \begin{cases} v_n, & w_n \leqslant j \\ 0, & w_n > j \end{cases}$$

这里,对于第 i 个物品装与不装两种情况分别求解,取较大值作为 $f(i,j)$ 的结果。

步骤 3 以自底向上的方式计算出最优值。

根据最优值的递归关系,$f(i,j)$ 依赖 $f(i+1,j)$ 和 $f(i+1,j-w_i)$,如图 5-7 所示。因此,正确的计算次序应该是依次增加物品的个数和背包的容量,按照从下到上、从左到右的顺序计算,先求解规模小的问题,再求解规模大的问题。

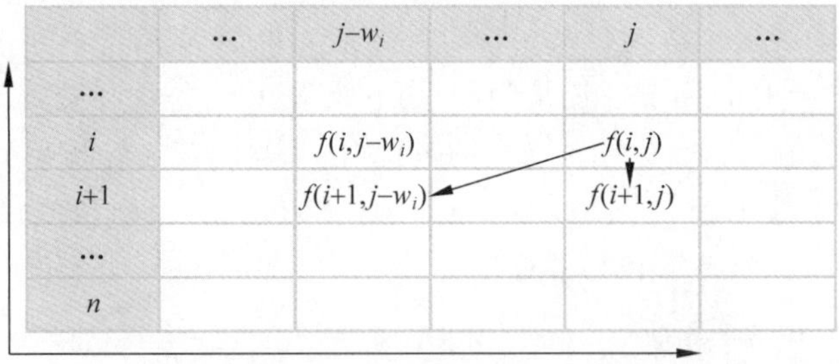

	...	$j-w_i$	...	j	...
...					
i		$f(i,j-w_i)$		$f(i,j)$	
$i+1$		$f(i+1,j-w_i)$		$f(i+1,j)$	
...					
n					

图 5-7 0-1 背包问题中问题与子问题的依赖关系

从图 5-7 中可以看出,对于子问题 $f(i+1,j-w_i)$,不仅计算 $f(i,j)$ 时需要,计算 $f(i,j-w_i)$ 时也需要,因此,0-1 背包问题具有子问题重叠性质,需要开辟一个二维数组存储 $f(i,j)$ 的结果。

步骤 4 根据计算最优值时得到的信息,构造最优解。

$f(i,j)$ 得到的是最优值,如果想获得最优解(每个物品是否选择),有多种方法。这里给出一种直观的方法。从最优值 $f(1,C)$ 反推,判断 $f(1,C)$ 是否等于 $f(2,C)$,如果等于,

说明物品 1 未装入背包,继续从 $f(2,C)$ 反推;否则,说明物品 1 装入背包,则继续从 $f(2,C-w_1)$ 反推;直至得到每个物品的装入情况。

根据以上求解思路,结合具体实例详细介绍求解过程。

实例分析 有 $n=4$ 个物品,重量依次为 $(2,1,3,2)$,价值依次为 $(12,10,20,15)$,背包容量 $C=5$,如图 5-8 所示。

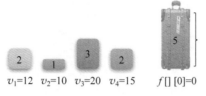

图 5-8 0-1 背包问题

(1) 初始化。首先构造一个二维数组 $f[n+1][C+1]$,$f[i][j]$ 存储可选物品为 $i,i+1,\cdots,n$,背包容量为 j 时可以得到的最大价值。初始化数组 $f[n+1][C+1]$,置 $f[i][0]=0$,表示当背包容量为 0 时,无法装入任何物品,对应的最大价值为 0。此时,数组 f 的取值如表 5-2 所示。

表 5-2 动态规划求解 0-1 背包问题:数组 f 的初始化

i	$f[i][j]$					
	$j=0$	$j=1$	$j=2$	$j=3$	$j=4$	$j=5$
$i=1$	0					
$i=2$	0					
$i=3$	0					
$i=4$	0					

(2) 计算 $f(4,j)$。当 $j<w_4$ 时,物品 4 不能装入,此时价值为 0;当 $j\geq w_4$ 时,物品 4 装入可以得到最大价值 v_4。此时,数组 f 的取值如表 5-3 中 $i=4$ 行所示,装包过程如图 5-9 所示。

表 5-3 动态规划求解 0-1 背包问题:数组 f 的结果

i	$f[i][j]$					
	$j=0$	$j=1$	$j=2$	$j=3$	$j=4$	$j=5$
$i=1$	0	10	15	25	30	37
$i=2$	0	10	15	25	30	35
$i=3$	0	0	15	20	20	35
$i=4$	0	0	15	15	15	15

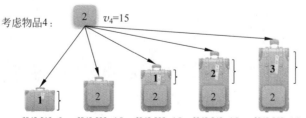

图 5-9 $i=4$ 时的背包情况

(3) 计算 $f(3,j)$。当 $j<w_3$ 时，物品 3 不能装入，此时价值为 $f(4,j)$；当 $j \geqslant w_3$ 时，比较装入物品 3 得到的价值 $v_3+f(4,j-w_3)$ 和不装入物品 3 得到的价值 $f(4,j)$，选择较大值。此时，数组 f 的取值如表 5-3 中 $i=3$ 行所示，装包过程如图 5-10 所示。

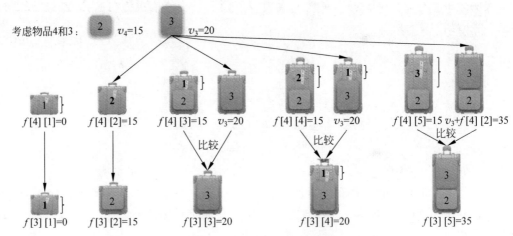

图 5-10 $i=3$ 时的背包情况

(4) 计算 $f(2,j)$。当 $j<w_2$ 时，物品 2 不能装入，此时价值为 $f(3,j)$；当 $j \geqslant w_2$ 时，比较装入物品 2 得到的价值 $v_2+f(3,j-w_2)$ 和不装入物品 2 得到的价值 $f(3,j)$，选择较大值。此时，数组 f 的取值如表 5-3 中 $i=2$ 行所示，装包过程如图 5-11 所示。

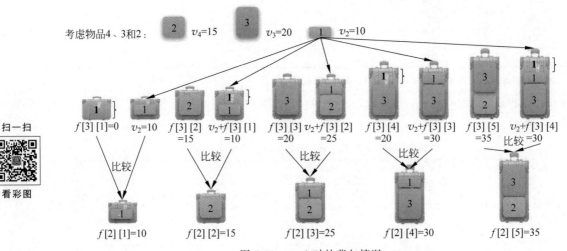

图 5-11 $i=2$ 时的背包情况

(5) 计算 $f(1,j)$。当 $j<w_1$ 时，物品 1 不能装入，此时价值为 $f(2,j)$；当 $j \geqslant w_1$ 时，比较装入物品 1 得到的价值 $v_1+f(2,j-w_1)$ 和不装入物品 1 得到的价值 $f(2,j)$，选择较大值。此时，数组 f 的取值如表 5-3 中 $i=1$ 行所示，装包过程如图 5-12 所示。

(6) 求最优解。

在表 5-3 中，由于 $f[1][5] \neq f[2][5]$，可知物品 1 装入背包，$x_1=1$，此时由于 $f[1][5]=v_1+f[2][5-w_1]=v_1+f[2][3]$，因此接下来判断 $f[2][3]$；

由于 $f[2][3] \neq f[3][3]$，可知物品 2 装入背包，$x_2=1$，此时由于 $f[2][3]=v_2+f[3][3-w_2]=v_2+f[3][2]$，因此接下来判断 $f[3][2]$；

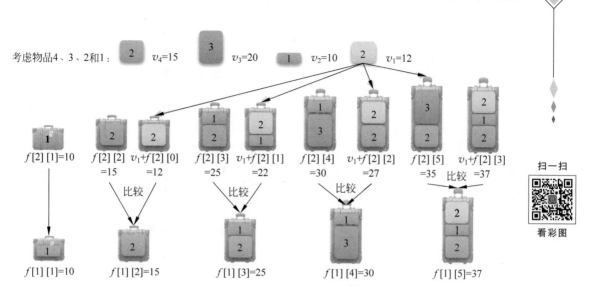

图 5-12　$i=1$ 时的背包情况

由于 $f[3][2]=f[4][2]$，可知物品 3 未装入背包，$x_3=0$，继续判断 $f[4][2]$；
由于 $f[4][2]>0$，且已是最后一个物品，可知物品 4 装入背包，$x_4=1$。
最终，得到最优解为 $(1,1,0,1)$，求解过程如图 5-13 所示。

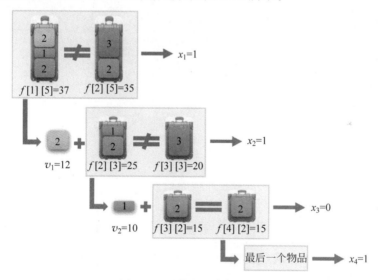

图 5-13　最优解的求解过程

算法实现　根据以上具体实例的计算过程，不难写出 0-1 背包问题的实现代码。主函数详见代码 5-7，两种实现方法（自底向上的求解和备忘录方法）详见代码 5-8 和代码 5-9。

代码 5-7：0-1 背包问题的数据读入、初始化和主函数

```
if __name__ == '__main__':
    M, n = list(map(int, input("输入背包容量和物品个数:").split()))  #n为物品总数
                                                                #M为背包容量
    w = list(map(int, input("输入物品重量:").split()))            #w存储物品的重量
    v = list(map(int, input("输入物品价值:").split()))            #v存储物品的价值
    w.insert(0, None)                                            # 舍弃 w[0]位置
    v.insert(0, None)                                            # 舍弃 v[0]位置
```

```
#f[i][j]表示已知物品i,i+1,…,n的情况下,背包容量为j对应的最大价值
f = [[0 for j in range(M + 1)] for i in range(n + 1)]
#x记录最优解,x[i]=1表示物品i选择,否则表示不选
x = [0 for i in range(n + 1)]

knap_DP()                                           #动态规划求解最大价值
print(f[1][M])

for i in range(n + 1):
    for j in range(M + 1):
        print(f[i][j], end = '\t')
    print()
knap_Demo(1, M)                                     #备忘录求解最大价值
print(f[1][M])

getResult()                                         #递推法求最优解
for i in range(1, n + 1):
    print(x[i], end = ' ')
print()
getR_n(1, M)                                        #递归法求最优解
for i in range(1, n + 1):
    print(x[i], end = ' ')
```

代码 5-8:自底向上求解 0-1 背包问题的最大价值

```
def knap_DP():                          #从最后一个物品开始考虑
    global n, M, w, v, f, x             #声明全局变量
    #初始化
    for i in range(n + 1):
        f[i][0] = 0
    for i in range(w[n], M + 1):
        f[n][i] = v[n]
    #动态规划,自底向上求解
    for i in range(n - 1, 0, -1):
        for j in range(1, M + 1):
            if j < w[i]:
                f[i][j] = f[i + 1][j]
            else:
                f[i][j] = max(f[i + 1][j - w[i]] + v[i], f[i + 1][j])
```

算法首先进行初始化,当背包容量为 0 时,对应价值为 0;接着考虑只有一个物品(第 n 个物品)的情况,当背包容量小于 $w[n]$ 时,背包中对应价值为 0,否则为第 n 个物品的价值 $v[n]$;后面的两层 for 循环中,依次从第 $n-1$ 个物品开始直到第 1 个物品,分别计算在背包容量为 $1\sim M$ 时可装入物品的最大价值;最后输出整个问题的最优值。很明显,算法时间主要耗费在两层 for 循环中,因此,最坏情况下的时间复杂度为 $O(nM)$。

代码 5-9:备忘录方法求解 0-1 背包问题的最大价值

```
#参数 k、c 分别表示物品的开始编号和背包容量
def knap_Demo(k, c):
    global n, M, w, v, f, x             #声明全局变量
    if f[k][c] != 0:
        return f[k][c]
    temp = 0
```

```
    if k == n:
        if c < w[k]:
            f[k][c] = 0
        else:
            f[k][c] = v[k]
        return f[k][c]
    if c < w[k]:
        temp = knap_Demo(k + 1, c)
    else:
        temp = max(knap_Demo(k + 1, c), knap_Demo(k + 1, c - w[k]) + v[k])
    f[k][c] = temp
    return temp
```

在备忘录方法实现中，首先判断对应问题的结果是否已经计算完毕，由于 $f[k][c]$ 的初值为 0，如果 $f[k][c] \neq 0$，说明该问题已经求解，直接返回；接下来处理边界条件，把只有一个物品（第 n 个物品）时的价值存入 $f[k][c]$ 中；然后进行递归调用保存结果并返回。

递推方式求解最优解的实现详见代码 5-10。

代码 5-10：递推方式求解 0-1 背包问题的最优解

```
def getResult():
    global n, M, w, v, f, x              #声明全局变量
    c = M
    for i in range(1, n):
        if f[i][c] == f[i + 1][c]:
            x[i] = 0
        else:
            x[i] = 1
            c = c - w[i]
    if f[n][c] == 0:
        x[n] = 0
    else:
        x[n] = 1
```

同样可以使用递归方法求解最优解，见代码 5-11。

代码 5-11：递归方式求解 0-1 背包问题的最优解

```
def getR_n(k, c):
    global n, M, w, v, f, x              #声明全局变量
    if k == n:
        return
    if f[k][c] == f[k + 1][c]:
        x[k] = 0
    else:
        x[k] = 1
        c = c - w[k]
    getR_n(k + 1, c)
```

5.4.2 算法空间优化

上述实现的代码使用一个二维数组记录问题的解。如果 0-1 背包问题只要求得到最优值，不要求得到最优解，可以对空间进行优化。下面介绍两种优化方法。

视频讲解

1. 使用滚动数组

从图 5-7 中可以看出，在求解 $f(i,j)$ 时，只与它下面一行的 $f(i+1,j)$ 和 $f(i+1, j-w_i)$ 有关，而与其他行无关，因此，只需要使用两个一维数组的空间即可。如果使用两个一维数组 $A[M]$ 和 $B[M]$，用数组 A 存放已知值，利用数组 A 计算数组 B，那么就需要在计算完毕数组 B 后再把其复制到数组 A 中，非常麻烦。可以采用滚动数组，定义一个只有两行的二维数组 $f[2][M]$，初始时使用 $f[0][M]$，利用 $f[0][M]$ 求解 $f[1][M]$，下次利用 $f[1][M]$ 求解 $f[0][M]$，从而避免数组之间的多次复制。实现时，只需要借助一个控制变量 k（k 取 0 或 1），让 $f[k][M]$ 和 $f[1-k][M]$ 轮流使用，如此反复，像一个滚动的桶一样，具体实现见代码 5-12。

代码 5-12：采用滚动数组求解 0-1 背包问题的最优解

```python
def knap_DP_Roll():
    global n, M, w, v                                        #定义同代码 5-7
    k = 0                                                    #控制滚动的变量
    f = [[0 for i in range(M + 1)] for j in range(2)]        #定义滚动数组
    #初始化
    for i in range(w[n], M + 1):
        f[0][i] = v[n]

    #动态规划,自底向上求解
    for i in range(n - 1, 0, -1):
        for j in range(M + 1):
            if j < w[i]:                                     #滚动更新数组
                f[1 - k][j] = f[k][j]
            else:
                f[1 - k][j] = max(f[k][j - w[i]] + v[i], f[k][j])
        k = 1 - k                                            #每更新完一行,更新 k
    print(f[k][M])

if __name__ == '__main__':
    M, n = list(map(int, input("输入背包容量和物品个数：").split()))   #n 为物品总数
                                                                    #M 为背包容量
    w = list(map(int, input("输入物品重量：").split()))        #w 存储物品的重量
    v = list(map(int, input("输入物品价值：").split()))        #v 存储物品的价值
    w.insert(0, None)                                        #舍弃 w[0]位置
    v.insert(0, None)                                        #舍弃 v[0]位置

    knap_DP_Roll()
```

优化后，空间需求从之前的 nM 降低为 $2M$。进一步，可以继续优化空间，使用大小为 M 的空间即可。

2. 使用一维数组

由图 5-7 可知 $f(i,j)$ 与 $f(i+1,j)$、$f(i+1, j-w_i)$ 有关，在使用一维数组时，需要自右向左计算（j 从 M 开始递减），此时 $f(i+1,j)$ 即是 $f(i,j)$，$f(i+1, j-w_i)$ 即是 $f(i, j-w_i)$，通过 $f(i,j) = \max(f(i,j), f(i, j-w_i) + v_i)$ 可以得到 $f(i,j)$，具体实现见代码 5-13。这里有一个问题，必须要自右向左计算吗？请读者思考。

代码 5-13：使用一维数组求解 0-1 背包问题的最优解

```python
def knap_DP_Single():
    global n, M, w, v  # 全局变量，同代码 5-7
    f = [0 for i in range(M + 1)]              # 定义一维数组
    for j in range(w[n], M + 1):               # 初始化
        f[j] = v[n]
    for i in range(n - 1, 0, -1):
        for j in range(M, w[i] - 1, -1):       # 自右向左求解
            f[j] = max(f[j - w[i]] + v[i], f[j])
    print(f[M])

if __name__ == '__main__':
    M, n = list(map(int, input("输入背包容量和物品个数：").split()))   # n 为物品总数
                                                                      # M 为背包容量
    w = list(map(int, input("输入物品重量：").split()))    # w 存储物品的重量
    v = list(map(int, input("输入物品价值：").split()))    # v 存储物品的价值
    w.insert(0, None)                                      # 舍弃 w[0] 位置
    v.insert(0, None)                                      # 舍弃 v[0] 位置

    knap_DP_Single()
```

应用扩展 某同学为参加 ACM 程序设计竞赛准备购买一批书籍，预算只有 500 元，他为不同书籍的重要性进行了评级（1~5，5 表示最重要）。在预算有限的情况下，如何选择才能使购买的所有书籍总的重要性最大？

显然，这是一个 0-1 背包问题，预算对应背包容量，书籍价格对应物品重量，书籍重要性对应物品价值。经过转换后，该问题可以直接使用 0-1 背包问题的解题方法求解。类似的问题还有很多，学习时，需要重点掌握 0-1 背包问题的一般特征，继而灵活应用到其他具体问题中。

本节学习了动态规划的典型应用——0-1 背包问题。它代表了一类问题，具有以下特征：已知 n 个可选择的物品，每个物品有若干属性，如重量和价值，有一个容器（如背包）以及其某个方面的限制（如容量），问题是：在容器限制下，如何挑选物品（每个物品要么选，要么不选）才能使另一个属性值之和达到最大值？

在用动态规划求解 0-1 背包问题时，首先分析最优子结构性质，列出最优值的递归关系，然后采用自底向上或备忘录方法进行求解。整个求解过程与动态规划求解问题的 4 个步骤一致。

引申：更多类型的背包问题

除了 0-1 背包问题，还有完全背包、多重背包、满背包问题等。

完全背包问题与 0-1 背包问题相似，不同的是每种物品有无限件，也就是每种物品不是只有取和不取两种可能，而是可以取任意件，直至超出背包容量为止。

多重背包问题中，第 i 种物品最多有 M_i 件可用，即可以取 $0 \sim M_i$ 件。

满背包问题是求解选择哪些物品刚好可以装满背包且价值最大。

以上问题可采用与 0-1 背包问题相似的求解思路进行求解。更多的背包问题还有分组背包问题、有依赖的背包问题、二维费用的背包问题等，有兴趣的读者可以查阅相关资料进一步学习。

5.5 动态规划应用：矩阵连乘问题

问题描述 给定 n 个矩阵 $\{A_1, A_2, \cdots, A_n\}$，其中 A_i 与 A_{i+1} 可乘，$i=1,2,\cdots,n-1$。如何确定计算矩阵连乘的计算次序，使得依此次序计算这 n 个矩阵连乘需要的乘法次数最少？

为了更好地理解该问题，这里对矩阵连乘进行两点说明。

(1) 两个矩阵可乘的条件是前一个矩阵的列等于后一个矩阵的行，如图 5-14 所示，矩阵 A 为 p 行 q 列，矩阵 B 为 q 行 j 列，因此，矩阵 A 和矩阵 B 是可乘的。

(2) 矩阵 A 与矩阵 B 相乘需要加法操作和乘法操作。由于相乘得到的矩阵中有 $p \times j$ 个元素，其中每个元素是由矩阵 A 的每行的 q 个元素与矩阵 B 每列的 q 个元素相乘然后相加得到，需要 q 次乘法和 $q-1$ 次加法，因此两个矩阵相乘共需要执行 pqj 次乘法和 $p(q-1)j$ 次加法，加法和乘法次数相当，可以用乘法次数反映矩阵乘问题的复杂度。

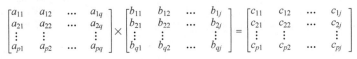

图 5-14　矩阵 A 与矩阵 B 相乘

n 个矩阵连乘，不同的计算次序所需要的矩阵乘法的次数是不一样的。例如，有 4 个矩阵 A_1、A_2、A_3 和 A_4，A_1 是 50 行 10 列，A_2 是 10 行 40 列，A_3 是 40 行 30 列，A_4 是 30 行 5 列。这 4 个矩阵共有 5 种不同的计算次序，根据前面分析的结果，矩阵 $A_{p \times q}$ 与矩阵 $B_{q \times j}$ 相乘需要 pqj 次乘法，可得到每种计算次序对应的乘法次数如下。

(1) $(A_1(A_2(A_3A_4)))$：$40 \times 30 \times 5 + 10 \times 40 \times 5 + 50 \times 10 \times 5 = 10500$ 次。

(2) $(A_1((A_2A_3)A_4))$：$10 \times 40 \times 30 + 10 \times 30 \times 5 + 50 \times 10 \times 5 = 16000$ 次。

(3) $((A_1A_2)(A_3A_4))$：$50 \times 10 \times 40 + 40 \times 30 \times 5 + 50 \times 40 \times 5 = 36000$ 次。

(4) $((A_1(A_2A_3))A_4)$：$10 \times 40 \times 30 + 50 \times 10 \times 30 + 50 \times 30 \times 5 = 34500$ 次。

(5) $(((A_1A_2)A_3)A_4)$：$50 \times 10 \times 40 + 50 \times 40 \times 30 + 50 \times 30 \times 5 = 87500$ 次。

可以看出，5 种计算次序虽然得到的结果矩阵是相同的，但所花费的乘法次数有很大区别。其中，计算次序(1)是乘法次数最少的计算方案，求解效率最高。矩阵连乘问题就是寻找所需乘法次数最少的计算方案。

问题分析 先考虑穷举法的求解方法。计算所有可能方案的乘法次数，再从中选一种最优的方案。假设用 $P(n)$ 表示 n 个矩阵相乘的计算方案总数，由于最后一次是两个矩阵相乘，而这两个矩阵分别来自左边连续 k 个矩阵的连乘结果和右边连续 $n-k$ 个矩阵的连乘结果，因此，$P(n)$ 的递推关系为

$$P(n) = \begin{cases} 1, & n=1 \\ \sum_{k=1}^{n-1} P(k)P(n-k), & n>1 \end{cases} \quad (5\text{-}7)$$

利用卡特兰数和斯特林公式，求解式(5-7)可以得到 $P(n) = \Omega(4^n/n^{3/2})$。可见，采用穷举法求解矩阵连乘问题的复杂度很高，有必要寻找更好的算法。

引申：卡特兰数和斯特林公式

卡特兰数（Catalan Number）又称为卡塔兰数、明安图数，是组合数学中一种常出现于各种计数问题中的数列。设 $h(n)$ 为卡特兰数的第 n 项，令 $h(0)=1, h(1)=1$，卡特兰数满足

$$h(n)=h(0)h(n-1)+h(1)h(n-2)+\cdots+h(n-1)h(0), n \geqslant 2 \quad (5\text{-}8)$$

式(5-8)的解为

$$h(n)=\frac{C_{2n}^n}{n+1}, \quad n=0,1,2,\cdots \quad (5\text{-}9)$$

卡特兰数可以用于求解 n 对括号的正确匹配数目、n 个节点构成的二叉搜索树总数、n 个数的出栈序列总数、凸多边形三角划分等问题。

斯特林公式（Stirling's Approximation）是一个用来取 n 的阶乘的近似值的数学公式，即

$$n! = \sqrt{2\pi n}\left(\frac{n}{e}\right)^n \quad (5\text{-}10)$$

斯特林公式在理论和应用上都具有重要的价值，对于概率论的发展也有着重大的意义。

从上述分析可以看出，n 个矩阵的连乘问题不管用什么计算次序，最后一次都是两个矩阵相乘，而这两个矩阵分别是 n 个矩阵中左边若干矩阵连乘的结果和右边若干矩阵连乘的结果，也就是说，矩阵连乘问题可以通过两个规模更小的矩阵连乘问题来求解，即问题和子问题存在一定的关系，那么矩阵连乘问题是否符合最优子结构性质呢？

在前面的实例中，$(A_1(A_2(A_3A_4)))$ 是 4 个矩阵连乘问题的最优解，那么 $(A_2(A_3A_4))$ 是否是 A_2、A_3、A_4 这 3 个矩阵连乘问题的最优解呢？可以用反证法证明。

假设 $(A_2(A_3A_4))$ 不是 A_2、A_3、A_4 这 3 个矩阵连乘问题的最优解，那么一定存在一个最优的计算次序，如 $((A_2A_3)A_4)$，得到 $(A_1((A_2A_3)A_4))$ 对应的乘法次数一定比 $(A_1(A_2(A_3A_4)))$ 对应的乘法次数要少（原因是两种计算次序花费的乘法次数的差别仅在 A_2、A_3、A_4 这 3 个矩阵连乘问题中，其他方面都是相同的），继而得到 $(A_1((A_2A_3)A_4))$ 是最优解，与已知条件 $(A_1(A_2(A_3A_4)))$ 是 $A_1 \sim A_4$ 这 4 个矩阵连乘问题的最优解相矛盾。同样的方法，对于 n 个矩阵连乘问题，也可以通过反证法证明矩阵连乘问题满足最优子结构性质。

此外，矩阵连乘问题具有重叠子问题性质。例如实例中，A_2、A_3 这两个矩阵的连乘问题在计算次序(2)和(4)中都要使用到。因此，矩阵连乘问题具有最优子结构和重叠子问题两个性质，可以用动态规划求解。

动态规划求解矩阵连乘问题的步骤如下。

步骤 1 分析问题和子问题的关系，找出最优解的性质，并刻画其结构特征。

矩阵连乘问题的最少乘法次数与矩阵个数、每个矩阵的行列大小以及矩阵乘法的计算次序有关，将从 A_i 开始到 A_j 结束的若干矩阵连乘问题 $A_iA_{i+1}\cdots A_j$ 的结果矩阵简记为 $A[i:j], i \leqslant j$，最优解即为求 $A[i:j]$ 的最优计算次序。设这个计算次序中最后一次是在矩阵 A_k 和 A_{k+1} 之间将矩阵链断开，其中 $i \leqslant k < j$，则其对应的计算次序用完全加括号方式可表示为 $(A_iA_{i+1}\cdots A_k)(A_{k+1}A_{k+2}\cdots A_j)$。因此，$A[i:j]$ 的计算量 = $A[i:k]$ 的计算量 + $A[k+1:j]$ 的计算量 + $A[i:k] \times A[k+1:j]$ 的计算量。

上述等式中,左边 $A[i:j]$ 是一个规模较大(矩阵个数为 $j-i+1$)的矩阵连乘问题,右边是两个规模较小(矩阵个数分别为 $k-i+1$、$j-k$)的矩阵连乘问题。由于最优解要求乘法次数最少的计算次序,且断开位置 k 有多种可能,因此 $A[i:j]$ 的最少乘法次数是在 k 的所有可能中取乘法次数最少的。根据矩阵连乘问题的最优子结构性质,可以得到 $A[i:j]$ 的最少乘法次数 = min{$A[i:k]$ 的最少乘法次数 + $A[k+1:j]$ 的最少乘法次数 + $A[i:k]$ × $A[k+1:j]$ 的乘法次数,$i\leqslant k<j$}。

步骤 2 递归地定义最优值。

定义 $m(i,j)$ 为计算 $A[i:j]$ 所需要的最少乘法次数,则原问题的最优值可表示为 $m(1,n)$。最小规模的矩阵连乘问题可以看作只有一个矩阵的情况,此时不需要做乘法,$m(i,i)=0$;当 $i<j$ 时,根据步骤 1 的分析,有

$$m(i,j) = \min_{i\leqslant k<j}\{m(i,k)+m(k+1,j)+p_{i-1}p_kp_j\} \tag{5-11}$$

其中,A_i 的行和列分别为 p_{i-1} 和 p_i。

综合以上两种情况,得到 $m(i,j)$ 的递归定义为

$$m(i,j) = \begin{cases} 0, & i=j \\ \min_{i\leqslant k<j}\{m(i,k)+m(k+1,j)+p_{i-1}p_kp_j\}, & i<j \end{cases} \tag{5-12}$$

步骤 3 以自底向上的方式计算出最优值。

根据最优值的递归关系,先求解规模较小的矩阵连乘问题,再求解规模较大的矩阵连乘问题,因此,按照自底向上的方式,依次求解长度为 $1,2,\cdots,n$ 的矩阵连乘问题的最优值。

步骤 4 根据计算最优值时得到的信息,构造最优解。

$m(i,j)$ 得到的是最优值,如果想获得最优解(最优值对应的计算次序),需要记录 $m(i,j)$ 获得最优值时的断开位置 k。为此,定义一个二维数组 $s(i,j)$ 记录 k。求解最优解从 $s(1,n)$ 开始,找到最后一次断开位置 k,再依次通过 $s(1,k)$ 和 $s(k,n)$ 继续寻找断开位置,递归下去,直到只剩下一个矩阵,即可得到最优解。

实例分析 假设共有 6 个矩阵 A_1、A_2、A_3、A_4、A_5、A_6,矩阵规模如图 5-15 所示,对应的行列规模如表 5-4 所示。由于矩阵连乘要求前一个矩阵的列数等于后一个矩阵的行数,因此,6 个矩阵的行列值只需用 7 个数值表示,并存放在数组 P 中,其中,矩阵 A_i 的行、列值存储在 P_{i-1}、P_i 中。数组 P 如表 5-5 所示。

扫一扫
看彩图

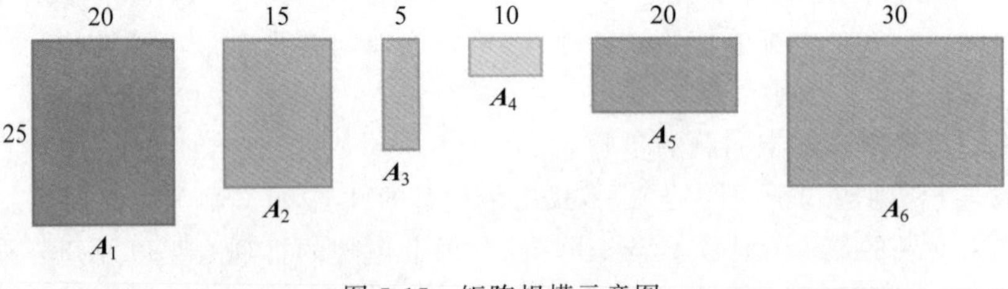

图 5-15 矩阵规模示意图

表 5-4 矩阵的行列信息

A_1	A_2	A_3	A_4	A_5	A_6
25×20	20×15	15×5	5×10	10×20	20×30

表 5-5　矩阵的行列信息存储在一维数组中

下标 i	0	1	2	3	4	5	6
$P[i]$	25	20	15	5	10	20	30

定义二维数组 $m[n+1][n+1]$，$m[i][j]$ 存储从 A_i 到 A_j 的若干连续矩阵连乘问题的最少乘法次数；定义二维数组 $s[n+1][n+1]$，$s[i][j]$ 存储 $m[i][j]$ 对应的断开位置。

(1) 初始化 $m[i][i]=0, i=1,2,\cdots,6, s[i][i]=0$（表示无须断开）。此时，数组 m 和 s 的内容如表 5-6 所示。

表 5-6　矩阵连乘实例：初始化

i	$m[i][j]$						$s[i][j]$					
	$j=1$	$j=2$	$j=3$	$j=4$	$j=5$	$j=6$	$j=1$	$j=2$	$j=3$	$j=4$	$j=5$	$j=6$
$i=1$	0						0					
$i=2$		0						0				
$i=3$			0						0			
$i=4$				0						0		
$i=5$					0						0	
$i=6$						0						0

(2) 计算相邻两个矩阵的最小乘法次数，放入 $m[1][2]$、$m[2][3]$、$m[3][4]$、$m[4][5]$ 和 $m[5][6]$。对应数组 m、数组 s 的内容如表 5-7 所示，计算过程如图 5-16 所示。

表 5-7　矩阵连乘实例：计算数组 m 和 s

i	$m[i][j]$						$s[i][j]$					
	$j=1$	$j=2$	$j=3$	$j=4$	$j=5$	$j=6$	$j=1$	$j=2$	$j=3$	$j=4$	$j=5$	$j=6$
$i=1$	0	7500	4000	5250	7500	11750	0	1	1	3	3	3
$i=2$		0	1500	2500	4500	8500		0	2	3	3	3
$i=3$			0	750	2500	6250			0	3	3	3
$i=4$				0	1000	4000				0	4	5
$i=5$					0	6000					0	5
$i=6$						0						0

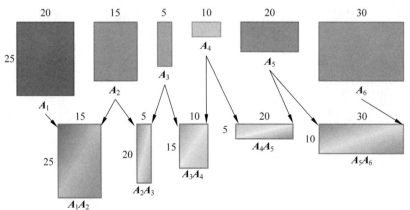

图 5-16　相邻两个矩阵相乘示意图

(3) 计算相邻 3 个矩阵的最小乘法次数,结果记录在 $m[1][3]$、$m[2][4]$、$m[3][5]$ 和 $m[4][6]$ 中,如表 5-7 所示。计算过程如图 5-17 所示。以 $m[3][5]$ 的计算为例,$m[3][5]=$ $\min\{m[3][3]+m[4][5]+P_2P_3P_5, m[3][4]+m[5][5]+P_2P_4P_5\}=2500$,$s[3][5]=3$。

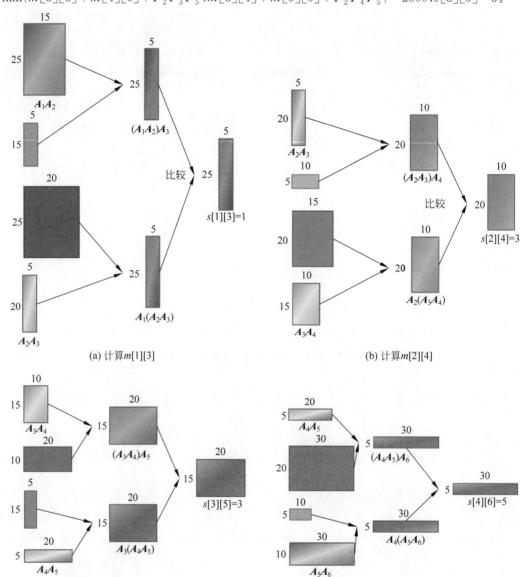

图 5-17 相邻 3 个矩阵相乘示意图

(4) 计算相邻 4 个矩阵的最小乘法次数,结果记录在 $m[1][4]$、$m[2][5]$ 和 $m[3][6]$ 中,如表 5-7 所示。计算过程如图 5-18 所示。以 $m[3][6]$ 的计算为例,$m[3][6]=$ $\min\{m[3][3]+m[4][6]+P_2P_3P_6, m[3][4]+m[5][6]+P_2P_4P_6, m[3][5]+m[6][6]+P_2P_5P_6\}=6250$,$s[3][6]=3$。

(5) 计算相邻 5 个矩阵的最小乘法次数,结果记录在 $m[1][5]$ 和 $m[2][6]$ 中,如表 5-7 所示。计算过程如图 5-19 所示。以 $m[2][6]$ 的计算为例,$m[2][6]=\min\{m[2][2]+m[3][6]+P_1P_2P_6, m[2][3]+m[4][6]+P_1P_3P_6, m[2][4]+m[5][6]+P_1P_4P_6, m[2][5]+m[6][6]+P_1P_5P_6\}=8500$,$s[2][6]=3$。

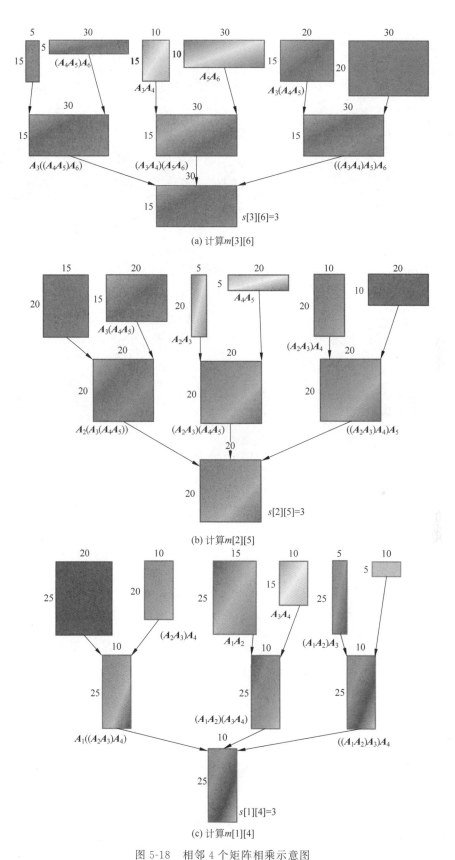

图 5-18 相邻 4 个矩阵相乘示意图

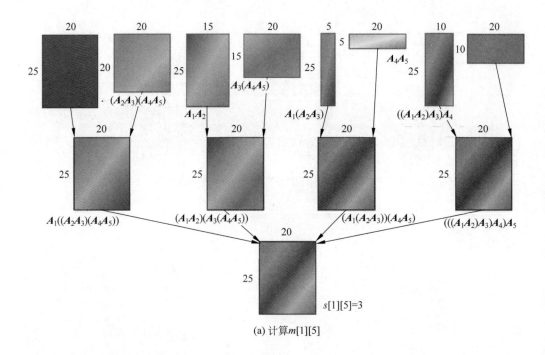

(a) 计算 $m[1][5]$

扫一扫
看彩图

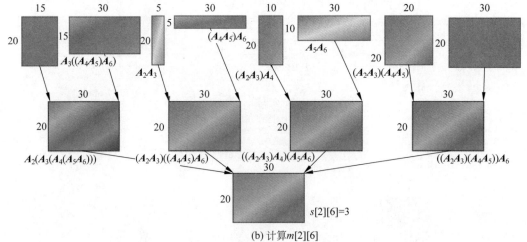

(b) 计算 $m[2][6]$

图 5-19 相邻 5 个矩阵相乘示意图

(6) 计算相邻 6 个矩阵的最小乘法次数,记录在 $m[1][6]$ 中,此结果即为所求问题的最优值,计算过程如图 5-20 所示。$m[1][6] = \min\{m[1][1] + m[2][6] + P_0P_1P_6,$ $m[1][2] + m[3][6] + P_0P_2P_6, m[1][3] + m[4][6] + P_0P_3P_6, m[1][4] + m[5][6] + P_0P_4P_6, m[1][5] + m[6][6] + P_0P_5P_6\} = 11750, s[1][6] = 3$。

(7) 计算最优解。由于 $s[1][6] = 3$,可知最后一次断开位置在 A_3 处,即 $((A_1A_2A_3)$ $(A_4A_5A_6))$,$(A_1A_2A_3)$ 的计算次序根据 $s[1][3] = 1$,得 $(A_1(A_2A_3))$,$(A_4A_5A_6)$ 的计算次序根据 $s[4][6] = 5$,得 $((A_4A_5)A_6)$,因此该实例的最优解用完全加括号形式可表示为 $((A_1(A_2A_3))((A_4A_5)A_6))$。

从该实例的具体求解过程可以看到,求解过程是沿着 m 和 s 数组的对角线方向依次向上进行,直至得到最终解,如图 5-21 所示。

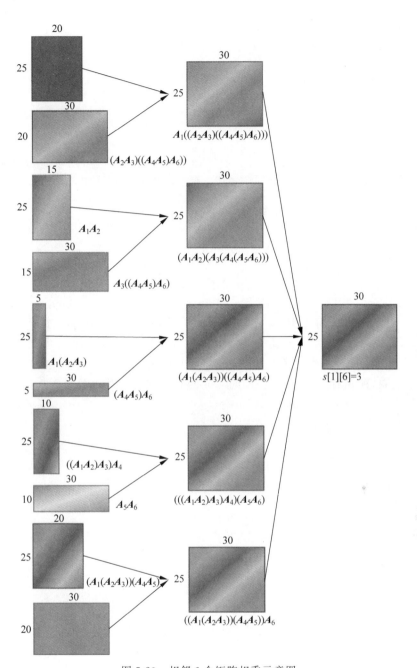

图 5-20　相邻 6 个矩阵相乘示意图

图 5-21　矩阵连乘问题中问题的求解次序

算法实现 根据前面的分析和具体实例的求解过程,给出动态规划求解矩阵连乘问题的代码实现。数据结构定义、数据读入和主函数见代码 5-14。

代码 5-14:数据读入和主函数

```python
import sys

if __name__ == '__main__':
    n = int(input())                          # n 表示矩阵的个数
    p = list(map(int, input().split()))       # p[i-1]和 p[i]存储第 i 个矩阵的行和列
    # m[i][j]存储 Ai…Aj 矩阵连乘的最小乘法次数,初始化 m 的元素值为最大值
    m = [[sys.maxsize for i in range(n + 1)] for j in range(n + 1)]
    # s[i][j]存储 m[i][j]对应的矩阵断开位置
    s = [[0 for i in range(n + 1)] for j in range(n + 1)]

    MatrixMultiply(p, n, m, s)
    # print(s)
    traceback(s, 1, n)
```

以自底向上的方式求解最优值。从长度 $r=2$ 的矩阵连乘问题开始,依次计算长度 r 为 $3,4,\cdots,n$ 的矩阵连乘问题。对于长度为 r 的矩阵连乘问题有多个,根据起点 i 和长度 r,可以得到终点 j;确定起点 i 和终点 j 后,枚举所有可能的断点位置 $k=i,i+1,\cdots,j-1$,得到最小的乘法次数,存入数组 $m[i][j]$,同时对应的断开位置 k 存入数组 $s[i][j]$。具体实现见代码 5-15。

代码 5-15:计算最优值并记录断开位置

```python
def MatrixMultiply(p, n, m, s):
    '''
    p[i]和 p[i-1]存储第 i 个矩阵的行和列
    n 表示矩阵的个数
    m[i][j]存储 Ai…Aj 矩阵连乘的最少乘法次数
    s[i][j]存储 m[i][j]对应的矩阵断开位置
    '''
    for i in range(1, n + 1):                 # 初始化长度为 1 的矩阵
        m[i][i] = 0
    for r in range(2, n + 1):                 # 矩阵连乘问题规模从 2 到 n
        for i in range(1, n - r + 2):         # i 表示规模为 r 的矩阵连乘问题的起点
            j = i + r - 1                     # j 表示规模为 r 的矩阵连乘问题的终点
            # 依次计算断开位置在 i,i+1,i+2,…,k 处的最少乘法次数,并记录断开位置
            for k in range(i, j):
                # 断开位置在 i 处的乘法次数
                t = m[i][k] + m[k + 1][j] + p[i - 1] * p[k] * p[j]
                if t < m[i][j]:               # 找到较小乘法次数,更新最优值和断开位置
                    m[i][j] = t
                    s[i][j] = k

    print(m[1][n])
```

求解最优解。假设最优解用完全加括号形式表示,根据前面的示例,从最优值记录的断开位置 $k=s[i][j]$ 开始,递归求解其左边 $s[i][k]$ 和右边 $s[k+1][j]$,直到 $i=j$ 时为止。具体实现见代码 5-16。

代码 5-16：构造最优解

```
def traceback(s, i, j):
    if i == j:
        print('A{}'.format(i), end = '')
        return 0
    print('(', end = '')
    traceback(s, i, s[i][j])
    traceback(s, s[i][j] + 1, j)
    print(')', end = '')
```

时间复杂度分析　使用动态规划求解时，算法的主要计算量在于算法中对 r、i 和 k 进行操作的三重循环。循环体内的计算量为 $O(1)$，而三重循环的总次数为 $O(n^3)$。因此，算法的计算时间上界为 $O(n^3)$。相比穷举法需要指数时间复杂度，算法复杂度降低为多项式时间复杂度。算法所占用的空间是存储最优值和最优解所需要的二维数组，空间复杂度为 $O(n^2)$。

应用扩展　矩阵连乘问题是动态规划的典型应用，类似的问题还有石子合并问题。

石子合并问题：有 n 堆石子排成一排，编号依次为 $1 \sim n$，每堆石子由若干石子构成。现要将石子有次序地合并为一堆。规定每次只能选相邻的两堆石子合并成新的一堆，并将合并后的石子数记为本次合并的得分。试设计一个算法，计算将 n 堆石子合并成一堆的最大得分。

分析：要求每次只能选相邻的两堆石子合并，因此最后一次合并是左边若干堆石子合并后与右边若干堆石子合并后的结果进行合并，与矩阵连乘问题类似。进一步分析可知，石子等价于矩阵，石子合并的方案等价于矩阵连乘的方案，石子合并的得分等价于矩阵相乘需要的乘法次数。因此，石子合并问题的求解方法与矩阵连乘问题求解方法一样。假设第 i 堆石子数量用 $p[i]$ 表示，$\text{sum}(i,j)$ 表示第 i 堆石子到第 j 堆石子的石子数量和，$m(i,j)$ 表示从第 i 堆石子到第 j 堆石子合并成一堆的最大得分，则有

$$m(i,j) = \begin{cases} 0, & i = j \\ \max_{i \leqslant k < j} \{m(i,k) + m(k+1,j) + \text{sum}(i,j)\}, & i < j \end{cases}$$

类似地，使用同样的方法也可以求 n 堆石子合并的最小得分。

矩阵连乘问题代表了一类问题：存在一个分割点把问题分为两部分，问题的最优解可以通过这两部分的最优解得到，解决方法是枚举分割点，利用最优子结构性质，运用动态规划方法求解。

以自底向上方式求解的代码通常包括：

（1）问题规模从小到大；

（2）枚举问题的起点，算出终点；

（3）枚举问题的分割点；

（4）利用最优值的递归关系求解最优值和最优解。

5.6　动态规划应用：最长公共子序列

首先介绍一些相关的基本概念。

（1）序列：由若干字符构成的字符串或文本。

（2）子序列：序列删去若干字符后得到的序列，子序列与序列中字符的相对次序不变。

扫一扫

视频讲解

扫一扫

视频讲解

(3) 公共子序列：给定两个序列 X 和 Y，当另一序列 Z 既是 X 的子序列，又是 Y 的子序列时，称 Z 是序列 X 和 Y 的公共子序列。

(4) 最长公共子序列（Longest Common Subsequence，LCS）：公共子序列中长度最长的子序列。

问题描述 给定两个序列 $X=\{x_1,x_2,\cdots,x_m\}$ 和 $Y=\{y_1,y_2,\cdots,y_n\}$，找出 X 和 Y 的一个最长公共子序列。

例如，有两个序列，$X=(B,D,A,B,A,C)$，$Y=(B,A,D,B,C,D,A)$，两者的公共子序列有很多，如 (B,D,B,A)、(B,D,B,C)、(B,A,C) 等，其中 (B,D,B,A)、(B,D,B,C) 是最长公共子序列，长度为 4。从这个例子也可以看出，最长公共子序列可能有多个，但其长度是唯一的。

显然，最长公共子序列反映了两个序列的相似程度，这个问题可以广泛应用在许多领域，如 DNA 序列比对、论文查重等。因此，寻找一种高效的求解方法具有重要的实际应用价值。

问题分析 首先考虑穷举法，对于序列 X（长度为 m）的每个子序列，验证它是否是序列 Y（长度为 n）的子序列。因为长度为 m 的序列 X 共有 2^m 个子序列，对每个子序列，通过遍历序列 Y 的每个字符，可以判断是否是 Y 的子序列，因此，最坏情况下，穷举法的时间复杂度为 $O(n2^m)$，效率很低。而通过动态规划求解该问题，则可以实现较高效率的求解。

动态规划求解最长公共子序列问题的步骤如下。

步骤 1 分析问题和子问题的关系，找出最优解的性质，并刻画其结构特征。

已知序列 $X_m=(x_1,x_2,\cdots,x_m)$，定义 X_m 的第 i 个前缀为 $X_i=(x_1,x_2,\cdots,x_i)$，$i=1,2,\cdots,m$。定义 $c[i,j]$ 为序列 $X_i=(x_1,x_2,\cdots,x_i)$ 和 $Y_j=(y_1,y_2,\cdots,y_j)$ 的最长公共子序列的长度，则 $c[m,n]$ 表示序列 X_m 和 Y_n 的最长公共子序列的长度。

通过反证法，很容易证明以下命题。

设序列 $X_m=(x_1,x_2,\cdots,x_m)$ 和 $Y_n=(y_1,y_2,\cdots,y_n)$ 的一个最长公共子序列为 $Z_k=(z_1,z_2,\cdots,z_k)$，有：

若 $x_m=y_n$，则 $z_k=x_m=y_n$，且 Z_{k-1} 是 X_{m-1} 和 Y_{n-1} 的最长公共子序列；

若 $x_m\neq y_n$ 且 $z_k\neq x_m$，则 Z_k 是 X_{m-1} 和 Y_n 的最长公共子序列；

若 $x_m\neq y_n$ 且 $z_k\neq y_n$，则 Z_k 是 X_m 和 Y_{n-1} 的最长公共子序列。

以上 3 种情况，说明问题的最优解包含子问题的最优解。因此，最长公共子序列问题具有最优子结构性质。

步骤 2 递归地定义最优值。

本步骤重点分析问题和子问题最优值之间的关系，给出 $c[i,j]$ 的定义。首先考虑问题规模最小时的情况。

若 $i=0$ 或 $j=0$，说明某个序列为空，任何一个序列和空序列的最长公共子序列长度都为 0，因此有 $c[i,j]=0$。

若 $x_i=y_j$，那么 x_i 或 y_j 一定在某个最长公共子序列中，即 $c[i,j]=c[i-1,j-1]+1$。

若 $x_i\neq y_j$，那么 $c[i,j]$ 的值为 $c[i,j-1]$ 和 $c[i-1,j]$ 中的较大者。

综合以上情况，得到 $c[i,j]$ 的递归定义，即

$$c[i,j]=\begin{cases}0, & i=0 \text{ 或 } j=0 \\ c[i-1,j-1]+1 & i,j>0 \text{ 且 } x_i=y_j \\ \max(c[i-1,j],c[i,j-1]) & i,j>0 \text{ 且 } x_i\neq y_j\end{cases} \quad (5\text{-}13)$$

步骤 3 以自底向上的方式计算出最优值。

根据最优值的递归关系，$c[i,j]$ 的值与 $c[i-1,j-1]$、$c[i-1,j]$、$c[i,j-1]$ 有关，需要先求出 $c[i-1,j-1]$、$c[i-1,j]$、$c[i,j-1]$，然后才能求解 $c[i,j]$。因此，$c[i,j]$ 的求解次序应该是从上到下、从左到右，如图 5-22 所示。

	…	$j-1$	j	…	$j=n$
…					
$i-1$		$c[i-1][j-1]$	$c[i-1][j]$		
i		$c[i][j-1]$	$c[i][j]$		
…					
m					

图 5-22　动态规划求解最长公共子序列问题的计算顺序

扫一扫

看彩图

步骤 4 根据计算最优值时得到的信息，构造最优解。根据 $c[i,j]$ 的取值是来自其上 ($c[i-1,j]$)、左上 ($c[i-1,j-1]$) 还是其左 ($c[i,j-1]$)，可以得到最优解。也可以另外定义一个二维数组 $s[m,n]$，记录 $c[i,j]$ 的 3 种取值信息，得到最优解。

实例分析 给定 $X=(B,D,A,B,A,C)$，$Y=(B,A,D,B,C,D,A)$，求 X 和 Y 的最长公共子序列。定义二维数组 $c[m+1][n+1]$，$c[i][j]$ 存储序列 $X_i=(x_1,x_2,\cdots,x_i)$ 和 $Y_j=(y_1,y_2,\cdots,y_j)$ 的最长公共子序列的长度；定义二维数组 $s[m+1][n+1]$，$s[i][j]$ 存储 $c[i][j]$ 取值的 3 种情况。为了同时显示最长公共子序列的长度和最优解的情况，这里用数字表示长度，用符号 ↑ 表示 $c[i][j]$ 的值取自 $c[i-1][j]$，用符号 ← 表示 $c[i][j]$ 取自 $c[i][j-1]$，用符号 ↖ 表示 $c[i][j]$ 取自 $c[i-1][j-1]+1$，如果 $c[i-1][j]=c[i][j-1]$，优先选择 $c[i-1][j]$。

(1) 初始化。当 $i=0$ 或 $j=0$ 时，$c[i,j]=0$。此时，数组 c 取值如图 5-23 所示。

		0	1 B	2 A	3 D	4 B	5 C	6 D	7 A
	0	0	0	0	0	0	0	0	0
B	1	0							
D	2	0							
A	3	0							
B	4	0							
A	5	0							
C	6	0							

图 5-23　动态规划求解最长公共子序列问题：初始化

扫一扫

看彩图

(2) 计算 $c[1][j]$。首先计算 $i=1$ 时的情况，依次计算 $j=1,2,\cdots,7$，数组 c、s 取值如图 5-24 中的 $i=1$ 行所示。例如，计算 $c[1][4]$ 时，由于 $x_1=y_4$，因此 $c[1][4]=c[0][3]+1=1$；计算 $c[1][6]$ 时，由于 $x_1\neq y_6$，因此 $c[1][6]=\max\{c[0][6],c[1][5]\}=\max\{0,1\}=1$。

(3) 计算 $c[2][j]$，依次计算 $j=1,2,\cdots,7$，数组 c、s 取值如图 5-24 中的 $i=2$ 行所示。

(4) 计算 $c[3][j]$，依次计算 $j=1,2,\cdots,7$，数组 c、s 取值如图 5-24 中的 $i=3$ 行所示。

(5) 计算 $c[4][j]$，依次计算 $j=1,2,\cdots,7$，数组 c、s 取值如图 5-24 中的 $i=4$ 行所示。

(6) 计算 $c[5][j]$，依次计算 $j=1,2,\cdots,7$，数组 c、s 取值如图 5-24 中的 $i=5$ 行所示。

图 5-24　动态规划求解最长公共子序列问题：计算数组 c

(7) 计算 $c[6][j]$，依次计算 $j=1,2,\cdots,7$，数组 c、s 取值如图 5-24 中的 $i=6$ 行所示。最终结果记录在 $c[6][7]$ 中，得到 X 和 Y 的最长公共子序列长度为 4。

(8) 计算最优解。最优解从 $s[6][7]$ 开始判断：

$s[6][7]=↑$，说明 $c[6][7]=c[5][7]$，继续查看 $s[5][7]$；

$s[5][7]=↖$，说明 $c[5][7]=c[4][6]+1$，$x_5=y_7=$'A'，'A' 在最长公共子序列中，继续查看 $s[4][6]$；

$s[4][6]=←$，说明 $c[4][6]=c[4][5]$，继续查看 $s[4][5]$；

$s[4][5]=←$，说明 $c[4][5]=c[4][4]$，继续查看 $s[4][4]$；

$s[4][4]=↖$，说明 $c[4][4]=c[3][3]+1$，$x_4=y_4=$'B'，'B' 在最长公共子序列中，继续查看 $s[3][3]$；

$s[3][3]=↑$，说明 $c[3][3]=c[2][3]$，继续查看 $s[2][3]$；

$s[2][3]=↖$，说明 $c[2][3]=c[1][2]+1$，$x_2=y_3=$'D'，'D' 在最长公共子序列中，继续查看 $s[1][2]$；

$s[1][2]=←$，说明 $c[1][2]=c[1][1]$，继续查看 $s[1][1]$；

$s[1][1]=↖$，说明 $c[1][1]=c[0][0]+1$，$x_1=y_1=$'B'，'B' 在最长公共子序列中，由于 $c[i][j]$ 中如果 $i=0$ 或 $j=0$，说明一个子序列为空，可以终止，因此得到最优解为 BDBA，计算过程如图 5-25 所示。

图 5-25　动态规划求解最长公共子序列问题的最优解

从上述计算过程可以看出，在多个 $c[i][j]$ 处有 $c[i-1][j]=c[i][j-1]$，因此，最优解不唯一，但它们的长度都是 4。例如，如果 $c[6][7]$ 的取值从其左边 $c[6][6]$ 开始推导，按照上述类似的过程，可以得到最优解为 BDBC。

算法实现　数据结构定义、数据读入和主函数见代码 5-17。

代码 5-17：数据结构定义、数据读入和主函数

```
if __name__ == '__main__':
    m, n = list(map(int, input().split()))          #m 和 n 表示两个序列的长度
    x, y = input().split()                           #x 和 y 存储序列内容
    c = [[0 for j in range(n+1)] for i in range(m+1)]   #c[i][j]存储最长公共子序列长度
    s = [[0 for j in range(n + 1)] for i in range(m + 1)]   #s[i][j]存储 c[i][j]对应的取值情况
    x = '' + x
    y = '' + y                                       #把序列存储在下标为 1 开始的位置
    print(LCSLength(m, n, x, y, c, s))
    traceback(m, n, x, s)
```

自底向上求最优值。首先初始化,子序列长度为 0 时,设置 $c[0][j]=0$,$c[i][0]=0$;依次计算 $i=1,2,\cdots,m$ 时 $c[i][j]$ 的值,同时用 $s[i][j]=1,2,3$ 分别记录 $c[i][j]$ 取自 $c[i-1][j-1]+1$、$c[i-1][j]$、$c[i][j-1]$ 3 种情况。具体实现见代码 5-18。

代码 5-18：动态规划求解长度为 m 的序列 x 和长度为 n 的序列 y 的最长公共子序列长度

```
#数组 c 存储最优值,数组 s 用来记录最优解的相关信息
def LCSLength(m, n, x, y, c, s):
    for i in range(1, m + 1):
        for j in range(1, n + 1):
            if x[i] == y[j]:
                c[i][j] = c[i-1][j-1] + 1           #当 x[i] = y[j]时最长公共子序列长度加 1
                s[i][j] = 1                          #s[i][j] = 1 表示 x[i]或 y[j]出现在最长
                                                     #公共子序列中
            #其他两种情况 c[i][j]不变
            elif c[i-1][j] >= c[i][j-1]:
                c[i][j] = c[i-1][j]
                s[i][j] = 2
            else:
                c[i][j] = c[i][j-1]
                s[i][j] = 3
    return c[m][n]
```

求最优解。从 $s[m][n]$ 开始倒推,如果 $s[i][j]=1$,说明 x_i(或 y_j)出现在最长公共子序列中,i 和 j 同时递减;否则减小 i 或 j,继续寻找,直到 $i=0$ 或 $j=0$ 时为止。具体实现见代码 5-19。

代码 5-19：求最优解

```
def traceback(i, j, x, s):
    if i == 0 or j == 0:            #边界条件
        return 0
    if s[i][j] == 1:                 #s[i][j] = 1 表示 x[i]或 y[j]出现在最长公共子序列中,进行输出
        traceback(i-1, j-1, x, s)
        print(x[i], end = '')
        #其他两种情况减小 i 或 j,继续寻找,直至 i = 0 或 j = 0
    elif s[i][j] == 2:
        traceback(i - 1, j, x, s)
    else:
        traceback(i, j - 1, x, s)
```

算法复杂度分析 显然,算法的主要计算量在二重循环中,算法的计算时间上界为 $O(mn)$。相比穷举法需要指数时间复杂度,算法复杂度降低为多项式时间复杂度。算法所占用的空间是存储最优值和最优解所需要的二维数组,空间复杂度为 $O(mn)$。

算法空间优化 对于数组 s,前面已经介绍过,只根据数组 c 的内容也可以获得最优解,因此,数组 s 可以省略,从而节省一个二维数组。

如果最长公共子序列问题只要求求解最优值,那么和 0-1 背包问题类似,由于 $c[i][j]$ 只与其左上方、上方和左方的 3 个子问题有关,也就是只与上一行的子问题相关,因此从空间优化角度,可以把二维数组(空间复杂度为 $O(mn)$)降低为两个一维数组的空间(使用滚动数组,空间复杂度为 $O(m)$ 或 $O(n)$)。由于序列 X 和 Y 无论哪个作为行或列都可以,从节省空间考虑,选择长度小的作为列即可。因此,可以进一步把空间降低到 $2\min\{m,n\}$。需要注意的是,空间优化后,时间复杂度保持不变(计算量并没有减少)。

应用扩展 给定两个单词 word1 和 word2,找到使 word1 和 word2 相同所需的最小步数,每步可以删除任意一个单词中的一个字符。例如,两个单词分别为 sea 和 eat,最少需要两步,第 1 步将 sea 变为 ea,第 2 步将 eat 变为 ea。

由于只能进行删除操作,那么使两个单词相同的最少删除步数,就是找到两个单词的最大公共部分,即两个单词的最长公共子序列,然后再删除其余的字符。因此,利用本节学习的动态规划求解方法,先求出两个单词的最长公共子序列长度(假定为 k),那么最小步数为 word1 的长度+word2 的长度 $-2k$。

最长公共子序列问题在很多实际应用中发挥着重要作用,采用动态规划方法可以在多项式时间复杂度内求解该问题。求解的重点是分析规模较小的问题最优值和规模较大的问题最优值之间的关系,巧妙的方法是对两个序列的最后一个字符进行判断,根据可能的两种情况:相等或不等,可以找到问题最优值和子问题最优值之间的关系。

视频讲解

5.7 动态规划应用:最长不上升子序列

首先看一个问题:某国为了防御敌国的导弹袭击,开发出一种导弹拦截系统。但是,这种导弹拦截系统有一个缺陷:虽然它的第 1 发炮弹能够到达任意的高度,但是以后每发炮弹都不能高于前一发的高度。某天,雷达捕捉到敌国的导弹来袭,由于还在试用阶段,所以只有一套系统,因此有可能不能拦截所有导弹。输入导弹的枚数和导弹依次飞来的高度(雷达给出的高度数据是不大于 30 000 的正整数,每个数据之间有一个空格),计算这套系统最多能拦截多少导弹。

根据题意,所能拦截的导弹中,满足每枚导弹高度小于或等于前一枚导弹高度的条件,因此,该问题本质上是在一个序列中寻找一个长度最大的子序列,子序列中每个数都小于或等于前一个数,这个问题称为最长不上升子序列问题。下面给出这个问题的一般性描述。

问题描述 已知一个正整数序列 $b_1,b_2,\cdots,b_n$,对于下标 $i1<i2<\cdots<im$,若有 $b_{i1}\geqslant b_{i2}\geqslant\cdots\geqslant b_{im}$,则称存在一个长度为 m 的不上升子序列。由于要求 $i1<i2<\cdots<im$,即下标依次递增,意味着要按照序列从左到右的顺序选择若干数构成子序列;$b_{i1}\geqslant b_{i2}\geqslant\cdots\geqslant b_{im}$ 意味着这个子序列中数值变化特点是不增加(即不上升)。求解满足这两个条件且长度最大的子序列就是最长不上升子序列问题。

举例说明:给定长度为 8 的正整数序列 389,207,155,300,299,170,158,65。对于下标

i1=0,i2=3,i3=4,i4=5,i5=6,i6=7 满足 389≥300≥299≥170≥158≥65 且长度最长,所以存在长度为 6 的最长不上升子序列。

问题分析 如果采用穷举法,基本过程是:找出长度为 n 的所有子序列,逐一判断,选择满足条件的最长的子序列。虽然穷举法简单,但其最坏情况的时间复杂度为 $O(2^n)$。

下面考虑用动态规划求解。

算法设计 给定序列长度为 n,依次存放在 $a[0],a[1],\cdots,a[n-1]$ 中,定义 $f(i)$ 为以 $a[i]$ 结尾的最长不上升子序列的长度,那么整个序列的最优值一定是所有 $f(i)$ 中值最大的,即 $\max\{f(i)\},i=0,1,\cdots,n-1$。

根据定义,$f(i)$ 表示以 $a[i]$ 结尾的最长不上升子序列的长度,在这个子序列中,$a[i]$ 的前一个元素 $a[j]$ 一定满足 $a[j] \geq a[i]$,由于要求子序列长度是最大的,因此,只需要找出最大的 $f(j)$,即 $f(i)=\max\{f(j)\}+1$,其中 $j<i$ 且 $a[j] \geq a[i]$,$0 \leq j<i<n$。这个式子的含义是:找到 i 之前的某个 j,满足 $a[j] \geq a[i]$,且 $f(j)$ 最大。可以看出,该式中的 $f(i)$ 和 $f(j)$ 的关系反映了最优子结构性质。

整个序列的最长不上升子序列长度为 $\max\{f(i)\},i=0,1,\cdots,n-1$。

需要注意的是,该问题的最优值定义与本章前面几个典型应用不同,不能直接给出得到最优值的问题定义,只能间接得到。

实例分析 给定长度为 8 的正整数序列,分别为 389,207,155,300,299,170,158,65,结合 $f(i)$ 的求解方法,从左到右依次计算 $f(i)$,得到结果如表 5-8 所示。

表 5-8 动态规划求解最长不上升子序列问题

i	0	1	2	3	4	5	6	7
$a[i]$	389	207	155	300	299	170	158	65
$f[i]$	1	2	3	2	3	4	5	6

(1) 首先计算 $f[0]$:由于以 $a[0]$ 结尾的子序列只有一个元素,因此 $f[0]=1$。
(2) 计算 $f[1]$:由于 $a[0] \geq a[1]$,因此 $f[1]=f[0]+1=2$。
(3) 计算 $f[2]$:由于 $a[1] \geq a[2]$,$a[0] \geq a[2]$,因此 $f[2]=\max\{f[1],f[0]\}+1=3$。
(4) 计算 $f[3]$:由于 $a[2]<a[3]$,$a[1]<a[3]$,只有 $a[0] \geq a[3]$,因此 $f[3]=f[0]+1=2$。
(5) 计算 $f[4]$:由于 $a[3] \geq a[4]$,$a[0] \geq a[4]$,因此,$f[4]=\max\{f[3],f[0]\}+1=3$。
(6) 计算 $f[5]$:除 $a[2]<a[5]$ 外,$a[0] \sim a[4] \geq a[5]$,因此 $f[5]=\max\{f[0],f[1],f[3],f[4]\}+1=4$。
(7) 计算 $f[6]$:$f[6]=\max\{f[0],f[1],f[3],f[4],f[5]\}+1=5$。
(8) 计算 $f[7]$:$f[7]=\max\{f[0],f[1],f[2],f[3],f[4],f[5],f[6]\}+1=6$。
所以,整个序列的最长不上升子序列长度为 $\max\{f[i]\}=6$。

算法实现 根据上述计算过程,求解主要包括 3 步:
(1) 读数据并初始化;
(2) 分阶段求出每步的最优值,通过一个二重循环实现,对于每个 i,依次判断其前面的每个 j 是否满足条件;
(3) 通过一轮遍历找出 $f[i]$ 中最大值。

具体实现如代码 5-20 所示,而根据最优值如何求解最长不上升子序列问题的最优解,作为习题留给读者。

代码 5-20：动态规划求解最长不上升子序列问题的最优解

```python
#函数功能：动态规划求解最长不上升子序列问题的最优解
#参数说明：n 和 a 分别存储序列元素总数和序列元素
def LNIS(n, a):
    f = [0 for i in range(n)]    #f[i]表示以元素 a[i]结尾的最长不上升子序列的最优值
    f[0] = 1                     #初始化

    for i in range(n):           #从前往后依次计算 f[i]
        temp = 1
        for j in range(i):
            if a[j] >= a[i] and f[j] + 1 > temp:    #a[i]依次与从 a[0]到 a[i-1]的数字比较
                                                    #当 a[i]<a[j]且 temp<f[j]+1 时
                                                    #更新 temp,并将 temp 赋给 f[i]
                temp = f[j] + 1
        f[i] = temp

    return max(f)                #返回 f 最大值

if __name__ == '__main__':
    n = int(input())             #n 表示序列长度
    a = list(map(eval, input().split()))

    print(LNIS(n, a))
```

复杂度分析 显然，该算法的时间复杂度为 $T(n)=O(n^2)$，空间复杂度为 $O(n)$。

应用扩展 和最长不上升子序列问题类似，对于一个给定序列，寻找其最长上升子序列、最长下降子序列、最长不下降子序列等问题的求解方法是相同的，相信读者很快可以得到答案。

本节从拦截导弹这个具体问题抽象出更一般的问题——最长不上升子序列问题，然后给出使用动态规划方法求解的思路、具体过程和实现代码，和穷举法花费指数时间复杂度相比，降低到了多项式时间复杂度，效率提升明显。

5.8 动态规划应用：编辑距离问题

问题描述 设 A 和 B 是两个字符串，现要用最少的字符操作将字符串 A 转换为字符串 B。这里所说的字符操作是指：①删除一个字符；②插入一个字符；③将一个字符改为另一个字符。将字符串 A 转换为字符串 B 所用的最少字符操作数称为字符串 A 到字符串 B 的编辑距离。给定两个字符串 A 和 B，计算出它们的编辑距离。例如，两个字符串分别为 banana 和 panda，则编辑距离为 3。

算法设计 设所给的两个字符串为 $A[1..m]$ 和 $B[1..n]$，$\delta(A,B)$ 表示字符串 A 和 B 的编辑距离，定义 $D[i,j]=\delta(A[1..i],B[1..j])$。单个字符 a 和 b 之间的距离定义为

$$\delta(a,b)=\begin{cases}0, & a=b \\ 1, & a \neq b\end{cases}$$

从问题和子问题之间的关系考虑，对于字符串 $A[1..i]$ 到 $B[1..j]$ 的最优转换，首先考虑 $A[i]$ 和 $B[j]$ 的转换，之后就可以转换为规模更小的字符串转换问题。根据题意，$A[i]$ 和 $B[j]$ 的转换可以通过修改、插入、删除 3 种操作完成，而编辑距离要求最少的字符操作数，因此，$D[i,j]$ 的取值来自以下 3 种情况中最小的一种。

(1) 如果把字符 $A[i]$ 修改为 $B[j]$，那么 $D[i,j]$ 转换为求解 $D[i-1,j-1]$ 的问题，此时 $D[i,j]=D[i-1,j-1]+\delta(A[i],B[j])$。

(2) 如果是删除字符 $A[i]$（需要一次操作），那么 $D[i,j]$ 转换为求解 $D[i-1,j]$ 的问题，此时 $D[i,j]=D[i-1,j]+1$。

(3) 如果是插入字符 $B[j]$（需要一次操作），那么 $D[i,j]$ 转换为求解 $D[i,j-1]$ 的问题，此时 $D[i,j]=D[i,j-1]+1$。

所以，$D[i,j]$ 可递归地定义为

$D[i,j]=\min\{D[i-1,j-1]+\delta(A[i],B[j]),D[i-1,j]+1,D[i,j-1]+1\}$

$D[i,0]=i, i=0,1,\cdots,m$

$D[0,j]=j, j=0,1,\cdots,n$

初始状态定义为某个字符串为空，此时，通过对非空字符串的每个字符进行逐个删除，可以用最少的操作次数进行变换。

为了获得最优解，记录具体的字符操作，定义 $C[i,j]$ 如下。

$C[i,j]=0$ 表示 $A[i]$ 和 $B[j]$ 相等，不需要任何操作。

$C[i,j]=1$ 表示把 $A[i]$ 修改为 $B[j]$。

$C[i,j]=2$ 表示删除 $A[i]$。

$C[i,j]=3$ 表示插入 $B[j]$。

问题的最优值 $\delta(A,B)=D[m,n]$。从 $C[m,n]$ 开始可反推出 A 到 B 的转换方案。

实例分析 在编辑距离问题中，假定 $A=$ banana，$B=$ panda，采用自底向上的方法，求解得到数组 D（见表 5-9）、数组 C（见表 5-10）。

表 5-9 动态规划求解编辑距离问题：数组 D

i	$D[i][j]$					
	$j=0$	$j=1$(p)	$j=2$(a)	$j=3$(n)	$j=4$(d)	$j=5$(a)
$i=0$	0	1	2	3	4	5
$i=1$(b)	1	1	2	3	4	5
$i=2$(a)	2	2	1	2	3	4
$i=3$(n)	3	3	2	1	2	3
$i=4$(a)	4	4	3	2	2	2
$i=5$(n)	5	5	4	3	3	3
$i=6$(a)	6	6	5	4	4	3

表 5-10 动态规划求解编辑距离问题：数组 C

i	$C[i][j]$					
	$j=0$	$j=1$(p)	$j=2$(a)	$j=3$(n)	$j=4$(d)	$j=5$(a)
$i=0$	0	3	3	3	3	3
$i=1$(b)	2	1	1	1	1	1
$i=2$(a)	2	1	0	3	3	0
$i=3$(n)	2	1	2	0	3	3
$i=4$(a)	2	1	0	2	1	0
$i=5$(n)	2	1	2	0	1	1
$i=6$(a)	2	1	0	2	1	0

算法实现 具体实现如代码 5-21 所示。

代码 5-21：动态规划求解编辑距离问题

```python
def editDistance(A, B, m, n):
    #初始化,当 B 为空时,删除 A 的每个字符
    for i in range(0, m + 1):
        D[i][0] = i
        C[i][0] = 2

    #初始化,当 A 为空时,增加 B 的每个字符
    for j in range(0, n + 1):
        D[0][j] = j
        C[0][j] = 3

    for i in range(1, m + 1):
        for j in range(1, n + 1):
            #当字符相等时,不做任何操作
            if A[i] == B[j]:
                D[i][j] = D[i - 1][j - 1]
                C[i][j] = 0
            else:
                t1 = D[i - 1][j - 1] + 1
                t2 = D[i - 1][j] + 1
                t3 = D[i][j - 1] + 1

                if t1 <= t2 and t1 <= t3:          #把 A[i]修改为 B[j]
                    D[i][j] = t1
                    C[i][j] = 1
                elif t2 <= t1 and t2 <= t3:        #删除 A[i]
                    D[i][j] = t2
                    C[i][j] = 2
                elif t3 <= t1 and t3 <= t2:        #增加 B[j]
                    D[i][j] = t3
                    C[i][j] = 3

if __name__ == '__main__':
    A = list(input("输入数组 A: "))
    B = list(input("输入数组 B: "))
    m = len(A)
    n = len(B)
    A.insert(0, A[0])
    B.insert(0, B[0])

    D = [[0 for i in range(n + 1)] for j in range(m + 1)]  #记录 A[1,i]到 B[1,j]的编辑距离
    C = [[0 for i in range(n + 1)] for j in range(m + 1)]   #记录 A[1,i]到 B[1,j]所进行的操作

    editDistance(A, B, m, n)

    print("D:")
    for i in range(0, m + 1):
        for j in range(0, n + 1):
            print("{:<4}".format(D[i][j]), end = '')
```

```
        print()
    print(" ====================== ")
    print("C:")
    for i in range(0, m + 1):
        for j in range(0, n + 1):
            print("{:<4}".format(C[i][j]), end = '')
        print()
```

算法复杂度分析　算法的时间复杂度为 $T(n)=O(mn)$，空间复杂度为 $O(mn)$。

应用场景　两个字符串的编辑距离反映了它们之间的相似程度，编辑距离越短，说明相似程度越高。编辑距离问题通常用于需要对字符串进行匹配的场景，如 DNA 分析、拼写检查、语音识别等。例如，在 DNA 分析中，由于 DNA 序列是由 A、G、C、T 组成的序列，可以类比为字符串，通过编辑距离衡量两个 DNA 序列的相似度，编辑距离越小，说明这两个 DNA 序列越相似。

本节讨论的编辑距离问题是莱文斯坦距离，属于编辑距离的一种。该算法是由弗拉基米尔·莱文斯坦（Levenstein Vladimir I）于 1965 年提出的，有兴趣的读者可以查阅更多的编辑距离问题。

扫一扫

视频讲解

5.9　动态规划应用：最优二叉搜索树

二叉搜索树是在元素发生动态改变的序列中，借鉴二分查找的思想，为了方便对元素进行高效查找而提出的一种二叉树结构，定义如下。

（1）若它的左子树不为空，则左子树上所有节点的值均小于它的根节点的值。

（2）若它的右子树不为空，则右子树上所有节点的值均大于它的根节点的值。

（3）它的左、右子树也分别为二叉搜索树。

图 5-26 所示就是一棵二叉搜索树，其中实线节点表示序列中的元素 a_i，虚线节点 b_i 是为了方便描述搜索过程加上的虚拟叶子节点。

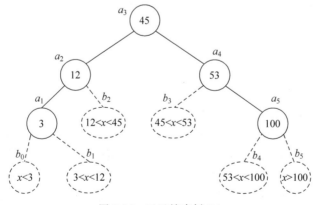

图 5-26　二叉搜索树(1)

在该二叉搜索树上搜索节点 100 的过程是：首先与根节点 45 比较，100>45，所以在右子树继续查找；与节点 53 比较，100>53，继续在右子树查找；与节点 100 比较，100＝100，查找成功，结束。

可见，在二叉搜索树上查找成功所需要的比较次数是从根节点到该节点路径上经过的节点数目,也等于该路径上边的数目加1。

类似地,在该二叉搜索树上搜索节点40的过程是:首先与根节点45比较,40<45,所以在左子树继续查找;与节点12比较,40>12,继续在右子树查找;右子树是一个虚拟叶子节点,表示查找不成功,结束。

可知,在二叉搜索树上查找不成功所需要的比较次数是从根节点到虚拟叶子节点路径上经过的实线节点数目,也等于该路径上边的数目。

由以上搜索过程可知,在二叉搜索树上查找某个节点,如果遇到实线节点终止,表示搜索成功;如果遇到虚拟叶子节点终止,表示搜索失败。根据二叉树的基本性质,$n_0=n_2+1$(n_0 表示度为0的节点总数,n_2 表示度为2的节点总数),对于由 n 个元素构成的二叉搜索树,可知有 n 个实线节点和 $n+1$ 个虚拟叶子节点,分别对应查找成功的 n 种情况和查找不成功的 $n+1$ 种情况。

问题描述 给定若干元素构成的序列 $S=<a_1,a_2,\cdots,a_n>$,该序列中搜索成功和不成功的概率定义为 $P=<q_0,p_1,q_1,p_2,q_2,\cdots,p_n,q_n>$,$p_i$ 表示搜索 a_i 成功的概率,q_i 表示待搜索元素位于区间 (a_i,a_{i+1}) 且搜索失败的概率。其中,q_0 表示待搜索元素小于 a_1 时的搜索概率,q_n 表示待搜索元素大于 a_n 时的搜索概率。所有 p_i 和 q_i 满足 $\sum_{i=1}^{n}p_i+\sum_{i=0}^{n}q_i=1$。

由序列 S 构成的二叉搜索树中,$d(a_i)$ 表示根节点到节点 a_i 的路径上边的数目,$d(b_i)$ 表示根节点到虚拟叶子节点 b_i 的路径上边的数目,在该二叉搜索树上,查找操作对应的平均比较次数为 $t=\sum_{i=1}^{n}p_i(1+d(a_i))+\sum_{i=0}^{n}q_id(b_i)$。

在 S 和 P 给定的情况下,可以构建多种不同的二叉搜索树,平均比较次数也不尽相同。假定 $S=<3,12,45,53,100>$,$P=<0.05,0.10,0.15,0.10,0.05,0.15,0.04,0.12,0.08,0.07,0.09>$,如果构建的二叉搜索树如图5-26所示,搜索 $a_i(i=1,2,\cdots,5)$ 成功时对应的比较次数分别为3、2、1、2、3;搜索 $b_i(i=0,2,\cdots,5)$ 不成功时对应的比较次数分别为3、3、2、2、3、3,则平均比较次数 $t=(0.1\times3+0.1\times2+0.15\times1+0.12\times2+0.07\times3)+(0.05\times3+0.15\times3+0.05\times2+0.04\times2+0.08\times3+0.09\times3)=1.1+1.29=2.39$。

保持 S 和 P 不变,还可以构造如图5-27所示的二叉搜索树,其平均比较次数 $t=(0.1\times2+0.1\times1+0.15\times3+0.12\times2+0.07\times3)+(0.05\times2+0.15\times2+0.05\times3+0.04\times3+0.08\times3+0.09\times3)=1.2+1.18=2.38$。

因此,给定序列 S 和查找概率 P,可以构造不同的二叉搜索树,其中,平均比较次数最少的就是最优二叉搜索树。那么,如何找到最优二叉搜索树呢?

问题分析 首先考虑最优二叉搜索树是否满足最优子结构性质。如图5-28所示,假定以 a_k 为根节点的二叉搜索树是给定 S 和 P 对应的最优二叉搜索树 T,那么其左子树一定是由序列 $S_L=<a_1,a_2,\cdots,a_{k-1}>$ 以及对应查找概率 $P_L=<q_0,p_1,q_1,p_2,q_2,\cdots,p_{k-1},q_{k-1}>$ 构成的最优二叉搜索树;同理,其右子树一定是由序列 $S_R=<a_{k+1},a_{k+2},\cdots,a_n>$ 以及对应查找概率 $P_R=<q_k,p_{k+1},q_{k+1},\cdots,p_n,q_n>$ 构成的最优二叉搜索树。可以用反证法证明。

假设其左子树 L 不是 S_L 和 P_L 对应的最优二叉搜索树,一定存在一棵最优二叉搜索

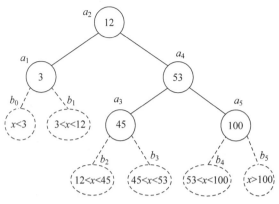

图 5-27 二叉搜索树(2)

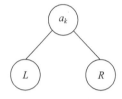

图 5-28 最优二叉搜索树

树 L'，使 L' 的平均比较次数小于 L 的平均比较次数。用 L' 替换 L，得到对应 S 和 P 的二叉搜索树 T'，由于 T' 与 T 的区别只是其左子树不同，而根节点和右子树保持不变，可知，T' 的平均比较次数小于 T 的平均比较次数，这与 T 是最优二叉搜索树矛盾，因此假设不成立，说明最优二叉搜索树 T 的左子树也是一棵最优二叉搜索树。同理，可证明 T 的右子树也是也是一棵最优二叉搜索树。因此，最优二叉搜索树满足最优子结构性质。

利用动态规划算法，考虑以每个节点作为根节点，从中选择最优二叉搜索树。

算法设计 根节点 $a_k(k=1,2,\cdots,n)$ 把序列和概率分布分为两个连续的部分，已知 $S(i,j)=<a_i,a_{i+1},\cdots,a_j>$，概率分布 $P(i,j)=<q_{i-1},p_i,q_i,\cdots,p_j,q_j>$，$w(i,j)=q_{i-1}+p_i+q_i+\cdots+p_j+q_j$。定义 $m(i,j)$ 是对于输入 $S(i,j)$ 和 $P(i,j)$ 的最优二叉搜索树的平均比较次数，那么 $m(1,n)$ 就是问题所求的最优值。计算 $m(i,j)$ 的递归式为

$$\begin{cases} m(i,j)=w(i,j)+\min_{i\leqslant k\leqslant j}\{m(i,k-1)+m(k+1,j)\}, & i\leqslant j \\ m(i,i-1)=0, & 1\leqslant i\leqslant n \end{cases}$$

为了得到最优解，记录 $q(i,j)=k$，存储使 $m(i,j)$ 获得最小值时对应的根节点 k。

可以看出，最优二叉搜索树的动态规划求解方法与矩阵连乘问题求解方法类似。采用自底向上的方式，依次计算 $1,2,\cdots,n$ 个节点对应的最优二叉搜索树。下面通过实例给出具体的计算过程。

实例分析 已知 $S=<3,12,45,53,100>$，$P=<q_0,p_1,q_1,p_2,q_2,p_3,q_3,p_4,q_4,p_5,q_5>=<0.05,0.10,0.15,0.10,0.05,0.15,0.04,0.12,0.08,0.07,0.09>$，求对应的最优二叉搜索树。

(1) 首先计算只有一个节点的二叉搜索树的平均比较次数 $m(1,1)$、$m(2,2)$、$m(3,3)$、$m(4,4)$、$m(5,5)$，如图 5-29 所示。

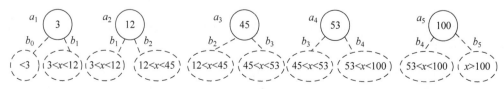

图 5-29 最优二叉搜索树(节点数=1)

$m(1,1)=q_0+p_1+q_1=0.3, m(2,2)=q_1+p_2+q_2=0.3, m(3,3)=q_2+p_3+q_3=0.24, m(4,4)=q_3+p_4+q_4=0.24, m(5,5)=q_4+p_5+q_5=0.24$。

(2) 计算有两个节点的二叉搜索树的最少平均比较次数 $m(1,2)$、$m(2,3)$、$m(3,4)$、$m(4,5)$。以 $m(2,3)$ 的计算为例，如图 5-30 所示。

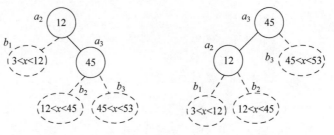

图 5-30　12 和 45 构成的两种形态的二叉搜索树

以 a_2 为根节点时，$m(2,3)=m(3,3)+w(2,3)=0.24+q_1+p_2+q_2+p_3+q_3=0.24+0.49=0.73$。

以 a_3 为根节点时，$m(2,3)=m(2,2)+w(2,3)=0.30+q_1+p_2+q_2+p_3+q_3=0.30+0.49=0.79$。

所以，$m(2,3)=0.73$，即图 5-30 左侧是 $<a_2,a_3>$ 对应的最优二叉搜索树。

(3) 计算有 3 个节点的二叉搜索树的最少平均比较次数 $m(1,3)$、$m(2,4)$、$m(3,5)$。以 $m(2,4)$ 的计算为例，如图 5-31 所示。

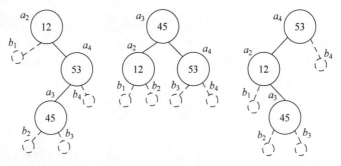

图 5-31　12、45 和 53 构成的 3 种形态的二叉搜索树

以 a_2 为根节点时，$m(2,4)=m(3,4)+w(2,4)=0.68+q_1+p_2+q_2+p_3+q_3+p_4+q_4=0.68+0.69=1.37$。

以 a_3 为根节点时，$m(2,4)=m(2,2)+m(3,3)+w(2,4)=0.30+0.24+q_1+p_2+q_2+p_3+q_3+p_4+q_4=0.54+0.69=1.23$。

以 a_4 为根节点时，$m(2,4)=m(2,3)+w(2,4)=0.73+q_1+p_2+q_2+p_3+q_3+p_4+q_4=0.73+0.69=1.42$。

所以，$m(2,4)=1.23$，即图 5-31 中间的是 $<a_2,a_3,a_4>$ 对应的最优二叉搜索树。

(4) 计算有 4 个节点的二叉搜索树的最少平均比较次数 $m(1,4)$、$m(2,5)$。以 $m(2,5)$ 的计算为例，共有 4 种形态的二叉搜索树，如图 5-32 所示，其中以 a_3 为根节点的对应最优二叉搜索树，最优值的计算这里不再详述。

(5) 计算有 5 个节点的二叉搜索树的最少平均比较次数 $m(1,5)$。最终的数组 m 如表 5-11 所示，数组 q 如表 5-12 所示。

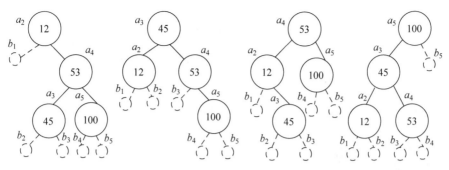

图 5-32 12、45、53 和 100 构成的 4 种形态的二叉搜索树

表 5-11 动态规划求解最优二叉搜索树：最优值（数组 m）

i	$m[i][j]$					
	$j=0$	$j=1$	$j=2$	$j=3$	$j=4$	$j=5$
$i=1$	0	0.30	0.75	1.18	1.82	2.38
$i=2$		0	0.30	0.73	1.23	1.79
$i=3$			0	0.24	0.68	1.08
$i=4$				0	0.24	0.64
$i=5$					0	0.24

表 5-12 动态规划求解最优二叉搜索树：最优解（数组 q）

i	$q[i][j]$					
	$j=0$	$j=1$	$j=2$	$j=3$	$j=4$	$j=5$
$i=1$	0	1	1	2	2	2
$i=2$			2	2	3	3
$i=3$				3	4	4
$i=4$					4	4
$i=5$						5

得到最优值为 2.38，最优解为以 $s[2]$ 为根节点（$q[1][5]=2$），其左子树为 $s[1]$（$q[1][1]=1$），其右子树根节点为 $s[4]$（$q[3][5]=4$），$s[4]$ 的左子树为 $s[3]$（$q[3][3]=3$），$s[4]$ 的右子树为 $s[5]$（$q[5][5]=5$），即最优二叉搜索树如图 5-27 所示。

算法实现 具体实现如代码 5-22 所示。

代码 5-22：动态规划求解最优二叉搜索树

```
#计算最优值并记录断开位置
def optimalBT(p, w, n, m, q):
    #计算w[i]
    for i in range(1, n + 1):
        w[i] = w[i - 1] + p[2 * i - 2] + p[2 * i - 1]

    #初始化节点数目为0和1的二叉搜索树
    for i in range(1, n + 1):
        m[i][i] = w[i] - w[i - 1] + p[2 * i]
        q[i][i] = i
        m[i][i - 1] = 0

    for r in range(2, n + 1):              #r表示二叉搜索树节点数目,树中节点数目从2到n
```

```python
            for i in range(1, n - r + 2):        #i表示节点的起始编号
                j = i + r - 1                    #j表示节点的终止编号
                w_i_j = w[j] - w[i - 1] + p[2 * j]   #w_i_j表示w(i,j)=w[j]-w[i-1]+p[2*j]
                m[i][j] = m[i + 1][j] + w_i_j    #s[i]作为根节点时的平均比较次数
                q[i][j] = i

                for k in range(i + 1, j + 1):    #k表示根节点的编号
                    t = m[i][k - 1] + m[k + 1][j] + w_i_j

                    #找到较小比较次数,更新最优值和根节点
                    if t < m[i][j]:
                        m[i][j] = t
                        q[i][j] = k

    print(m[1][n])

def traceback(s, q, i, j):
    if i == j:
        print(s[i], end = '')
        return

    if i > q[i][j] - 1:
        return

    print("(", end = '')
    traceback(s, q, i, q[i][j] - 1)
    print(")", end = '')

    print(s[q[i][j]], end = '')

    if q[i][j] + 1 > j:
        return

    print("(", end = '')
    traceback(s, q, q[i][j] + 1, j)
    print(")", end = '')

if __name__ == '__main__':
    n = int(input("输入n: "))                          #n表示序列中元素的个数
    s = list(map(eval, input("输入数组s: ").split()))   #s[i]存储序列的第i个元素
                                                      #i从1开始
    s.insert(0, 0)
    p = list(map(eval, input("输入数组p: ").split()))   #p[i]存储搜索成功和不成功概率
    w = [0 for i in range(n + 1)]                     #w[i]存储p[0]+p[1]+...+p[2*i-1]
    m = [[0 for i in range(n + 2)] for j in range(n + 2)]   #m[i][j]存储最优值
    q = [[0 for i in range(n + 1)] for j in range(n + 1)]   #q[i][j]存储m[i][j]根节点序号

    optimalBT(p, w, n, m, q)
    traceback(s, q, 1, n)
    print()

    print("最优值矩阵: ")
    for i in range(1, n + 1):
        for j in range(0, n + 1):
            print("{:.2f} ".format(m[i][j]), end = '')
        print()
```

```
        print(" ============= ")
        print("最优解矩阵:")
        for i in range(1, n + 1):
            for j in range(0, n + 1):
                print("{:<4}".format(q[i][j]), end = '')
            print()
```

以上述示例为例,输出最优解为 (3)12((45)53(100)),表示 12 为根节点,其右子树的根节点为 53。

算法复杂度分析　由于算法的主要计算量在三重循环上,因此算法的时间复杂度为 $T(n)=O(n^3)$,空间复杂度为 $O(n^2)$。

5.10　小结

动态规划是一种用途很广的问题求解方法,它本身并不是一个特定的算法,不像搜索或数值计算那样,具有一个标准的数学表达式和明确清晰的解题方法,而是一种思想,一种手段。

动态规划的实质是分治思想和解决冗余。动态规划是一种将问题分解为更小、相似的子问题,并存储子问题的解而避免计算重复,解决最优化问题的算法策略。

学习动态规划最重要的是学习"一种思想方法和解题过程"。由于问题性质不同,确定最优解的条件也互不相同,因而不存在一种万能的动态规划算法可以解决各类最优化问题。在使用时,除了要对基本概念和方法正确理解外,必须具体问题具体分析,以丰富的想象力建立模型,用创造性的技巧去求解。

学习中,可以透过典型应用的动态规划求解算法,分析典型应用的特征和本质,逐渐学会并掌握这一设计方法。本章的典型应用包括数字三角形、0-1 背包、矩阵连乘、最长公共子序列、最长不上升子序列、编辑距离和最优二叉搜索树。

扩展阅读

动态规划[①]

动态规划最初是运筹学的一个分支,是求解决策过程最优化的过程。20 世纪 50 年代初,美国数学家贝尔曼(R. Bellman)(也是最短路径问题中 Bellman-Ford 算法的发明者之一)等在研究多阶段决策过程的优化问题时,提出了著名的最优化原理,从而创立了动态规划。动态规划的应用极其广泛,包括工程技术、经济、工业生产、军事以及自动化控制等领域,并在背包问题、生产经营问题、资金管理问题、资源分配问题、最短路径问题和复杂系统可靠性问题等很多问题中取得了显著的效果。

贝尔曼对动态规划做出了巨大贡献,而他的成功之路却很艰辛和不易。

贝尔曼是家里唯一的儿子,但他和家人的生活并不那么容易,他反复强调"我们不应该是穷人"。他的父亲把大萧条的影响看得很严重,因此与很多很好的工作失之交臂,每次当他父亲准备好投入一份工作时,都为时已晚。贝尔曼还坦白了他在童年时期不得不面对的两个诅咒:尿床以及对黑暗的恐惧,这与很多孩童都相似。贝尔曼虽然很成功,但是他在中

---

① 参考来源:Bellman R. Eye of the Hurricane:An Autobiography[M]. WSPC,1984.

学时对课堂演讲存在深深的恐惧感，每学期的课堂汇报他都要拖到最后一个上台。当他上大学时，这种恐惧仍然存在，但是他强迫自己尽可能多地进行演讲，以克服他的演讲恐惧症。这很符合贝尔曼的处事原则——"一旦我开始了，就会做得很好"。

少年的贝尔曼对心理学很感兴趣，他认为这帮助他处理了青春期的一些问题。此外，他还狂热于科幻小说和文学作品，其中他最喜欢的是马克·吐温和莎士比亚。马克·吐温对贝尔曼的影响最大，马克·吐温的书籍帮助他拓宽了想象力，并培养了他极强的幽默感。也是在这个时候，他开始意识到他已经读够了小说，决定探索一些真实的东西。在他人生的这一时刻，他第一次接触到古生物学、考古学、哲学、历史、传记等学科。

贝尔曼在大学时是数学俱乐部的成员，在那里他偶尔会听到关于数学的讲座。他记得最清楚的是库兰特关于在一个给定的三角形中刻上一个周长最小的三角形问题的讲座。他在大学里待了4年半，从布鲁克林学院毕业时，他没有得到任何奖章。但是比起奖章来说，他更喜欢一些书，这就是他开始收集好书的原因。他买的第一本书是《函数论》，然后是《傅里叶积分》。这些书让他对数学有了很好的了解，他甚至在这个时候开始写他的第一篇论文。

1973年，贝尔曼被诊断患有脑瘤。切除肿瘤的手术是成功的，但由于手术后的并发症，他几乎瘫痪了。尽管他的身体出现了严重的问题，他仍然非常积极地进行数学研究，在他生命的剩余10年里，他写了大约100篇论文，1984年去世后，他的书籍还在继续出版。

贝尔曼一生中获奖无数、荣誉无数，但最重要的是，除了贝尔曼传奇的名声之外，他所表现出的勇气和伟大也让他获得了所有他认识的以及认识他的人的钦佩和喜爱。

读到这里，相信大家脑海中动态规划之父贝尔曼的形象将更加鲜活。

从算法思想到立德树人

　　动态规划与分治的区别在于，当子问题需要多次使用时，通过一种朴素、直观的解决方法——保存子问题的结果来避免重复计算，以空间换时间，提升算法效率。

　　大道至简。有时，朴素、直观的想法也是求解问题的一把利剑。联想到我们的学习、生活、工作以及与人相处等方面，简单一些，很多问题可能会大而化小，甚至可能不是问题了！

习题 5

扫一扫

习题

第6章 贪心法

扫一扫
视频讲解

扫一扫
思政教学案例

本章学习要点

- 贪心法的基本思想
- 适合用贪心法求解的问题具有的两个重要性质
  - 最优子结构性质
  - 贪心选择性质
- 贪心法与动态规划的差异
- 贪心法的正确性证明方法
- 通过典型应用学习贪心法算法设计策略
  - 找零钱问题
  - 活动安排问题
  - 部分背包问题
  - 过河问题
  - 哈夫曼编码
  - 最小生成树
  - 多机调度问题

在求解最优化问题中,动态规划利用问题的最优子结构性质,确定问题最优解和子问题最优解之间的关系,以自底向上的方式通过子问题的最优解逐步得到问题的最优解;结合重叠子问题性质,通过把问题结果保存起来避免重复计算,提高算法效率,降低了问题求解的计算复杂度。但动态规划并不是一种最高明的算法设计策略。

扫一扫
视频讲解

本章的贪心法(Greedy Algorithm)就是一种求解最优化问题的更高效的算法设计策略。首先通过一个引例介绍贪心法的求解过程,接着阐述贪心法的基本思想和重要性质,最后介绍若干典型应用,借助典型应用的问题分析和求解过程进一步加强对贪心法的理解和运用。

6.1 引例:找零钱问题

问题描述 假设要找给某顾客6.3元钱,现在手头有面值为2.5元、1元、5角和1角的硬币若干,试问如何找钱才能使找出来的硬币总数最少?

问题求解 由于问题目标是所用硬币总数最少,因此在总金额一定的情况下,优先考虑使用面值大的硬币。按这种思路,求解过程如下。

先选出一个面值不超过6.3元的最大面值的硬币,即2.5元;

然后用6.3－2.5＝3.8元,再找出面值不超过3.8元的最大面值的硬币,即又一个2.5元;

……

如此一直做下去。

最后得到:使用两个2.5元的硬币、两个1元的硬币和3个1角的硬币,这种找法与其他找法相比,需要的硬币个数最少。

这种求解方法就是贪心法,以获得局部最优为出发点,按照某种贪心选择策略(本例中是优先使用面值大的硬币),通过一系列局部最优得到问题的整体最优解。从以上引例可以看出,运用贪心法求解简单高效,容易理解,但贪心法不一定总能得到问题的最优解。例如,如果总找钱数为1.5元,有面值为1.1元、5角和1角的硬币若干,按照优先使用面值大的贪心策略,会得到一个1.1元的硬币和4个1角的硬币,一共有5枚硬币,而实际上只需要3个5角的硬币即可。

从找零钱问题中可以看出:

(1)贪心策略不是从问题整体考虑,只是从局部最优出发(局部最优是指从当前看来最好的选择),每次做一个选择,问题规模就减小一些,重复该过程,直到问题完全解决;

(2)贪心策略不一定总是能够得到最优解。

下面具体介绍贪心法的基本思想和适合使用贪心法求解的问题所具备的两个重要性质。

扫一扫

视频讲解

6.2 贪心法的基本思想

现实世界中有一类问题,它有 n 个输入,而它的解由这 n 个输入的某个子集组成,只是这个子集必须满足某些事先给定的条件(称为约束条件)。满足约束条件的子集称为可行解,对某个具体问题来说,可行解可能不止一个,为了衡量可行解的优劣,事先也给了一定的标准,这些标准往往可以以函数形式给出,称为目标函数。使目标函数取极值(极大或极小)的可行解称为最优解。

贪心法可以求解最优化问题。结合6.1节的找零钱问题不难看出,贪心法的求解思路是:首先根据题意选取一种度量标准(优先使用面值大的硬币),然后将相关输入数据排成这种度量标准所要求的顺序(对硬币按照面值从大到小排序),按这种度量标准每次选择一个输入,如果这个输入和当前已构成这种度量标准意义下的部分最优解加在一起不能产生一个可行解,则不把这个输入加到部分解中,直到把所有输入枚举完或不能再添加为止。这种能够得到某种意义下的最优解的分级处理方法称作贪心法。

贪心法总是作出在当前看来最好的选择,但贪心法并不从整体上考虑问题的最优性,它所作出的选择只是在某种意义上的局部最优选择。所以,有时贪心法的解不一定是整体最优的,如找零钱问题。

对于一个给定的问题,往往可能有好几种度量标准(也称为贪心选择策略)。这些标准初看起来似乎都是可取的,但实际上在使用贪心法解决问题时,往往不能得到最优解,只能得到次优解。因此,选择能产生问题最优解的最优度量标准是使用贪心法的核心问题。一般情况下,选出最优度量标准并不是一件容易的事,不过,对某个问题一旦能选出最优度量标准,则用贪心法求解特别有效。

1. 适合用贪心法求解的问题具备的两个重要性质

对于一个具体的问题,是否可用贪心法得到该问题的最优解,这个问题很难给予确定的回答。但是,从许多可以用贪心法求解的问题中发现,这类问题一般具有两个重要性质:最优子结构性质和贪心选择性质,也称为贪心法的两个基本要素。

1) 最优子结构性质(Optimal Substructure)

当一个问题的最优解包含其子问题的最优解时,称此问题具有最优子结构性质。问题的最优子结构性质是该问题可用动态规划或贪心法求解的关键特征。

2) 贪心选择性质(Greedy-Choice-Property)

贪心选择性质指问题的最优解可通过一系列局部最优的选择,即贪心选择达到。这是贪心法可行的基本要素,也是贪心法与动态规划的主要区别。要确定问题是否具有贪心选择性质,必须证明每步所做的贪心选择最终可求得问题的最优解。

证明贪心法能够得到问题的最优解,需要证明以下两方面。

(1) 证明贪心法所求解的问题具有最优子结构性质。

(2) 证明贪心法所求解的问题具有贪心选择性质(证明每步所作的贪心选择最终可形成问题的整体最优解)。

贪心法的正确性证明是贪心法学习内容的难点,后面会结合实例介绍。

2. 贪心法与动态规划的联系与区别

贪心法和动态规划都要求问题具有最优子结构性质,这是两类算法的一个共同点。

贪心法通常以自顶向下的方式求解,以迭代方式作出多次贪心选择,每作一次贪心选择就将所求问题简化为规模更小的子问题,直至问题求解结束;动态规划通常以自底向上的方式求解,先求解小规模问题,再求解大规模问题,最后得到整个问题的最优解。

下面通过两个经典的组合优化问题——0-1背包问题和部分背包问题,说明贪心算法与动态规划算法的主要差别。

前面学习了0-1背包问题:在背包容量限制下,已知n个物品,应该选择哪些物品装入背包,使其重量之和不超过背包容量且价值最大,这里的物品要么装,要么不装,因此称为0-1背包问题。如果物品可以分割,即可以选择其部分装入背包,得到部分背包问题。

部分背包问题描述　假定有$n(1 \leqslant n \leqslant 100)$个物品和一个背包,物品$i$的重量为$w_i$,价值为$v_i$,背包容量为$C$。若将物体$i$的一部分$x_i(1 \leqslant i \leqslant n, 0 \leqslant x_i \leqslant 1)$装入背包,则获得价值$v_i x_i$。问应如何选择装入背包的物品,使装入背包的物品的价值总和最大?给出产生的最大价值和物品装包方案。

问题分析　该问题实际上是在约束条件$\sum_{i=1}^{n} w_i x_i \leqslant C$下,使目标$\sum_{i=1}^{n} v_i x_i$取最大值,这里$0 \leqslant x_i \leqslant 1, 1 \leqslant i \leqslant n$。

因为每个物品有重量和价值两个属性,比较容易想到的有以下几种贪心选择策略。

(1) 贪心选择策略1:优先选择重量轻的物品放入背包。

策略1的出发点:重量越轻,可装入背包的物品数越多,从而可以获得更大的价值。但仔细思考一下,这种策略是不正确的,因为重量越轻的物品,其价值可能也很小。如$n=2$, $C=5$,两个物品重量分别为(2,5),价值分别为(2,10),策略1优先装入物品1,再装入物品2的一部分,得到价值总和为8,显然,把物品2全部装入背包得到价值10是最优解。

(2) 贪心选择策略 2：优先选择价值大的物品放入背包。

策略 2 的出发点：价值越大，可装入背包中的物品价值总和就越大。同样，这种策略也是不正确的，因为价值大的物品其重量可能也大。如 $n=2, C=5$，两个物品重量分别为 (2, 5)，价值分别为 (6, 10)，策略 2 优先装入物品 2，得到价值 10，显然，先全部装入物品 1 再装入物品 2 的一部分，得到价值 12 是最优解。

(3) 贪心选择策略 3：优先选择单位重量价值大的物品放入背包。

策略 3 的出发点：在背包容量一定的条件下，要想取得最大价值，优先考虑单位重量价值大的物品，该策略综合考虑物品重量和价值两个因素，可以得到部分背包问题的最优解。

贪心法求解部分背包问题　以单位重量价值大的物品优先装入背包作为贪心选择策略，贪心法求解部分背包问题的步骤如下。

(1) 计算每种物品单位重量的价值 v_i/w_i，从大到小排序。

(2) 根据贪心选择策略，将尽可能多的单位重量价值最高的物品装入背包。

(3) 若背包内的物品总重量未超过 C，则选择单位重量价值次高的物品并尽可能多地装入背包。

(4) 依此过程进行下去，直到背包装满为止。

算法实现　具体实现如代码 6-1 所示。

代码 6-1：贪心法求解部分背包问题

```
class MyObject:                              #用类表示物品
    def __init__(self, no, w, v):
        self.no = no                         #no 表示物品编号，从 1 开始
        self.w = w                           #w 表示物品的重量
        self.v = v                           #v 表示物品的价值
        self.x = 0.0                         #x 表示物品装入背包的比例

#函数功能：贪心法求解部分背包问题，返回得到的最大价值
#参数说明：n 表示物品总数，M 表示背包容量，a 存储物品信息
def greedySelect_Knapsack(n, M, a):
    retValue = 0.0
    c = M
    p = n + 1                                #记录位置

    #定义排序规则：按照物品单位重量价值从大到小，lambda 为虚拟函数
    a.sort(key = lambda x: x.v / x.w, reverse = True)
    a.insert(0, None)                        #舍弃第 0 个位置
    #依据贪心选择策略逐个装入物品
    for i in range(1, n + 1):
        if a[i].w > c:
            p = i
            break
        a[i].x = 1
        retValue += a[i].v
        c -= a[i].w

    if p <= n:                               #如果某物品不能全部装入，则将其部分装满背包
        a[p].x = c / a[p].w
        retValue += a[p].x * a[p].v
```

```
            return retValue

if __name__ == '__main__':
    n, C = list(map(int, input().split()))    ＃读入物品总数和背包容量
    a = []
    for i in range(1, n + 1):                 ＃读入物品的重量和价值
        t = list(map(int, input().split()))
        a.append(MyObject(i, t[0], t[1]))

    print(greedySelect_Knapsack(n, C, a))
    for i in range(1, n + 1):                 ＃输出最优解
        print("x[{}] = {}".format(a[i].no, a[i].x))
```

由于代码6-1的主要计算时间花费在n个物品单位重量价值的排序（sort()函数）上，排序的时间复杂度为$O(n\log n)$，后面的装入过程是一重循环，时间复杂度为$O(n)$，因此总的时间复杂度为$O(n\log n)$。

如果用此贪心选择策略求解0-1背包问题，如$n=3$，$C=7$，$(w_1,w_2,w_3)=(3,4,5)$，$(v_1,v_2,v_3)=(5,6,10)$。由于3号物品的单位重量价值最大，因此优先装入，背包剩余容量为2，不能再装入了，贪心法得到的最大价值为10，而该问题的最优解为装入前两个物品得到价值为11。

0-1背包问题使用贪心法不能得到最优解的原因是无法保证最终能将背包装满，部分闲置的背包空间使单位背包空间的价值降低。事实上，在考虑0-1背包问题时，应比较装入该物品和不装入该物品所导致的最终方案，然后再作出最好选择。由此就出现许多互相重叠的子问题，这是该问题可用动态规划算法求解的另一重要特征。因此，部分背包问题使用贪心法可以得到最优解，而0-1背包问题无法通过贪心法得到最优解。

本节介绍了贪心法的基本思想、两个重要性质以及贪心法的正确性证明方法，并通过部分背包问题和0-1背包问题分析了贪心法和动态规划的联系与区别。贪心法具有以下特点。

（1）算法简单。
（2）时间和空间复杂度低。
（3）贪心法不一定总产生最优解。
（4）选择正确的贪心选择策略是关键。
（5）贪心法是否产生最优解，需严格证明；反之，要证明某种贪心选择策略是错误的，只需要找出一个反例即可。

6.3 贪心法应用：活动安排问题

视频讲解

问题描述　设有n个活动构成的集合$S=\{1,2,\cdots,n\}$，其中每个活动都要求使用同一资源，如教室、演讲会场等，而在同一时间内只有一个活动能使用这一资源。s_i和f_i分别为活动i的开始和结束时间，且$s_i<f_i$。如果活动i与j满足$s_i\geqslant f_j$或$s_j\geqslant f_i$，则称活动i与活动j相容。求该资源可以容纳的最多活动个数，即最大的两两相容的活动集A。

问题分析　不难看出，该问题的解需要满足以下条件。
（1）它是n个活动的一个子集。

(2) 任何两个活动都是相容的。

(3) 满足以上两个条件,且活动个数最多。

贪心法求解活动安排问题 结合活动具有的属性:开始时间、结束时间以及持续时间(持续时间=结束时间-开始时间),考虑运用贪心法求解该问题。

(1) 贪心选择策略1:优先安排开始时间早的活动。

该策略的出发点是尽早使用资源,从而可以安排更多的活动。很容易举出一个反例,如图 6-1(a)所示,有 3 个活动,按照该策略,优先安排活动 1,但实际可以在同时间段内安排活动 2 和活动 3。因此,该策略无法得到最大的相容活动集。

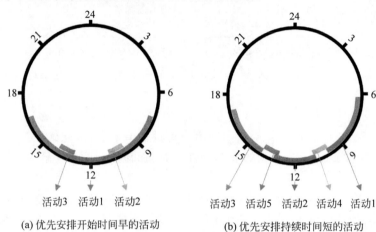

(a) 优先安排开始时间早的活动　　(b) 优先安排持续时间短的活动

图 6-1　活动安排示例

(2) 贪心选择策略2:优先安排持续时间短的活动。

这种策略的出发点是尽早安排占用时间短的活动,从而有更多的时间可以安排其他活动。找到反例也不难,如图 6-1(b)所示,由于活动 4 和活动 5 持续时间短,因此按此策略,会依次安排活动 4 和活动 5,由于它们与活动 1、2、3 不相容,因此最多安排两个活动,实际上可以安排活动 1、2、3 共 3 个活动,所以,该策略也无法得到正确解。

(3) 贪心选择策略3:优先安排结束时间早的活动。

该策略的出发点是优先安排结束时间早的活动,从而使剩余时间更多,可以安排更多的活动。按照该策略,首先将所有活动按照结束时间从小到大排序,然后依次取出活动,判断是否与前一个活动相容,如是,则活动数加 1,直至所有活动遍历结束。

实例分析　有 10 个活动,每个活动的开始和结束时间如表 6-1 和图 6-2 所示。

表 6-1　活动安排问题示例

变量	取值									
i	1	2	3	4	5	6	7	8	9	10
s_i	12	2	6	1	8	3	8	3	0	5
f_i	14	4	10	4	12	5	11	8	6	7

计算过程:按照结束时间 f_i 从小到大排序,对应的活动编号是 (4,2,6,9,10,8,3,7,5,1),遍历每个活动,会依次把活动 (4,10,7,1) 加入最大相容活动集中,得到最大相容活动数为 4。活动安排问题的最优解不唯一,如本例中,(2,10,7,1) 也是一个最优解。

算法设计　贪心法求解活动安排问题的伪代码如下。

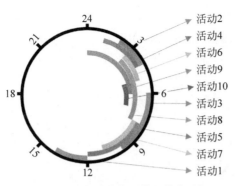

图 6-2　10 个活动的开始和结束时间

GreedySelect 算法：贪心法求解活动安排问题

输入：活动集 $S, s_i, f_i, i=1,2,\cdots,n$，且 $f_1 \leqslant f_2 \leqslant \cdots \leqslant f_n$
输出：$A \subseteq S$，选中的活动子集
1　　$n \leftarrow \text{length}[S]$;　　　　　　　　　//活动个数
2　　$A = \{1\}$;
3　　$j = 1$;　　　　　　　　　　　　　　//已选入的最后一个活动的标号
4　　for $i = 2$ to n {
5　　　　if $(s_i \geqslant f_j)$ {　　　　　　　　//判断相容性
6　　　　　　$A = A \cup \{i\}$;
7　　　　　　$j = i$;
8　　　　}
9　　}
10　return A;

下面对 GreedySelect 算法的正确性进行证明。

定理　已知 $S=\{1,2,\cdots,n\}$ 是活动集，且 $f_1 \leqslant f_2 \leqslant \cdots \leqslant f_n$。GreedySelect 算法执行到第 k 步，选择 k 项活动 $i_1=1, i_2, \cdots, i_k$，那么存在最优解 A 包含 $i_1=1, i_2, \cdots, i_k$。

证明　采用数学归纳法证明。

(1) 归纳基础，证明 $k=1$，存在最优解包含活动 1。任取最优解 A，A 中的活动按结束时间递增排列。如图 6-3 所示，如果 A 的第 1 个活动为 j，且 $j \neq 1$，由于 $f_1 \leqslant f_j$，则有 $A' = (A-\{j\}) \cup \{1\}$，且 A' 也是最优解，并含有 1。因此，$k=1$ 时定理成立。

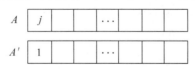

图 6-3　活动安排问题的正确性证明：归纳基础

(2) 归纳步骤，假设命题对 k 为真，证明对 $k+1$ 也为真。算法执行到第 k 步，选择活动 $i_1=1, i_2, \cdots, i_k$，根据归纳假设存在最优解 A 包含 $i_1=1, i_2, \cdots, i_k$，如图 6-4 所示，最优解 A 中剩下的活动子集 B 来自集合 $S'=\{i \mid i \in S, s_i \geqslant f_k\}$（$S'$ 中的活动须与活动 i_k 相容，才能成为最优解的一部分），且 $A=\{i_1, i_2, \cdots, i_k\} \cup B$，其中 B 是 S' 的最优解。

图 6-4　活动安排问题的正确性证明：归纳步骤(1)

若不然，设 S' 的最优解为 B^*，B^* 的活动比 B 多，那么 $B^* \cup \{1, i_1, i_2, \cdots, i_k\}$ 是 S 的最优解，且比 A 的活动多，与 A 的最优性矛盾。

下面证明 B 中的第 1 个活动是 i_{k+1}。如图 6-5 所示，将 S' 看作一个子问题，根据归纳基础，存在 S' 的最优解 B' 含有 S' 中的第 1 个活动，即 i_{k+1}，且 $|B'|=|B|$，于是用 B' 替换 B，则可得到包括 i_{k+1} 活动的最优解，定理证明完毕。

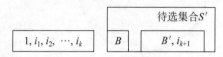

图 6-5 活动安排问题的正确性证明：归纳步骤(2)

GreedySelect 算法以优先选择结束时间早的活动为贪心选择策略，可以得到活动安排问题的最优解，算法的主要时间花费在排序（$O(n\log n)$）和活动的一轮遍历过程（$O(n)$）。因此，总的时间复杂度是 $O(n\log n)+O(n)=O(n\log n)$。相比于穷举法，贪心法求解效率更高。该算法的具体代码实现留作习题完成。

活动安排问题的特征是：多个活动使用一个共享资源时，如何可以让该资源提供给更多的活动使用，符合该特征的相关问题都可以归为活动安排问题，如在一个教室安排更多的课程、在一个培训场地安排更多的会议等。这类问题以优先选择结束时间早的活动为贪心选择策略，运用贪心法，可以高效地得到最优解。从活动安排问题也可以看出，正确的贪心选择策略是贪心法得到正确解的关键。

6.4 贪心法应用：过河问题

问题描述 在一个漆黑的夜晚，有一群人在河的右岸，想通过唯一的一座独木桥到达河的左岸。过桥时必须借助灯光照明，不幸的是，他们只有一盏灯。独木桥最多能承受两个人，否则将会坍塌。每个人单独过独木桥都需要一定的时间，不同的人需要的时间可能不同。两个人一起过独木桥时，由于只有一盏灯，所以需要的时间是较慢的那个人单独过桥所花费的时间。给定总人数 n 以及每个人单独过桥需要的时间，问最少需要多少时间，他们才能全部到达河左岸？

问题分析 按照问题规模从小到大进行分析。当 $n=1,2,3$ 时，过桥所需要的最少时间很容易求出。当 $n=4$ 时，按照从小到大的顺序对每个人单独过河所需要的时间进行排序，存储在数组 t 中（$i=0,1,\cdots,n-1$）。把单独过河所需要时间最多的两个人（过河所需时间分别为 $t[n-1]$ 和 $t[n-2]$）送到对岸去，有两种方式。

方式一：每次用最快的人带着其他人过河。最快的和最慢的过河，最快的将灯带回来，然后最快的和次慢的过河，最快的将灯带回来，如图 6-6 所示。

方式一中，把过河时间最长的两个人带到河对岸，所需要的总时间 $=2t[0]+t[n-2]+t[n-1]$。

方式二：最快的和次快的过河，最快的将灯带回来，然后最慢的和次慢的过河，次快的将灯带回来，如图 6-7 所示。

方式二中，把过河时间最长的两个人带到河对岸，所需要的总时间 $=t[0]+2t[1]+t[n-1]$。

根据方式一和方式二所需时间的大小，选择用时较少的方式过河。

把过河时间最长的两个人送到对岸后，剩下的问题就是 $n-2$ 个人的过河问题，因此，

n 个人的过河问题可以转换为多次把过河所需时间最长的两个人送到河对岸（每次减少两个人），根据最快和次快（两者不变）以及最慢和次慢（两者不断改变）的具体时间，比较方式一和方式二，选择用时最少的方式作为贪心策略。

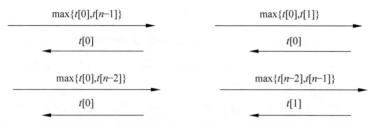

图 6-6　过河问题的第 1 种过河方式　　图 6-7　过河问题的第 2 种过河方式

算法设计　过河问题的算法步骤如下。

（1）按从小到大的顺序对过河时间排序，存储到数组 t 中。

（2）当人数大于或等于 4 时，比较方式一和方式二的时间，选择最小的作为过河方法，同时总人数减 2。

（3）重复步骤（2），直到人数不足 4 时，根据具体人数做不同处理。

算法实现　具体见代码 6-2。

代码 6-2：过河问题

```python
def work(n):
    global ans
    #边界条件
    if n == 1:
        ans += t[0]
        return
    if n == 2:
        ans += t[1]
        return
    if n == 3:
        ans += t[0] + t[1] + t[2]
        return
    if n >= 4:
        #第1种情况,最快和最慢的先过河,最快的返回,最快和次慢的过河,最快的返回
        if (t[1] * 2) >= (t[0] + t[n-2]):
            ans += t[0]*2 + t[n-2] + t[n-1]
        #第2种情况,最快和次快的先过河,最快的返回,最慢的和次慢的过河,次快的返回
        else:
            ans += t[1] + t[0] + t[n-1] + t[1]
            
        work(n-2)
        return

if __name__ == '__main__':
    num = int(input())
    ans = 0
    t = list(map(eval, input().split()))
    t.sort()
    work(num)
    print(ans)
```

时间复杂度分析　代码 6-2 的主要时间花费在排序上，每比较一次，总人数规模减小 2，共比较 $O(n)$ 次，因此代码 6-2 的时间复杂度为 $O(n\log n)$。

6.5　贪心法应用：哈夫曼编码

问题描述　有一篇原文(也称为明文)，文中出现的字符集为 $\{d_1,d_2,\cdots,d_n\}$，字符出现的频率为 $\{w_1,w_2,\cdots,w_n\}$，要求为每个字符确定一种由 0 和 1 构成的二进制编码方案，使编码后的文件长度(也称为密文)最短。

哈夫曼编码问题在文件压缩、文件加密等领域应用广泛，通过哈夫曼编码，可以得到一种最优的编码方案，使编码后的文件长度缩短便于压缩，同时每个字符从明文到二进制编码也起到了加密的作用。

按长度划分，编码方案可以分为两种。

(1) 等长编码：每个字符均用长度相等的二进制位串表示，如 ASCII 编码。等长编码的优点是简单，只需要根据字符的总个数 n 确定编码长度为 $\lceil \log n \rceil$，但由于没有考虑到字符出现频率的差异，编码后的总长度不一定最短。

(2) 非等长编码：每个字符的编码长度可以不相同。非等长编码在使用时，需要注意一个问题。例如，用 00 表示 E，01 表示 T，0001 表示 W，如果收到密文 0001，那么是对应原文 W 还是 ET 呢？显然是无法区分的，导致这个问题的原因是 E 的编码和 W 编码的开始部分(前缀)相同。因此，非等长编码必须是前缀码，即满足任意字符的编码不是其他字符编码的前缀，才不会出现二义性。

问题分析　假设字符 d_i 对应的编码长度是 l_i，则编码后文件的总长度可以表示为 $\sum_{i=1}^{n} w_i l_i$。为了达到总长度最小的目的，直观上可以将频率高的字符用较短的二进制串表示，将频度低的字符用较长的二进制串表示。哈夫曼(Huffman)提出了构造这种编码的方法，通过构建哈夫曼树生成哈夫曼编码。下面介绍哈夫曼算法及相关的术语。

带权路径长度：假设一棵二叉树有 n 个叶子节点，每个叶子节点的权值为 w_i，从根节点到每个叶子节点的长度为 l_i，则该二叉树中每个叶子节点的带权路径长度之和就是这棵树的带权路径长度(Weighted Path Length，WPL)，即

$$\text{WPL} = \sum_{i=1}^{n} w_i l_i \tag{6-1}$$

哈夫曼树：假设有 n 个权值 $\{w_1,w_2,\cdots,w_n\}$，构造有 n 个叶子节点(每个叶子节点对应一个权值 w_i)的二叉树，其中必有一个(或几个)是带权路径长度最小的，WPL 最小的二叉树称为最优二叉树或哈夫曼树。

如果把字符对应叶子节点，字符的出现频率对应叶子节点的权值，字符的编码长度对应二叉树中从根节点到叶子节点的长度，那么该树的 WPL 即为编码后的密文长度。因此，编码问题的本质是根据字符频率构造一棵 WPL 最小的二叉树，即哈夫曼树，哈夫曼树对应的编码方案就是哈夫曼编码。由于哈夫曼树中，任何一个叶子节点不可能是其他叶子节点的祖先，因此哈夫曼编码是一种前缀码，可以用于非等长编码。

算法设计　哈夫曼算法本质上是一种贪心法，采用的贪心选择策略是：给出现频率高的字符较短的编码，出现频率低的字符较长的编码。哈夫曼树的构造过程如下。

(1) 初始时,有 n 棵树,每棵树只有一个节点,节点有一个权值。

(2) 新建一个节点 v,选择具有最低权值的两个根节点作为节点 v 的左、右孩子,形成一棵子树,v 的权值为其左、右孩子的权值之和。

(3) 重复步骤(2),直到只剩下一棵树为止。

通过以上步骤自下而上地构造一棵哈夫曼树,可以看出:权值越小的节点离根节点越远(对应的编码长度越长),权值越大的节点离根节点越近(对应的编码长度越短),从而使 WPL 最小。

实例分析 假定有 $n=6$ 个字符 $\{a,b,c,d,e,f\}$,其出现的频率分别为 $\{38,15,14,17,10,6\}$,确定一种编码长度最短的编码方案。按照哈夫曼算法,具体的求解过程如下。

(1) 初始时,每个节点是一棵树,如图 6-8 所示。

(2) 选择最低频率的两个根节点 f、e,生成一棵频率为 16 的树,如图 6-9 所示。

图 6-8 构造哈夫曼树(初始状态,第 1 步)

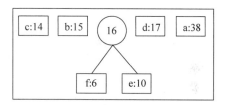

图 6-9 构造哈夫曼树(第 2 步)

(3) 选择最低频率的两个根节点 c、b,生成一棵频率为 29 的树,如图 6-10 所示。

(4) 选择最低频率的两个根节点 16、d,生成一棵频率为 33 的树,如图 6-11 所示。

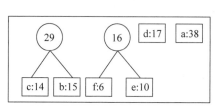

图 6-10 构造哈夫曼树(第 3 步)

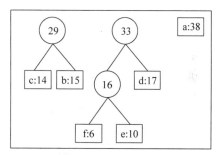

图 6-11 构造哈夫曼树(第 4 步)

(5) 选择最低频率的两个根节点 29、33,生成一棵频率为 62 的树,如图 6-12 所示。

(6) 以剩下仅有的两个根节点 62、a 作为左、右孩子生成一棵频率为 100 的树,如图 6-13 所示。

(7) 根据图 6-13 中的哈夫曼树,按左分支为 0,右分支为 1,得到字符 a 的编码为 1,字符 b 的编码为 001,字符 c 的编码为 000,字符 d 的编码为 011,字符 e 的编码为 0101,字符 f 的编码为 0100。

算法实现 首先明确需要的数据结构。构造哈夫曼树的过程需要以下信息。

(1) 节点的信息:编号、权值(频率)、节点是否为根、节点之间的父子关系,上述信息可以组成一个结构体。

(2) 找出两个权值最小的根节点:使用优先队列可以提高查找的效率。

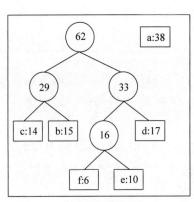 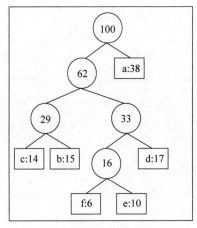

图 6-12　构造哈夫曼树(第 5 步)　　　图 6-13　构造哈夫曼树(第 6 步)

算法实现见代码 6-3。

代码 6-3：构建哈夫曼树

```python
from queue import PriorityQueue

class node:                                  #定义节点类
    def __init__(self, no = -1, ch = '\0', freq = -1):
        self.no = no                         #no 表示节点的下标,从 1 开始
        self.ch = ch                         #ch 表示节点的值
        self.freq = freq                     #freq 表示节点的权值
        self.parent = -1                     #parent 表示节点的父节点下标
        self.left_child = -1                 #leftChild 表示节点的左孩子下标
        self.right_child = -1                #rightChild 表示节点的右孩子下标

    #定义优先队列的排序规则,在类的比较中采用重写的__lt__()
    def __lt__(self, other):
        return self.freq < other.freq
#函数功能：建立哈夫曼树
#参数说明：n 表示节点总数,a 存储节点顶点信息
def huffman(n, a):
    #使用优先队列(小根堆)找出权值最小的节点
    p = PriorityQueue()
    t = n + 1
    m = 2 * n

    #初始的 n 个节点放入优先队列
    for i in range(1, n + 1):
        p.put(a[i])

    #循环 n-1 次,建立 n-1 个内节点
    while t < m:
        left = p.get().no                    #权值最小的节点出队,作为新节点的左孩子
        right = p.get().no                   #权值次小的节点出队,作为新节点的右孩子
        a[left].parent = t                   #设置左孩子的双亲
        a[right].parent = t                  #设置右孩子的双亲
        a[t].no = t                          #设置新节点的相关信息
        a[t].freq = a[left].freq + a[right].freq
        a[t].left_child = left
```

```
            a[t].right_child = right
            p.put(a[t])                       # 新节点入队
            t += 1

    # 输出哈夫曼树中所有节点的编号、权值和双亲
    print(" i: ", end = '')
    for i in range(1, m):
        print("{:5}".format(a[i].no), end = '')
    print()
    print(" freq: ", end = '')
    for i in range(1, m):
        print("{:5}".format(a[i].freq), end = '')
    print()
    print("parent: ", end = '')
    for i in range(1, m):
        print("{:5}".format(a[i].parent), end = '')
    print()

if __name__ == '__main__':
    a = []                                    # 数组 a 存储节点信息
    n = int(input())
    # 读入每个顶点的字符及权值
    for i in range(n):
        t = input().split()
        a.append(node(i + 1, t[0], eval(t[1])))
    a.insert(0, None)
    a.extend([node() for i in range(n)])

    huffman(n, a)
```

代码 6-3 通过输出每个节点的编号、权值和双亲节点表示哈夫曼树,根据哈夫曼树进行哈夫曼编码和解码的算法留作习题完成。

时间复杂度分析 为了得到更高的效率,算法用 n 个字符创建最小堆,利用堆的快速查找和支持动态增加新元素的特点,完成哈夫曼树的构造。由于初始化堆的时间复杂度为 $O(n)$,最小堆中取最小元和插入运算均需 $O(\log n)$ 时间,$n-1$ 次的合并总共需要 $O(n\log n)$ 计算时间。因此,代码 6-3 的时间复杂度是 $O(n\log n)$。

哈夫曼算法的正确性证明如下。

引理 1 设 C 是字符集,$\forall c \in C, f(c)$ 为频率,有 $x, y \in C, f(x)$、$f(y)$ 频率最小,那么存在哈夫曼编码使 x、y 的编码长度等长,且仅在最后一位不同。

证明 设 T 是 C 的最优二叉树,且 a 和 b 是具有最大深度的两个兄弟字符,如图 6-14 所示。交换 x 与 a,y 与 b,得到树 T',使得具有最小频率的两个字符 x 和 y 成为具有最大深度的两个兄弟字符。用 $d_T(i)$ 表示字符 i 在树 T 中的编码长度(树 T 的根节点到节点 i 的路径长度),由于 $f(a) \geqslant f(x), f(b) \geqslant f(y)$,有

$$\text{WPL}(T') - \text{WPL}(T) = \sum f(i)d_{T'}(i) - \sum f(i)d_T(i)$$
$$= f(a)d_{T'}(a) + f(b)d_{T'}(b) + f(x)d_{T'}(x) + f(y)d_{T'}(y) -$$
$$f(a)d_T(a) - f(b)d_T(b) - f(x)d_T(x) - f(y)d_T(y)$$
$$= [f(a) - f(x)]d_{T'}(a) + [f(b) - f(y)]d_{T'}(b) +$$
$$[f(x) - f(a)]d_{T'}(x) + [f(y) - f(b)]d_{T'}(y)$$

$$= [f(a)-f(x)][d_{T'}(a)-d_{T'}(x)] + [f(b)-f(y)][d_{T'}(b)-d_{T'}(y)]$$
$$\leqslant 0 \tag{6-2}$$

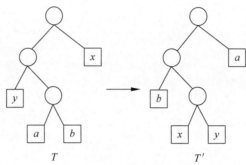

图6-14　哈夫曼算法的正确性证明：引理1

所以，T'也是字符集C对应的一棵哈夫曼树，即引理1成立。

引理2　设T是字符集C对应的哈夫曼树，$\forall x,y \in T$，x,y是树叶兄弟，z是x,y的父亲，令$T'=T-\{x,y\}$，且令z的频率$f(z)=f(x)+f(y)$，T'是$C'=(C-\{x,y\}) \cup \{z\}$对应的哈夫曼树，那么$\mathrm{WPL}(T)=\mathrm{WPL}(T')+f(x)+f(y)$。

证明　如图6-15所示，树T和T'的区别在于删去T中的叶子节点x和y，在其父节点处用字符z代替，其他节点保持不变，因此有

$$\begin{aligned}
\mathrm{WPL}(T)-\mathrm{WPL}(T') &= \sum f(i)d_T(i) - \sum f(i)d_{T'}(i) \\
&= f(x)d_T(x) + f(y)d_T(y) - f(z)d_{T'}(z) \\
&= [f(x)+f(y)]d_T(x) - [f(x)+f(y)](d_T(x)-1) \\
&= f(x)+f(y)
\end{aligned} \tag{6-3}$$

引理2得证。

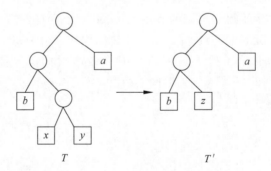

图6-15　哈夫曼算法的正确性证明：引理2

定理　哈夫曼算法对任意规模为$n(n \geqslant 2)$的字符集C都能得到关于C的最优前缀码的二叉树。

证明

(1) 归纳基础：当$n=2$时，字符集$C=\{x_1,x_2\}$，哈夫曼算法得到的编码是0和1，是最优前缀码。

(2) 归纳假设：假设哈夫曼算法对于规模为k的字符集能得到最优前缀码。

(3) 考虑规模为$k+1$的字符集$C=\{x_1,x_2,\cdots,x_{k+1}\}$，其中$x_1,x_2 \in C$是频率最小的两个字符。令$C'=(C-\{x_1,x_2\}) \cup \{z\}$，$f(z)=f(x_1)+f(x_2)$，根据归纳假设，哈夫曼算

法得到一棵关于字符集 C'、频率 $f(z)$ 和 $f(x_i)(i=3,4,\cdots,k+1)$ 的最优前缀码的二叉树 T'。把 x_1 和 x_2 作为 z 的儿子附加到 T' 上,得到树 T,那么 T 是关于字符集 $C=(C'-\{z\})\bigcup\{x_1,x_2\}$ 的最优前缀码的二叉树,如图 6-16 所示。

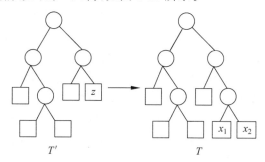

图 6-16 哈夫曼算法的正确性证明(1)

若 T 不是字符集 C 对应的最优二叉树,假设存在更优的树 T^*,如图 6-17 所示。

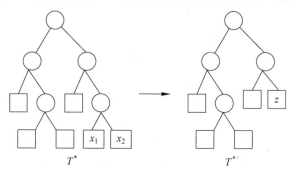

图 6-17 哈夫曼算法的正确性证明(2)

根据引理 1,其最深层树叶是 x_1 和 x_2,且 $\text{WPL}(T^*) < \text{WPL}(T)$。去掉 T^* 中的 x_1 和 x_2,根据引理 2,所得二叉树 $T^{*\prime}$,满足 $\text{WPL}(T^{*\prime}) = \text{WPL}(T^*) - (f(x_1)+f(x_2)) < \text{WPL}(T) - (f(x_1)+f(x_2)) = \text{WPL}(T')$,与 T' 是一棵关于 C' 的最优二叉树矛盾,因此假设不成立,定理得证。

应用扩展 假如有 n 堆石子,每堆石子都有一个重量,要求每次合并两堆石子,且合并的代价为两堆石子的重量之和,最终把 n 堆石子合并为一堆,问如何合并,才能使总的合并的代价最小?

该问题与第 5 章动态规划学习过的石子合并问题有不同之处,这里合并的规则是任意两堆石子,由于某堆石子每参与一次合并其重量就反映在合并代价中,因此,如果把某堆石子看作一个节点,那么合并石子的过程就是从下而上构造二叉树的过程,而合并代价为每堆石子的重量乘以它参与的合并次数(从根节点到它的路径长度),即带权路径长度,所以该问题是求 WPL 最小的一个合并方案,与哈夫曼编码属于同一类问题。

哈夫曼树是一棵带权路径长度(WPL)最小的二叉树,采用字符频率越高离根节点越近的贪心选择策略,可以得到一棵最优二叉树和最优编码方案。学习中重点要理解 WPL 的定义,并能灵活运用到不同问题中。

6.6 贪心法应用:最小生成树

问题描述 设 $G=(V,E,W)$ 是无向连通带权图,E 中每条边 (u,v) 的权为 $c[u][v]$。

如果 G 的子图 G' 是一棵包含 G 的所有顶点的树,则称 G' 为 G 的生成树。生成树上各边权值的总和称为该生成树的耗费。在 G 的所有生成树中,耗费最小的生成树称为 G 的最小生成树(Mini Spanning Tree,MST)。

最小生成树在实际中有广泛应用。例如,在搭建通信网络时,把城市作为顶点,城市 u 和城市 v 之间的通信线路所需费用用边 (u,v) 的权值 $c[u][v]$ 表示,则最小生成树可给出建立通信网络的最经济方案;再如,在路路通问题中,把乡村作为顶点,乡村之间的修路费用表示为边的权值,则最小生成树对应所有乡村有路可通的最少费用。

问题分析 最小生成树是在给定的无向连通带权图中,找出使 n 个点连通的最小代价。由于 n 个点连通至少需要 $n-1$ 条边,而树的要求是不能形成环路,最多只能有 $n-1$ 条边,因此,最小生成树是在图中找到连接 n 个点的 $n-1$ 条边,满足这些边的权值之和最小且不构成环路。

如果采用穷举法,则是在所有边集 $|E|$ 中找 $n-1$ 条边的组合问题,每得到一组边,判断是否达到 n 个点连通,并计算边的权值之和,然后从所有符合条件的组合中找到权值之和最小的组合。当 n 较大且边数较多时,穷举法的复杂度非常高。下面介绍一个重要的性质——最小生成树性质,对生成最小生成树有重要作用。

最小生成树性质: 设 $G=(V,E)$ 是连通带权图,U 是 V 的真子集。如果 $(u,v) \in E$,且 $u \in U, v \in V-U$,且在所有这样的边中,(u,v) 的权 $c[u][v]$ 最小,那么一定存在 G 的一棵最小生成树,它以 (u,v) 为其中一条边,该性质也称为 MST 性质。

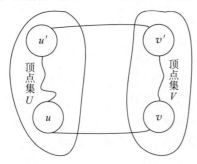

图 6-18 最小生成树性质的证明

MST 性质证明:用反证法。如图 6-18 所示,假设 G 的任何一棵最小生成树中都不包含边 (u,v)。设 T 是 G 的一棵最小生成树,但不包含边 (u,v)。由于 T 是树,且是连通的,因此必有一条从 u 到 v 的路径,且该路径上必有一条连接两个顶点集 U 和 $V-U$ 的边 (u',v'),其中 u' 属于 U,v' 属于 $V-U$。

将边 (u,v) 加入 T 中,得到一个含边 (u,v) 的回路。当删除边 (u',v') 时,回路被消除。由此得到另一棵生成树 T',T' 和 T 的区别仅在于用边 (u,v) 取代了 T 中的边 (u',v')。因为 $c[u][v] \leqslant c[u'][v']$,故 T' 的权值 $\leqslant T$ 的权值。因此,T' 也是 G 的最小生成树,并包含边 (u,v),与假设矛盾。

最小生成树性质说明: 在构造最小生成树选择 $n-1$ 条边的过程中,可以选择连通两个集合的权值最小的边,它一定在某棵最小生成树中。这一点可以作为选择边的一种贪心选择策略,应用最小生成树性质可以得到构造最小生成树的普里姆算法(Prim)和克鲁斯卡尔算法(Kruskal)。

普里姆算法思想 设 $G=(V,E)$ 是连通带权图,$V=\{1,2,\cdots,n\}$。普里姆算法按照 MST 性质,每次从连接 U 和 $V-U$ 的边集中选择权值最小的边 (u,v) 作为最小生成树的边,同时把 v 加入 U 中。普里姆算法基本思想是:

(1) 把 V 分成两个集合 U 和 $V-U$,初始时 $U=\{1\}$,$V-U=\{2,3,\cdots,n\}$;

(2) 只要 U 是 V 的真子集,就作如下的贪心选择:选取满足条件 $i \in U, j \in V-U$,且 $c[i][j]$ 最小的边,将顶点 j 添加到 U 中;

（3）重复步骤（2），直到 $U=V$ 时为止。

在这个过程中选取到的所有边恰好构成 G 的一棵最小生成树。

实例分析　如图 6-19 所示，利用普里姆算法会依次得到树边 $(1,3)$、$(3,6)$、$(6,4)$、$(3,2)$ 和 $(2,5)$。最终得到的最小生成树如图 6-20 所示。

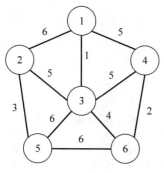 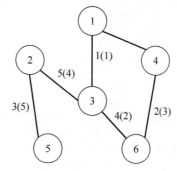

图 6-19　图 G　　　　　图 6-20　普里姆算法得到的最小生成树

普里姆算法根据 MST 性质，以某个点作为起点，不断加点（边），每次加入一个连接两个不同集合的权值最小的点（边），不用考虑产生回路的问题。

普里姆算法实现　算法需要的数据结构如下。

（1）顶点 k 是否在集合 U 中，可用 $s[k]$ 表示。

（2）顶点 k 与集合 U 中具有最小权值边的邻接点可用 $parent[k]$ 表示；边的权值可用 $dist[k]$ 表示。

算法实现见代码 6-4。

代码 6-4：普里姆算法求解最小生成树

```
import sys

def prim():
    #初始化,U中只有点1
    s[1] = 1
    dist[1] = 0
    parent[1] = -1

    for i in range(2, n + 1):
        dist[i] = c[1][i]

    i = 1

    #循环找 n - 1 条边
    while i < n:
        m = sys.maxsize
        k = -1

        #找到 V-U中连接U和V-U两个集合的权值最小边的点 k
        for j in range(2, n + 1):
            if (not s[j]) and dist[j] < m:
                m = dist[j]
                k = j
```

```
            #输出得到的一条树边<k,parent[k]>
            s[k] = 1
            print(k, " --- ", parent[k], " :", c[k][parent[k]])

            #更新V-U中与k邻接的点的权值
            for j in range(2, n+1):
                if (not s[j]) and dist[j] > c[k][j]:
                    dist[j] = c[k][j]
                    parent[j] = k
            i += 1

if __name__ == '__main__':
    n, m = list(map(eval, input().split()))          #n表示顶点总数,m表示边总数
    c = [[sys.maxsize for j in range(n + 1)] for i in range(n + 1)]   #c表示图的邻接矩阵
    s = [0 for i in range(n + 1)]                    #s[i]=1表示点i在集合U中
    dist = [0 for i in range(n + 1)]                 #dist[i]表示点i与集合U中点的最小边的权值
    parent = [1 for i in range(n + 1)]               #parent[i]表示在最小生成树中与i邻接的点
    for k in range(1, m + 1):
        i, j, w = list(map(eval, input().split()))   #读入每条边的两个点及权值
        c[i][j] = w
        c[j][i] = w

    prim()
```

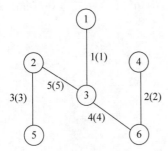

图 6-21 克鲁斯卡尔算法得到的最小生成树

复杂度分析 代码 6-4 的计算量主要花费在 $n-1$ 次循环上,每次要遍历所有点得到权值最小的边,花费的时间复杂度为 $O(n)$,因此代码 6-4 的时间复杂度为 $O(n^2)$。

克鲁斯卡尔算法思想 克鲁斯卡尔算法把每个点看作一个独立的集合,根据 MST 性质,每次选择连接两个不同集合的权值最小的边,直到找到 $n-1$ 条边为止。以图 6-19 为例,克鲁斯卡尔算法依次得到边(1,3)、(4,6)、(2,5)、(3,6)和(2,3)。最终得到的最小生成树如图 6-21 所示。

可以看出,克鲁斯卡尔算法根据 MST 性质,按照边的权值从小到大的顺序,在不产生回路的情况下,不断加边。

克鲁斯卡尔算法实现 克鲁斯卡尔算法的关键步骤如下。

(1) 首先对图中的所有边按照权值从小到大排序。

(2) 依次取出每条边,判断边的两个端点是否在同一个连通集合中,若不是,则合并两个端点所在的集合,并把边加入最小生成树中。

(3) 重复步骤(2),直到只有一个连通分支时为止。

克鲁斯卡尔算法需要的数据结构如下。

(1) 边的表示:包含两个端点、权值、是否在最小生成树中等,用结构体表示。

(2) 点与点是否连通的判断:使用并查集查找节点所在的集合及合并集合操作。$s[i]$ 存储顶点 i 的父节点编号,若 i 为根节点且以 i 为根的树中节点总数为 m,则 $s[i]=-m$,为了加快查找效率,采用按树中节点规模加权合并的方法。

算法实现见代码 6-5。

代码 6-5：克鲁斯卡尔算法求解最小生成树

```python
class Edge:
    def __init__(self, u = -1, v = -1, weight = -1):
        self.u = u                    # 边的顶点
        self.v = v                    # 边的顶点
        self.weight = weight          # 边的权值
        self.flag = 0                 # flag = 1 表示边在最小生成树中

    def __lt__(self, other):          # 重新比较函数
        return self.weight < other.weight

# 根据节点规模合并 a 和 b,节点数少的根作为节点数多的根的孩子
def UF_merge(a, b):
    if s[a] <= s[b]:
        s[a] = s[a] + s[b]
        s[b] = a
    else:
        s[b] = s[a] + s[b]
        s[a] = b

# 查找 x 的根节点
def UF_find(x):
    r = x
    while s[r] > 0:
        r = s[r]
    return r

# 得到最小生成树
def kruskal():
    i = 1
    k = 1
    e.sort()
    e.insert(0, Edge())
    while i < n:
        while 1:
            root1 = UF_find(e[k].u)
            root2 = UF_find(e[k].v)
            if root1 != root2:
                UF_merge(root1, root2)
                e[k].flag = 1
                k += 1
                break
            else:
                k += 1
        i += 1
    for i in range(1, m + 1):
        if e[i].flag:
            print(e[i].u, "---", e[i].v, ":", e[i].weight)

if __name__ == '__main__':
    n, m = list(map(eval, input().split()))  # n 表示顶点总数,m 表示边总数
    s = [-1 for i in range(n + 1)]    # s[i]表示顶点 i 的根节点编号
                                      # 如果 i 为根,则 s[i]为以 i 为根的数中的节点总数的相反数
```

```
e = []
for k in range(1, m + 1):
    u, v, weight = list(map(eval, input().split()))
    e.append(Edge(u, v, weight))

kruskal()
```

复杂度分析 代码 6-5 主要计算时间花费在排序($O(e\log e)$,其中 e 为图的边数)和寻找 $n-1$ 条符合条件的树边($O(n\log n)$)上,考虑到 e 通常大于 n,因此代码 6-5 的时间复杂度为 $O(e\log e)$。

最小生成树的本质是求解一个网络连通的最小代价,在实际生活中有广泛应用。普里姆算法和克鲁斯卡尔算法根据最小生成树性质,利用贪心法给出了求解最小生成树的高效算法。

扫一扫

视频讲解

6.7 贪心法应用:多机调度问题

问题描述 多机调度问题要求给出一种作业调度方案,使所给的 n 个作业在尽可能短的时间内由 m 台机器加工处理完成。约定:每个作业均可在任何一台机器上加工处理,但未完工前不允许中断处理,作业不能拆分成更小的子作业。

例如,有 $n=7$ 个独立作业 $\{1,2,3,4,5,6,7\}$,有 $m=3$ 台机器 M1、M2 和 M3 加工处理,各作业所需的处理时间分别为 $\{2,14,4,16,6,5,3\}$。如果按机器数量平均分配作业,作业 $\{1,2\}$ 在机器 M1 上执行、作业 $\{3,4\}$ 在机器 M2 上执行、作业 $\{5,6,7\}$ 在机器 M3 上执行是一种作业调度方案,3 台机器所需的执行时间分别为 $2+14=16$、$4+16=20$、$6+5+3=14$,因此需要 20 个单位时间才能结束所有作业的执行。显然,该方案只是其中的一种。多机调度问题是在所有可能的调度方案中选择时间最短的一种方案。

问题分析 多机调度问题是 NP 完全问题,到目前为止还没有找到有效的解法。对于这类问题,用贪心选择策略可以设计出较好的近似算法。

算法思想 采用最长处理时间作业优先选择的贪心选择策略。

(1) 当 $n \leqslant m$ 时,即作业数小于机器数,对每台机器分配一个作业,将机器 i 的 $[0,t_i]$ 时间区间分配给作业 i,算法只需要 $O(1)$ 时间。

(2) 当 $n > m$ 时,即作业数多于机器数,首先将 n 个作业依其所需的处理时间从大到小排序,然后依此顺序依次将每个作业分配给最早空闲的机器。

由于该算法主要计算量花费在排序上,因此所需的计算时间为 $O(n\log n)$。

实例分析 $n=7,m=3$,每个作业处理时间 t_i 分别为 $\{2,14,4,16,6,5,3\}$,按照处理时间从大到小排序后,对应的作业编号分别为 $\{4,2,5,6,3,7,1\}$,按此顺序依次分配给最早空闲的机器,首先把 4 号作业分配给 M1,2 号作业分配给 M2,5 号作业分配给 M3;由于 M3 机器最先忙完,因此 6 号、3 号作业依次分配给 M3;当分配 7 号作业时,M2 机器最先空闲,所以 7 号作业分配给 M2,同样的方法,1 号作业分配给 M3 机器。最终,所有作业完成后,所需的时间为 3 台机器结束的最大时间,即 $\max\{t_4,t_2+t_7,t_5+t_6+t_3+t_1\}=\max\{16,14+3,6+5+4+2\}=17$,对应的作业调度如图 6-22 所示。

对于该实例,贪心法得到的是一个最优方案,但该贪心策略不一定能够得到所有实例的最优解。例

M1	$t_4=16$			
M2	$t_2=14$		$t_7=3$	
M3	$t_5=6$	$t_6=5$	$t_3=4$	$t_1=2$

图 6-22 贪心法求解多机调度问题

如,有 7 个任务,处理时间分别为 $\{16,14,12,11,10,9,8\}$,可用的机器有 3 台,按照最长处理时间作业优先的贪心选择策略,调度方案如下。

M1：作业 1、作业 6,用时：$t_1+t_6=16+9=25$；
M2：作业 2、作业 5,用时：$t_2+t_5=14+10=24$；
M3：作业 3、作业 4、作业 7,用时：$t_3+t_4+t_7=12+11+8=31$。

得到最长处理时间为 31,实际上存在更佳调度方案如下。

M1：作业 2、作业 4,用时：$t_2+t_4=14+11=25$；
M2：作业 1、作业 3,用时：$t_1+t_3=16+12=28$；
M3：作业 5、作业 6、作业 7,用时：$t_5+t_6+t_7=10+9+8=27$。

得到最长处理时间为 28,优于贪心法得到的调度方案。

虽然贪心法不一定能够得到最优解,但对于很多像多机调度这样的 NP 完全问题,寻找最优解的代价很高,利用贪心法快速得到近似解对实际应用来说有重要意义。例如,在后面介绍的回溯法和分支限界法中,利用贪心法快速得到的一个结果可以作为剪枝条件,从而可以大幅减少搜索空间,提高搜索的效率。

6.8 小结

本章介绍了贪心法的基本思想和典型应用,贪心法具有以下特点。

(1) 适用于求解组合优化问题,求解过程通常是多次选择,每次选择依据局部最优策略,选出当前看来最好的解。

(2) 局部最优策略的选择是贪心法正确性的关键。

(3) 贪心法的求解过程是自顶向下,每作一次选择将问题简化为规模更小的子问题。

(4) 贪心法的正确性需要证明。如果要证明贪心策略是错误的,只需举出反例。

(5) 对原始数据排序后,贪心法往往是一轮处理,时间复杂度和空间复杂度低。

(6) 若贪心法得不到最优解,它得到的解通常也不是最坏的,有时会非常接近最优解,也称为近似解。对于获得最优解需要花费很大代价的问题,快速得到近似解不失为一种可选方法。对于很多问题,近似解具有重要的参考价值和实用性。

扩展阅读

贪　　心[①]

贪心法起源于 20 世纪 50 年代地图行走算法的概念。Esdger Dijkstra 将该算法概念化以生成最小生成树,他的目标是计算最短路径。

Dijkstra 的全名叫 Edsger Wybe Dijkstra,曾在 1972 年获得过素有计算机科学界的诺贝尔奖之称的图灵奖。他是几位影响力最大的计算科学的奠基人之一,也是少数同时从工

---

① 参考来源：Prim R C. Shortest Connection Networks and some Generalizations[J]. Bell System Technical Journal,1957,36：1389-1401.
Dijkstra E W. A Note on Two Problems in Connection with Graphs[J]. Numerische Mathematik,1959,1：269-271.
https://www.cs.utexas.edu/users/EWD/ewd11xx/EWD1166.PDF
https://www.cs.utexas.edu/users/EWD/ewd02xx/EWD215.PDF
https://www.cs.utexas.edu/users/EWD/ewd02xx/EWD249.PDF

程和理论的角度塑造这个新学科的人。他的根本性贡献覆盖了很多领域,包括编译器、操作系统、分布式系统、程序设计、编程语言、程序验证、软件工程、图论等。他的很多论文为后人开拓了新的研究领域。现在熟悉的一些标准概念,如互斥、死锁、信号量等,都是Dijkstra发明和定义的。1994年,有人对约1000名计算机科学家进行了问卷调查,选出了38篇这个领域最有影响力的论文,其中有5篇为Dijkstra所作。

Dijkstra在鹿特丹长大,在高中毕业前他想在法学界发展,并且希望将来能在联合国作荷兰的代表。然而,因为他毕业时数学、物理、化学、生物都是满分,老师和父母都劝他选择科学的道路,后来他选择学习理论物理。在大学期间,世界上最早的电子计算机出现了,他父亲让他到剑桥大学参加一门程序设计的课程。从那时开始,他的程序设计生涯开始了。一段时间以后他决定转向计算机程序设计,因为他认为相对于理论物理,程序设计对智力是更大的挑战。程序设计是最无情的,每个1和0都容不得一点差错。

后来,他在阿姆斯特丹的数学中心成为一个兼职的程序员。他的工作是为一些正在被设计制造的计算机编写程序,也就是说,他要用纸和笔把程序写出来,验证它们的正确性,负责硬件的同事需要确认手写的指令是可以被实现的,并写出计算机的规范说明。他为并不存在的机器写了5年程序,因此他很习惯于不测试自己写的程序,因为无法测试。这意味着他必须通过推理说服自己程序是正确的,这种习惯可能是他后来经常强调通过程序结构保证正确性易于推理的原因。

在ARMAC计算机发布之前,Dijkstra需要想出一个可以让不懂数学的媒体和公众理解的问题,以便向他们展示计算机的能力。有一天,他和未婚妻在阿姆斯特丹购物,他们停下来在一家咖啡店的阳台喝咖啡休息,他开始思考这个问题。他觉得可以让计算机演示如何计算荷兰两个城市间的最短路径,这样的问题和答案都容易被人理解。于是,他在20分钟内想出了高效计算最短路径的方法。Dijkstra自己也没有想到这个20分钟的发明会成为他最著名的成就之一,并且会以他的名字命名为Dijkstra算法。3年以后这个算法才首次发布,但当时的数学家们都不认为这能成为一个数学问题:两点之间的路径数量是有限的,其中必然有一条最短的,这算什么问题呢?在之后的几十年里,直到今天,这个算法仍被广泛应用在各个行业。

Dijkstra后来在采访中说,他的最短路径算法之所以能如此简洁,是因为当时在咖啡店里没有纸和笔,这强迫他在思考时避免复杂化,尽可能追求简单。在他的访谈和文章中,经常能发现一个主题,就是资源的匮乏往往最能激发创造性。

从算法思想到立德树人

贪心法试图通过一系列局部最优选择达到全局最优,虽然不适合所有问题,但对很多重要问题,如最小生成树、最优前缀码、单源最短路径等,可以得到最优解的高效算法,即使有时得不到最优解,也能够在较短时间内得到接近最优解的近似解,仍具有重要价值。

贪心法的"目光短浅"与"活在当下"有异曲同工之妙。不念过往,不畏将来,把今天过好,把当下的事情做好,经过一天天的积累终将达成目标,获得最优解。

习题 6

扫一扫

习题

第7章 回溯法

扫一扫
视频讲解

扫一扫
思政教学案例

本章学习要点

- 回溯法的基本思想和解题步骤
- 回溯法的设计要素
  - ➢ 解的表示形式：解向量
  - ➢ 解空间的组织形式：解空间树(子集树、排列树)
  - ➢ 搜索策略：深度优先搜索
  - ➢ 优化：剪枝函数(约束函数、限界函数)
- 通过典型应用学习回溯法算法设计策略
  - ➢ 0-1 背包问题
  - ➢ 旅行售货员(TSP)问题
  - ➢ 符号三角形问题
  - ➢ n 皇后问题

回溯有往回寻找之意，应用在算法方面，就构成了很重要的一类搜索算法，称为回溯法。通俗地讲，回溯法在不断搜索问题答案的过程中，使用的策略为"走不通就掉头"，这也是回溯法思想的最直观表述。

在搜索过程中，以什么样的先后顺序进行搜索，什么情况判定为走不通，掉头又是去哪个新方向等一系列问题就构成了本章的主要内容。

7.1 引例一：0-1 背包问题

扫一扫
视频讲解

在前面的章节中已经对 0-1 背包问题进行了探讨，这里再回顾一下，该问题的本质就是在 n 个可选物品中选择 k 个物品放入背包，即 n 选 k 的问题。如果将 n 个物品是否被选择表示成一个 0-1 向量 $(x_0,x_1,\cdots,x_{n-1})$，那么，被选的 k 个物品就可以在向量的相应位置标记为 1，其他物品标记为 0。例如，向量 $(1,0,\cdots,0,1)$ 表示在背包中装入两个物品，分别为 0 号和 $n-1$ 号。

扫一扫
看彩图

对于向量元素取值为 0 或 1，且包含 n 个元素的向量，对应的可能情况有 2^n 种，与树结构相结合，可形成一棵二叉树，以 $n=3$ 为例，树结构如图 7-1 所示。

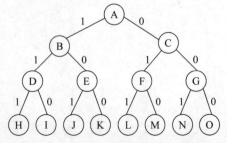

图 7-1 $n=3$ 的 0-1 背包问题可能解的形式

其中，根节点到每个叶子节点的不同路径就代表了不同的物品选择。

已知物品重量分别为 16、15、15，价值为 45、25、25，背包容量为 30。对树结构的深度优先搜索过程如下。

(1) 初始状态，如图 7-2(a)所示，背包剩余容量 r 为 30，价值为 0。从根节点出发有两个选择，向左或向右，不妨先进入 B 节点，路径标记为 1，表示将第 1 个物品放入背包，此时，背包容量还剩 14，背包价值为 45，如图 7-2(b)所示。

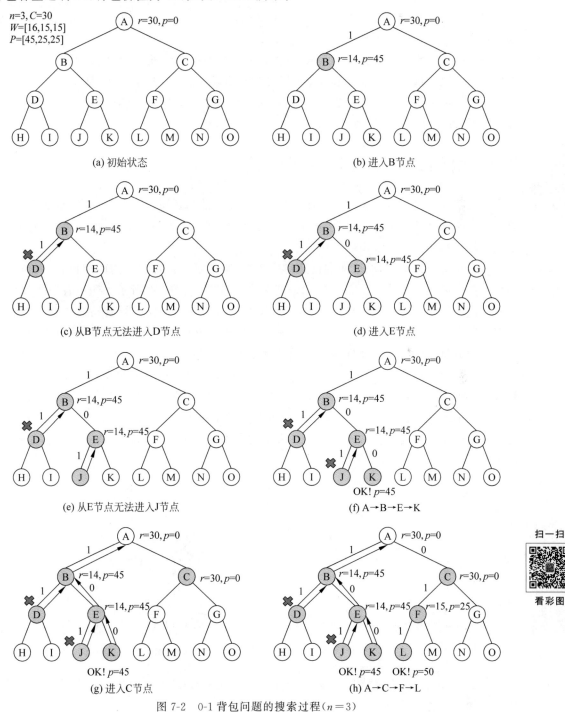

图 7-2 0-1 背包问题的搜索过程（$n=3$）

(2) 继续向下搜索,进入 D 节点,表示选择第 2 个物品放入,此时 2 号物品的重量 15 超过背包容量,无法放入,也就是说,从 B 节点无法进入 D 节点,此时,搜索就会向回走,如图 7-2(c)所示。

(3) 从 B 节点进入 E 节点,表明不选择 2 号物品,到达 E 节点时,背包容量依然为 14,价值为 45,如图 7-2(d)所示。

(4) 再从 E 节点往下走,发现到 J 节点也不可行,如图 7-2(e)所示。

(5) 搜索到 K 节点,这样就找到了一种解(1,0,0),A→B→E→K,表示放入 1 号物品,获得价值 45,如图 7-2(f)所示。

(6) 用同样的方式从 A 节点到 C 节点,经过这样的过程,最终就能得到一个最大价值的解为(0,1,1),即装入物品 2 和 3,获得价值 50,如图 7-2(g)和图 7-2(h)所示。

通过不断前进、退回、再前进、再退回的过程完成了搜索过程,这个过程是一个深度优先搜索过程,在 7.4 节中会详细讨论。

扫一扫

视频讲解

7.2 引例二:旅行售货员问题

问题描述 某售货员要到若干城市去推销商品,已知各城市之间的路程(或旅费)。他要选定一条从驻地出发,经过每个城市一次,最后回到驻地的路线,使总的路程(或总旅费)最短(或最少)。

将城市对应为节点,城市间的道路对应为边,城市间路程对应为边的权值,现对该问题做一个更一般化的描述。设 $G=(V,E)$ 是一个带权图,如图 7-3 所示。图中各边的权值为正数。图中一条周游路线是包括 V 中每个顶点在内的一条回路。周游路线的费用是这条回路上所有边的权值之和。旅行售货员问题就是要在图 G 中找出费用最小的回路。

问题分析 以图 7-3 为例,假定 1 号点为起点,需要在 1—2—3—4—1、1—2—4—3—1、1—3—2—4—1、1—3—4—2—1、1—4—2—3—1 和 1—4—3—2—1 这 6 条可能的回路中找到权值和最小的路线。在这条回路中,除起点和终点相同外,不能出现重复的点,并且需要确定各点的顺序,而各点的不同顺序对应着各点的全排列,与 7.1 节的 0-1 背包问题类似,也可以将全排列问题转换为一个搜索问题,形成一棵多叉树,以表示所有排列形式,如图 7-4 所示。

扫一扫

看彩图

扫一扫

看彩图

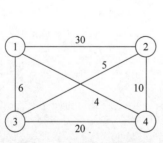

图 7-3 4 个节点的带权图

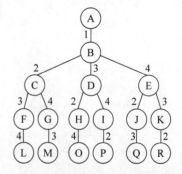

图 7-4 4 个节点的旅行售货员问题的可能解的形式

与 7.1 节同样的深度优先搜索思路,可以完成从根节点到叶子节点的搜索,从而得到一条权值和最小的路径。

7.3 回溯法基本思想

无论是 0-1 背包问题对应的搜索树,还是旅行售货员问题的搜索树,求解的过程都是对树的深度优先遍历,且穷举了所有路径,时间复杂度为树中叶子节点个数,0-1 背包问题为 $O(2^n)$,旅行售货员问题为 $O((n-1)!)$。这两种实现复杂度很高,要想减少计算量,就需要减少搜索空间。在问题的搜索过程中,事实上存在某些节点形成的子树不满足问题的约束条件的情况,如在 0-1 背包问题中,某些物品在某个时刻无法放入背包,此时,可以剪去不满足约束条件的子树,进一步减少搜索空间。

通过这样的约束函数,在扩展节点处可以剪去不满足约束条件的子树,就形成了剪枝函数。剪枝函数并不止这一类,如果要求得最优解,还可以利用限界函数,在扩展节点处剪去得不到最优解的子树,进一步减少搜索空间,这是回溯法能够实现高效计算的关键。

在进入回溯法解题过程的阐述之前,先了解几个基本概念。

(1) 问题的解向量:问题的解以 n 元向量的形式表示。例如 0-1 背包问题,解可定义为 $(x_1, x_2, \cdots, x_n)$,x_i 取值为 1 或 0。

(2) 显式约束:对解向量中每个分量取值的限定。例如 0-1 背包问题,解分量只能取 0 或 1。

(3) 隐式约束:解向量整体应满足的条件,也是在解分量之间施加的约束。例如 0-1 背包问题,装入背包的物品总重量不能超过背包载荷。

(4) 问题的解空间:所有满足显式约束的解向量的集合。例如有 3 种可选择物品的 0-1 背包问题的解空间可定义为长度为 3 的 0-1 向量的集合,包括 (0,0,0),(0,0,1),(0,1,0),$\cdots$,(1,1,1) 共 8 种。

(5) 问题的解空间树:用树结构表示的解空间,如图 7-1 和图 7-4 所示。

(6) 树中的活节点:以它为根的子树未搜索结束。

(7) 树中的扩展节点:当前正在生成其子节点的活节点。

(8) 树中的死节点:不再进一步扩展或以它为根的子树搜索已经结束。

(9) 问题状态:树中每个节点确定所求解问题的一个问题状态。

(10) 解状态(解向量):由根到叶子节点的路径对应该解空间中的一个可能解。

7.3.1 解题步骤

回溯法也称为通用解题法,是一种对问题解空间树进行深度优先搜索的穷举算法,在搜索过程中给出搜索回溯的条件即剪枝函数,避免无效搜索,从而提高搜索效率。通常情况下,运用回溯法解题包含 3 个步骤:首先针对给定问题,定义问题的解空间,即确定解的形式及所有的可能解;其次是确定易于搜索的解空间结构,如 0-1 背包一样的二叉树式的选择结构,或如旅行售货员一样的确定排列情况的结构;确定好解空间结构后,以深度优先的方式搜索解空间树,并在搜索过程中用剪枝函数避免无效搜索。

具体而言,首先,在确定解空间树的组织结构基础上,从根节点出发,以深度优先方式搜索解空间树;其次,设定开始节点为活节点,同时成为当前扩展节点,在当前扩展节点处,搜索向纵深方向移至一个新节点,若从当前扩展节点处不能向纵深方向移动,则成为死节点,并向回移动(回溯)至最近的活节点,使之成为当前扩展节点;最后,以上述方式递归地在解空间树中搜索,直到找到解或解空间树中没有活节点为止。

扫一扫

视频讲解

回溯法的特征是在搜索过程中动态产生问题的解空间,虽然在前面的示例中给出了完整的解空间树,但实际上,这棵完整的树是不存在的,因为树是在搜索中动态生成的,只有部分解会被搜索到。在任何时刻,算法只保存从根节点到当前扩展节点的路径。如果解空间树中从根节点到叶节点的最长路径的长度为 $h(n)$,则回溯法所需的计算空间通常为 $O(h(n))$,而显式地存储整个解空间则需要 $O(2^{h(n)})$ 或 $O(h(n)!)$ 内存空间。

7.3.2 算法框架

作为一种通用解题法,回溯法的通用算法框架可以写为如下形式。

```
1 void BackTrack(int t)
2 {
3     if (t > n)
4         Output(x);
5     else
6         for(int i = f(n,t); i <= g(n,t); i ++)
7         {
8             x[t] = h(i);
9             if (Constraint(t) && Bound(t))
10                BackTrack(t + 1);
11        }
12 }
```

其中,t 代表递归深度,通常从 1 开始;n 用于对递归深度的控制;f(n,t) 和 g(n,t) 函数表示当前扩展节点处未搜索过的子树的起始和终止编号;h(i) 表示当前扩展节点处 x[t] 的第 i 个可选值;Constraint(t) 和 Bound(t) 函数分别表示约束函数和限界函数。

解空间树一般分为以下两类。

(1) 子集树:当所给问题是从 n 个元素中找出满足某种性质的子集时,相应的解空间树称为子集树,如图 7-1 所示。

(2) 排列树:当所给问题是确定 n 个元素满足某种性质的排列时,相应的解空间树称为排列树,如图 7-4 所示。

由此,就可以形成两种算法框架,一种为子集树算法框架,另一种为排列树算法框架。对于排列树,在调用 BackTrack(1) 函数进行回溯搜索前,需先将变量数组 x 初始化为排列 $(1,2,\cdots,n)$。

子集树算法框架如下。

```
1 void BackTrack(int t)
2 {
3     if ( t > n)
4         Output(x);
5     else
6         for( int i = 0; i <= 1; i++)
7         {
8             x[t] = i;
9             if (Constraint(t) && Bound(t))
10                BackTrack(t + 1);
11        }
12 }
```

排列树算法框架如下。

```
1 void BackTrack(int t)
2 {
3     if ( t > n )
4             Output(x);
5     else
6             for( int i = t; i <= n; i++)
7             {
8                     swap(x[t],x[i]);
9                     if (Constraint(t) && Bound(t))
10                            BackTrack(t + 1);
11                    swap(x[t],x[i]);
12            }
13 }
```

7.4 回溯法应用：0-1 背包问题

扫一扫

视频讲解

问题分析 对于 0-1 背包问题，对应的解空间树是一棵子集树，可以直接套用代码框架，其中 $t>n$ 表示到达叶子节点，即每个物品都已经考虑到了放或不放。根据子集树的代码框架，需要实现的函数包括输出函数 Output()、剪枝函数 Constraint() 和限界函数 Bound()。

输出函数的目的是得到一组最优选择，所以首先需要得到根节点到当前节点的路径，以及该路径获得的价值，并用该价值和已有的最佳价值进行比较，若更优则更新最优值和最优解，否则直接舍弃。

对于约束函数，主要考查的是当前物品是否可装入背包，所以需要计算根节点到当前节点已放入背包的物品重量和当前物品重量的总和，并与背包容量进行比较，以确定当前物品是否可以放入背包。

对于限界函数，主要目的是去除不可能得到最优解的情况，这就涉及某种解的价值上界的计算，当这个解不大于已有的最优值时，说明该解不可能是最优解，应该舍弃。这个上界设得很大，如设为无穷，算法执行过程肯定没有问题，但显然不会达到减少搜索空间的目的，所以确定一个合适的限界函数是关键。对于 0-1 背包问题，上界可通过如下方式计算：当前已获得的价值加上剩余背包容量中剩余物品做部分装入产生的最大价值（即以物品单位重量价值递减顺序装入物品将背包装满所得到的价值）。

算法实现 结合上述分析过程，可以得到 0-1 背包问题的算法实现，如代码 7-1 所示。

代码 7-1：0-1 背包问题的回溯法实现

```python
def Output():                            #输出最优解和最优值
    global bestp
    price = 0.0
    for i in range(n + 1):
        if x[i]:
            price += p[i]
    if price > bestp:
        bestp = price
        for i in range(1, n + 1):
            bestx[i] = x[i]

def Constraint(t):                       #约束函数
```

```python
            contain = 0.0
            for i in range(t + 1):
                if x[i]:
                    contain += w[i]
            if contain <= c:                          #c表示背包容量
                return True
            else:
                return False
        def Bound(t):                                 #计算上界
            cleft = c - cw                            #剩余容量
            b = cp
            r = []                                    #记录剩余物品的重量和价值
            for i in range(t, len(w)):
                r.append([w[i], p[i]])
            #定义排序规则：按照物品单位重量价值从大到小，lambda 为虚拟函数
            r.sort(key = lambda x: x[1] / x[0], reverse = True)

            for i in r:
                if i[0] < cleft:                      #无法全部装入
                    b += i[1] // i[0] * cleft         #装满背包
                    break
                else:
                    cleft -= i[0]
                    b += i[1]
            return b
        def Backtrack(t):
            if t > n:
                Output()
            else:
                for i in range(2):
                    x[t] = i
                    if Constraint(t) and Bound(t + 1) > bestp:
                        Backtrack(t + 1)

        if __name__ == '__main__':
            n, c = list(map(eval, input("请输入物品的数量和容量：").split()))    #n 为物品数量
                                                                               #c 为背包容量
            w = [None]                                #各个物品的重量
            p = [None]                                #各个物品的价值
            bestx = [0 for i in range(n + 1)]         #当前最优装入物品
            x = [0 for i in range(n + 1)]             #设置是否装入
            cw = 0.0                                  #当前背包容量
            cp = 0.0                                  #当前背包中物品价值
            bestp = 0.0                               #当前最优价值
            print("请输入物品的重量和价值：")
            for i in range(1, n + 1):
                w.append(eval(input("第{}个物品的重量：".format(i))))
                p.append(eval(input("价值是：")))

            Backtrack(1)
            print("最优价值为：{}".format(bestp))
            print("物品是否装入：", end = '')
            for i in range(1, n + 1):
                print(bestx[i], end = ' ')
```

在上述代码的执行过程中,无论是输出函数,还是约束函数,都在递归过程中被多次调用。对于这两个函数,价值和重量的计算都被重复计算了多次,因为函数中每次的计算都是从根节点开始。去除冗余计算后,可形成优化代码,如代码 7-2 所示。

代码 7-2:0-1 背包问题的优化代码

```python
def Bound(t):                                   #计算上界
    cleft = c - cw                              #剩余容量
    b = cp
    r = []                                      #记录剩余物品的重量和价值
    for i in range(t, len(w)):
        r.append([w[i], p[i]])
    #定义排序规则:按照物品单位重量价值从大到小,lambda 为虚拟函数
    r.sort(key = lambda x: x[1] / x[0], reverse = True)

    for i in r:
        if i[0] < cleft:                        #无法全部装入
            b += i[1] // i[0] * cleft           #装满背包
            break
        else:
            cleft -= i[0]
            b += i[1]
    return b

def Backtrack(t):
    global cp, bestp, cw
    if t > n:                                   #到达叶节点
        if cp > bestp:
            bestp = cp
            for i in range(1, n + 1):
                bestx[i] = x[i]
        return

    if cw + w[t] <= c:                          #搜索左子树
        x[t] = 1
        cw += w[t]
        cp += p[t]
        Backtrack(t + 1)
        cw -= w[t]
        cp -= p[t]

    if Bound(t + 1) > bestp:                    #搜索右子树
        x[t] = 0
        Backtrack(t + 1)

if __name__ == '__main__':
    n, c = list(map(eval, input("请输入物品的数量和容量:").split()))   #n 为物品数量
                                                                  #c 为背包容量
    w = [None]                                  #各个物品的重量
    p = [None]                                  #各个物品的价值
    bestx = [0 for i in range(n + 1)]           #当前最优装入物品
    x = [0 for i in range(n + 1)]               #设置是否装入
    cw = 0.0                                    #当前背包容量
    cp = 0.0                                    #当前背包中物品价值
    bestp = 0.0                                 #当前最优价值
```

```python
        print("请输入物品的重量和价值：")
        for i in range(1, n + 1):
            w.append(eval(input("第{}个物品的重量：".format(i))))
            p.append(eval(input("价值是：")))

    Backtrack(1)
    print("最优价值为：{}".format(bestp))
    print("物品是否装入：", end = '')
    for i in range(1, n + 1):
        print(bestx[i], end = ' ')
```

  为了减少计算量，这里引入了两个全局变量，cp 表示当前背包中物品的价值，cw 表示当前背包中物品的重量，如此就不需要在输出过程和约束过程中通过从根节点开始循环计算，只调用两个全局变量即可。改进后，若当前物品可以放入背包，那么背包的价值肯定更大，此时可以开始搜索左子树，即递归进入下一层。这里需要注意，在左子树搜索完成后，此时要准备转入对右子树的搜索，而搜索右子树表示当前节点不放入背包，所以需要将当前节点的 cp 和 cw 变量进行恢复。

  进入右子树的搜索时，表明当前物品不放入背包，所以不需要判断约束函数，此时需执行限界函数，即确定进入右子树是否可以得到更优的解，若有可能才会进入搜索，如果不可能，就不需要进入，这里限界函数的实现同代码 7-1 中的限界函数。

  上述实现的输出过程需要确定当前获得的价值是否比最优价值更大，而其实在完成每个函数的设计后，这个判断可以省略，即只要到达叶子节点，肯定可以得到更优的解。通过分析搜索过程就能明白，如果是搜索左子树到达的叶子节点，那么价值肯定会更大，因为只要新增物品，价值必然变大，而如果是搜索右子树到达的叶子节点，因为有限界函数的存在，只有在右子树可能获得更优解的情况下才会进入搜索过程，所以只要到达叶子节点，获得的价值肯定更大。最终，可形成优化后算法实现，如代码 7-3 所示。

代码 7-3：0-1 背包问题的最终代码实现

```python
def Bound(t):                                    #计算上界
    cleft = c - cw                               #剩余容量
    b = cp
    r = []                                       #记录剩余物品的重量和价值
    for i in range(t, len(w)):
        r.append([w[i], p[i]])
    #定义排序规则：按照物品单位重量价值从大到小，lambda 为虚拟函数
    r.sort(key = lambda x: x[1] / x[0], reverse = True)

    for i in r:
        if i[0] < cleft:                         #无法全部装入
            b += i[1] // i[0] * cleft            #装满背包
            break
        else:
            cleft -= i[0]
            b += i[1]
    return b

def Backtrack(t):
    global cp, bestp, cw
    if t > n:                                    #到达叶节点
```

```python
            bestp = cp
            for i in range(1, n + 1):
                bestx[i] = x[i]
            return

    if cw + w[t] <= c:                          #搜索左子树
        x[t] = 1
        cw += w[t]
        cp += p[t]
        Backtrack(t + 1)
        cw -= w[t]
        cp -= p[t]

    if Bound(t + 1) > bestp:                    #搜索右子树
        x[t] = 0
        Backtrack(t + 1)

if __name__ == '__main__':
    n, c = list(map(eval, input("请输入物品的数量和容量：").split()))   #n 为物品数量
                                                                    #c 为背包容量
    w = [None]                                  #各个物品的重量
    p = [None]                                  #各个物品的价值
    bestx = [0 for i in range(n + 1)]           #当前最优装入物品
    x = [0 for i in range(n + 1)]               #设置是否装入
    cw = 0.0                                    #当前背包容量
    cp = 0.0                                    #当前背包中物品价值
    bestp = 0.0                                 #当前最优价值
    print("请输入物品的重量和价值：")
    for i in range(1, n + 1):
        w.append(eval(input("第{}个物品的重量：".format(i))))
        p.append(eval(input("价值是：")))

    Backtrack(1)
    print("最优价值为：{}".format(bestp))
    print("物品是否装入：", end = '')
    for i in range(1, n + 1):
        print(bestx[i], end = ' ')
```

应用扩展　0-1 背包问题是一类问题的典型代表，如集装箱装载问题，其本质也是 0-1 背包问题。集装箱装载问题可以表述为：有 n 个集装箱要装上两艘载重量分别为 c_1 和 c_2 的轮船，其中集装箱 i 的重量为 w_i，且 $\sum_{i=1}^{n} w_i \leqslant c_1 + c_2$。要求确定是否有一个合理的装载方案可将这些集装箱装上这两艘轮船，若有，找出一种装载方案。

对于上述问题的求解，可以转化为以下过程。

（1）首先将第 1 艘轮船尽可能装满。

（2）将剩余的集装箱装上第 2 艘轮船。

对于该过程，可证明若给定的装载问题有解，则上述策略一定可得到最优解。转化后，对于第 1 个过程，就是将 n 个集装箱尽可能装入轮船 c_1，且集装箱不可拆分，这就是一个 0-1 背包问题，可以直接使用 0-1 背包的算法进行求解。

在实际问题的求解中，进行问题转化，将新问题转化为某个已知的典型问题是实现快速求解的有效手段之一。

7.5 回溯法应用：旅行售货员问题

问题分析　旅行售货员问题的求解对应的是对排列树的搜索，在运用排列树代码框架的过程中，需要重点实现输出和剪枝函数。输出函数就是对于到达叶子节点的处理，需要判断是否可构成回路，且花费是否更小。剪枝函数需要判断是否可以进入子树的搜索，即是否存在通路，且增加新的路费后总花费是否低于当前已经获得的最小花费，因为如果还没有经过所有城市，花费已经大于找到的某个回路的花费，那显然不需要继续进行搜索。

具体而言，约束函数用于判断节点间是否有通路。限界函数用于计算可能得到更优解的路线，从起点到达当前节点的总花费大于当前已经得到的最优值，则表明到达该点的这条路线不可能是更优解，无须再进行后续的搜索。

算法实现　结合排列树代码框架，形成的代码如代码 7-4 所示。其中，n 表示城市数；$a[\ ][\ ]$ 表示不同城市间的花费；$x[\ ]$ 记录经过的城市，初始时为 $\{1, 2, \cdots, n\}$；$bestx[\ ]$ 记录最优解；$bestc$ 记录最优值；cc 表示从起点到当前节点所需的花费。

代码 7-4：旅行售货员问题的代码实现

```python
NO_EDGE = 0                                              #两个点之间没有边

def Backtrack(i):
    global bestc, cc
    if i == n - 1:                                       #边界条件
        if a[x[i - 1]][x[i]] != NO_EDGE and a[x[i]][x[0]] != NO_EDGE \
            and (cc + a[x[i - 1]][x[i]] + a[x[i]][x[0]] < bestc or bestc == 0):    #约束条件
            bestc = cc + a[x[i - 1]][x[i]] + a[x[i]][x[0]]      #更新最小花费
            for j in range(n):
                bestx[j] = x[j]
    else:
        for j in range(i, n):
            if a[x[i - 1]][x[j]] != NO_EDGE and (cc + a[x[i - 1]][x[j]] < bestc or bestc == 0):
#剪枝函数，判断是否存在通路，且增加新的路费后总花费是否低于当前已经获得的最小花费
                x[i], x[j] = x[j], x[i]
                cc += a[x[i - 1]][x[i]]
                Backtrack(i + 1)
                cc -= a[x[i - 1]][x[i]]
                x[i], x[j] = x[j], x[i]

if __name__ == '__main__':
    n, edge_num = list(map(eval, input("请输入城市数和边数(n e)：").split()))    #n 为城市数
                                                         #edge_num 为边数
    a = [[NO_EDGE for i in range(n + 1)] for j in range(n + 1)]    #图的邻接矩阵
    cc = 0                                               #记录当前的路程
    bestc = 0                                            #记录最小的路程(最优)
    x = [i + 1 for i in range(n)]                        #记录行走顺序
    bestx = [i + 1 for i in range(n)]                    #记录最优行走顺序

    print("请输入两座城市之间的距离(p1 p2 l)：")
    for i in range(1, edge_num + 1):
        pos1, pos2, len = list(map(eval, input().split()))
        a[pos1][pos2] = a[pos2][pos1] = len

    Backtrack(1)
```

```
    print("最短路程为: {}".format(bestc))
    print("路径为: ")
    for i in range(n):
        print(bestx[i], end = ' ')
    print("1")
```

当搜索到叶子节点的上层节点时,需要判断从当前节点到叶子节点是否有通路,即 $a[x[i-1]][x[i]]$ 是否不等于 0,还需要判断从叶子节点是否能够回到起点,即 $a[x[i]][0]$ 是否不等于 0,在此基础上,还需要得到一个更小的花费,即 $cc+a[x[i-1]][x[i]]+a[x[i]][0]$ 是否小于 bestc。如果满足以上条件,则说明找到了一个更好的解。此外,为了处理的统一,找到的第 1 条回路应该直接作为当前最优解,其对应的花费为当前最优值,通过判断 bestc 是否为 0 实现。

当搜索到其他节点时,需要先判断是否可以进入对子树 $x[i]$ 的搜索。一方面通过约束函数 $a[x[i-1]][x[j]]$ 是否不等于 0 判断从当前节点 $x[i-1]$ 到 $x[j]$ 是否有通路;另一方面通过限界函数 $cc+a[x[i-1]][x[j]]$ 是否小于 bestc 判断新得到的路线对应的当前花费是否已超过当前最小花费。只有两个条件都满足时,才能进入对子树 $x[i]$ 的搜索。

实例分析 以图 7-3 对应的实例为例,$n=4$。从起点 1 开始,如图 7-5 步骤①所示。

(1) 执行 Backtrack(1),选择第 1 棵子树进行搜索,如图 7-5 步骤②所示,$j=1$,接着进行剪枝函数判断,$a[x[0]][x[1]]=30$,bestc$=0$,满足判断条件,完成交换操作,$i=j=1$ 结果不变,接着得到 cc$=a[0][1]=30$。

(2) 执行 Backtrack(2),搜索当前节点包含的第 1 棵子树,如图 7-5 步骤③所示。此时 $j=2$,$a[x[1]][x[2]]=5$,bestc$=0$,满足判断条件,执行交换操作,得到 cc$=35$。

(3) 执行 Backtrack(3),此时,$i=3$,到达叶子节点的上层节点,需判断是否构成更优回路,$a[x[i-1]][x[i]]=a[2][3]=20$,$a[x[i]][0]=a[3][0]=4$,bestc$=0$,满足判断条件,得到最优解 bestx$=(1,2,3,4)$,最优值 bestc$=35+20+4=59$。

(4) 接着执行 cc$=$cc$-a[x[i-1]][x[i]]=$cc$-a[2][3]=35-5=30$,并通过交换完成回溯的过程,如图 7-5 步骤④所示。

(5) 执行 Backtrack(2)的第 2 棵子树,如图 7-5 步骤⑤所示。此时 $j=3$,$a[x[1]][x[3]]=10$,cc$+a[x[1]][x[3]]=30+10<$bestc$=40$,满足判断条件,执行交换操作,$x[i]$ 和 $x[j]$ 交换,$x[2]=3$,$x[3]=2$,cc$=40$。

(6) 进入 Backtrack(3),此时,$i=3$,到达叶子节点的上层节点,需判断是否构成更优回路,$a[x[i-1]][x[i]]=a[3][2]=20$,$a[x[i]][0]=a[2][0]=6$,cc$+a[x[i-1]][x[i]]+a[x[i]][0]=40+20+6>$bestc,不满足判断条件,不是最优解,返回。

(7) 执行 cc$=$cc$-a[x[i-1]][x[i]]=40-10=30$,完成 $x[i]$ 和 $x[j]$ 交换,$x[2]=2$,$x[3]=3$。

(8) 执行 cc$=$cc$-a[x[i-1]][x[i]]=30-30=0$。连续回溯后,如图 7-5 步骤⑥所示。

(9) 对 Backtrack(1)的第 2 棵子树进行搜索,以此类推。

问题扩展 旅行售货员问题基于排列树实现,与之类似的问题还有批处理作业调度问题。给定 n 个作业的集合 $\{J_1,J_2,\cdots,J_n\}$。每个作业必须先由机器 1 处理,然后由机器 2 处理。作业 J_i 需要机器 j 的处理时间为 t_{ji}。所有作业在机器 2 上完成处理的时间和称为该作业调度的完成时间和。要求对于给定的 n 个作业,制定最佳作业调度方案,使其完成时间和达到最小。

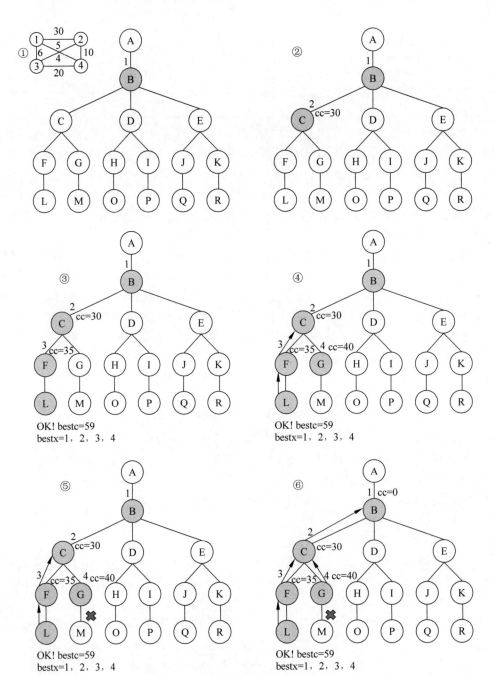

图 7-5 旅行售货员问题的执行过程

对于该问题,无论以哪种顺序处理作业都将是所有作业全排列中的一种,问题的解空间树直接对应一棵排列树。与旅行售货员问题不同的是,批处理作业问题不需要考虑构成回路的情况。

7.6 回溯法应用:符号三角形问题

问题描述 对于由+和−符号构成的长度为 n 的符号序列,相邻两个符号为同号,则下面是+,异号则下面是−,由此会构成一个倒三角符号三角形。如图 7-6 所示,为由 14 个+和

14个一组成的符号三角形。

对于给定的n,计算有多少个不同的符号三角形(多少种长度为n的序列),使其所含的＋和－的个数相同。

问题分析 该问题主要由第1行中＋或－符号的个数及排列顺序决定,因为第1行确定后,后续每行的情况也都是确定的,所以解向量就是一个长度为n的向量,向量中每个元素有两种取值——0或1,由此可以得到,该问题对应的解空间树是子集树。

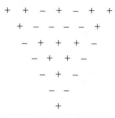

图 7-6 符号三角形示例

因为整个符号三角形中,符号的个数是$n(n+1)/2$,所以当总数为奇数时,肯定得不到有效解。此外,要想是符合条件的解,＋或－的总数应该都要等于$n(n+1)/4$,这就构成了该问题的约束函数。

算法实现 实现代码可直接套用子集树代码框架。如果当前的某个符号数超过总数一半,直接返回,当递归结束后,可行解个数加1。其中,count 表示－的个数。第2层循环用于统计新增加一个符号后,最右侧一条边所产生的符号情况,并同时统计其中出现的－的个数,之后进入下一层递归,当递归结束返回后,需要将当前节点所增加的－的个数count值清除,使当前节点进入下一个选择,并重新计数。

代码 7-5:符号三角形的子集树实现

```python
def Backtrack(t):
    global sum, count
    if count > half or t * (t - 1) / 2 - count > half:    #剪枝函数
        return
    if t > n:                 # the count == half is not necessary
        sum += 1
        for temp in range(1, n + 1):
            for tp in range(1, n - temp + 2):
                print(p[temp][tp], end = ' ')
            print()
        print()
    else:
        for i in range(2):                                #两个符号
            p[1][t] = i                                   #第1行第t个元素
            count += i                                    #记录-的个数
            for j in range(2, t + 1):
                p[j][t - j + 1] = p[j - 1][t - j + 1] ^ p[j - 1][t - j + 2]
                count += p[j][t - j + 1]
            Backtrack(t + 1)                              #深度优先搜索
            for j in range(2, t + 1):                     #搜索完还原
                count -= p[j][t - j + 1]
            count -= i

if __name__ == '__main__':
    n = int(input("请输入长度 n:"))
    sum = 0                                               #存储结果个数
    count = 0                                             #记录-的个数
    p = [[0 for i in range(n + 1)] for j in range(n + 1)] #1是-,0是+
    half = n * (n + 1) / 2
    if half % 2 != 0:
        print("无有效解")
```

```
        exit()
    half /= 2
    Backtrack(1)
    print("有{}个不同的符号三角形".format(sum))
```

实例分析 以 $n=3$ 为例进行执行过程的分析。

从 Backtrack(1) 开始, 进入第 1 层循环后, $p[1][1]=0$, 表示第 1 个位置为 +, count = 0, 第 2 层循环不执行。

进入 Backtrack(2), 又增加一个元素, 依然取 +, $p[1][2]=0$, count = 0, 第 2 层循环执行一次, 得到 $p[2][1]=p[1][1]$^$p[1][2]=0$, count = 0。

进入 Backtrack(3), 此时有 $p[1][3]=0$, count = 0, 第 2 层循环执行两次, 得到 $p[2][2]=0$, $p[3][1]=0$, count = 0。

进入 Backtrack(4), 不满足条件, 直接返回。

进入 Backtrack(3) 的第 2 种情况, $p[1][3]=1$, count = 1, 执行两次循环, 得到 $p[2][2]=1$, $p[3][1]=1$, count = 3。

进入 Backtrack(4), 返回一种可行情况, sum = 1, 返回。

清除 Backtrack(3) 的第 2 种情况得到的 count, 有 count = 0, 进入 Backtrack(2) 的第 2 种情况。

以此类推, 最后得到 sum = 4。执行过程如图 7-7 所示。

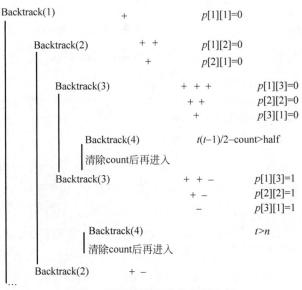

图 7-7 符号三角形的子集树实现

7.7 回溯法应用: n 皇后问题

问题描述 在 $n \times n$ 的棋盘上放置彼此不受攻击的 n 个皇后棋子。按照国际象棋的规则, 皇后可以攻击与之处在同一行、同一列或同一斜线上的棋子。n 皇后问题等价于在 $n \times n$ 的棋盘上放置 n 个皇后棋子, 任何两个皇后棋子不放在同一行、同一列或同一斜线上。以 $n=4$ 为例, 其中一种可行的放置方案如图 7-8 所示。

问题分析 为了便于分析, 将 n 皇后问题简化为 4 皇后问题, 显然可以用 4 组坐标表示

最终的解,图 7-8 的解就可以表示为 $(0,1),(1,3),(2,0)$,
$(3,2)$。从皇后放置的坐标值可以确定,无论怎么放置皇
后,在每行都会只有唯一的一个皇后,即在求解过程中主
要任务就是在寻找一个可行的列排列,如 1,3,0,2。由此,
对于 n 皇后问题,解空间的形式可以简化为一维向量形式
$(x_1,x_2,\cdots,x_n)$,向量的元素 x_i 为列坐标且满足 $0 \leqslant x_i \leqslant n-1$。对于上述列排列,有两种可选的方式,既可以从所
有列取值中确定一种排列关系,这就对应排列树形式;也
可以每个向量元素独立地选择某列,这就是一种子集树
形式。

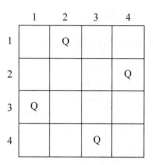

图 7-8 4 皇后问题的某个放置方案

　　因为问题的约束,实际需要考虑的解远小于可能的解空间大小。结合问题要求,可以明
确得到问题需要的约束条件包含:不在同一行(当前解向量的形式,使该约束自然满足);
不在同一列,要求每个向量元素的取值不能相等,即 $x_i \neq x_j$;不在同一斜线,即 $|x_i - x_j| \neq |i-j|$。将所有约束进行整合,可以形成最终的约束条件:$|x_i - x_j| \neq |i-j|$ 且 $x_i \neq x_j$。
这里需要注意的是,如果将解空间树对应为排列树的形式,约束条件中就不需要 $x_i \neq x_j$ 的约束。

　　算法实现　n 皇后问题既可以对应为排列树,也可以对应为子集树,子集树求解该问题
的代码实现如下。

代码 7-6:子集树实现 n 皇后问题

```
def Place(k):                                       #判断 k 位置能不能放棋子
    for j in range(1, k):
        if abs(k - j) == abs(x[j] - x[k]) or x[j] == x[k]:   #剪枝函数,判断是否在同一列
或在主副对角线的位置
            return False
    return True

def Backtrack(t):
    global sum
    if t > n:                                       #边界条件到达叶子节点
        sum += 1
        for i in range(1, n + 1):
            print("({},{})".format(i, x[i]), end = ' ')
        print()
    else:
        for i in range(1, n + 1):
            x[t] = i
            if Place(t):
                Backtrack(t + 1)                    #深度优先搜索

if __name__ == '__main__':
    n = int(input("请输入棋盘规格或皇后数量:"))    #棋盘规格
    sum = 0
    x = [0 for i in range(n + 1)]    #皇后的位置(i,x[i]),即 x[i]表示皇后在 i 行的列位置
    Backtrack(1)
    print(sum)
```

　　其中,Place()函数为约束函数,用于判断当前皇后棋子是否可以放置在当前位置;sum
用于存储解的个数;$x[\ ]$ 构成解向量,用于存储皇后棋子的位置。

排列树求解该问题的代码实现如下。

代码 7-7：排列树实现 n 皇后问题

```python
def Place(k):                                    # 判断是否放在 k 位置
    for j in range(1, k):
        if abs(k - j) == abs(x[j] - x[k]):       # 剪枝函数,判断是否在主副对角线上
            return False
    return True

def Backtrack(t):
    global sum
    if t > n:                                    # 边界条件
        sum += 1
        for i in range(1, n + 1):
            print("({},{})".format(i, x[i]), end = ' ')
        print()
    else:
        for i in range(t, n + 1):
            x[i], x[t] = x[t], x[i]
            if t == 1 or Place(t):
                Backtrack(t + 1)                 # 深度优先搜索
            x[i], x[t] = x[t], x[i]              # 还原

if __name__ == '__main__':
    n = int(input("请输入棋盘规格或皇后数量:"))   # 棋盘规格
    sum = 0
    x = [i for i in range(n + 1)]                # 皇后的位置(i,x[i]),即 x[i]表示皇后在 i 行的列位置
    Backtrack(1)
    print(sum)
```

实例分析 以 $n=4$ 的皇后问题为例,针对子集树的实现,问题的求解过程如图 7-9 所示。

(1) 调用 Backtrack(1),放置第 1 行的皇后,从位置 1 开始,此时 $x[1]=1$,这是一个可放的位置。进入 Backtrack(2),放置第 2 行皇后,从位置 1 开始,此时在 $x[2]=1$ 和 $x[2]=2$ 的情况下,都无法放置皇后。当 $x[2]=3$ 时,进入 Backtrack(3),放置第 3 行皇后,依然从位置 1 开始,此时 $x[3]=1$、$x[3]=2$、$x[3]=3$、$x[4]=4$ 对应的 4 个位置都无法放置皇后。上述过程如图 7-9 步骤①所示。

(2) 开始回溯,回到 Backtrack(2)的执行,重新放置第 2 行皇后,此时 $x[2]=4$,皇后可以放置。进入 Backtrack(3),放置第 3 行皇后,位置 1 无法放置,位置 2(即 $x[3]=2$)满足放置条件,进入 Backtrack(4),此时 $x[4]=1$、$x[4]=2$、$x[4]=3$、$x[4]=4$ 对应的 4 个位置都无法放置皇后。上述过程如图 7-9 步骤②所示。

(3) 开始回溯,回到 Backtrack(3),在位置 3 和 4 放置第 3 行皇后,即 $x[3]=3$ 和 $x[4]=4$,不满足条件,上述过程如图 7-9 步骤③所示。

(4) 开始回溯(如图 7-9 步骤④和步骤⑤所示),直到第 1 层递归 Backtrack(1),此时 $x[1]=2$,将第 1 行皇后放置于位置 2,进入 Backtrack(2),当 $x[2]=4$ 时,进入 Backtrack(3),$x[3]=1$ 时进入 Backtrack(4),当 $x[4]=3$ 时,得到一个可行的放置,此时 $x[1]=2$,$x[2]=4$,$x[3]=1$,$x[4]=3$(上述过程如图 7-9 步骤⑥所示)。接着继续进行回溯和深度搜索,如图 7-9 步骤⑦和步骤⑧所示。

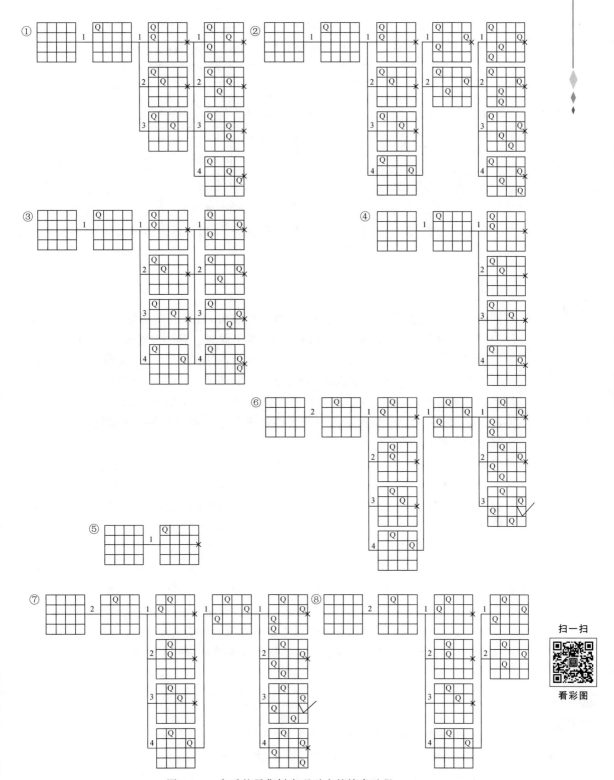

图 7-9 n 皇后的子集树实现对应的搜索过程

基于排列树形式的实现,会有大致一样的搜索过程,留待读者自行分析。

算法优化 为了获得所有可能的放置方案,需要对所有可能的解进行搜索判断,在此过程中,利用剪枝函数降低了搜索空间。进一步利用解的性质可以得到更优的实现,通过对可行解的分析发现,n 皇后问题的解具有镜像对称性,如图 7-10 所示。

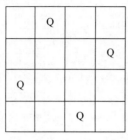 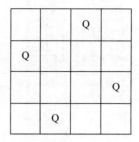

图 7-10　n 皇后问题的镜像对称性

结合镜像对称性,在搜索过程中,对于第 1 行皇后,可以只处理前半部分,此时需要搜索的空间会减少一半。

7.8　小结

回溯法可以系统地搜索一个问题的所有解或任意解,它在表示问题所有解的解空间树中,按照深度优先搜索的策略,从根节点出发搜索解空间树。算法搜索至解空间树的任意节点时,总是先判断该节点是否满足剪枝函数,如果满足,则跳过以该节点为根的子树的搜索,逐层向其祖先节点回溯。否则,进入该子树,继续按深度优先的策略进行搜索。

回溯法的解题步骤包括:①判断解是否可以表示为解向量的形式;②判断解空间树是子集树还是排列树;③以子集树或排列树代码框架为基础设计算法;④设计剪枝函数,包括约束函数和限界函数。

回溯法的执行效率主要依赖于:产生 $x[k]$ 的时间,就是解向量的构造时间;$x[k]$ 取值的个数,就是向量元素的取值情况;计算剪枝函数的时间,包括约束函数和限界函数;剪枝效果,就是需要搜索的 $x[k]$ 的个数。其中,剪枝函数的好坏最为关键,当然,好的剪枝函数能显著地减少所生成的节点数。但这样的剪枝函数往往计算量较大。因此,在选择剪枝函数时通常要考虑生成节点数与剪枝函数计算量之间的折中。

在搜索试探时,如果 $x[i]$ 值的顺序是任意的,在其他条件相当的前提下,应尽可能让可取值最少的 $x[i]$ 优先。例如,图 7-11 中左图从第 1 层(根节点为第 0 层)剪去一棵子树,则从所有应当考虑的解向量中一次消去 12 个解向量(对应深色的叶子节点);而对于右图,虽然同样从第 1 层剪去一棵子树,却只从应当考虑的解向量中消去 8 个解向量(对应深色的叶子节点)。前者的效果明显比后者好。这也是加快回溯法搜索效率常用的方法。

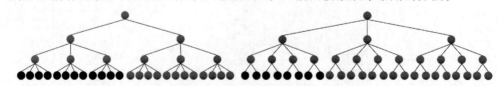

图 7-11　搜索子树的对比

回溯法的解空间树是由搜索过程中的路径动态形成的,不一定是完整的树。某些节点因为是死节点所以不会继续产生子树,所以说回溯法是基于隐式图的深度优先搜索,而穷举法是完整的搜索,而且对于具有相同父节点的搜索是重复的,这也是回溯法比穷举法效率更高的原因。

扩展阅读

回溯法[①]

回溯法(Back Tracking Method)是一种搜索方法,又称为试探法,按选优条件向前搜索,以达到目标。但当探索到某一步时,发现原先选择并不优或达不到目标时,就退回一步重新选择。"回溯"这个名字最早是由 Derrick Henry Lehmer 在 20 世纪 50 年代提出,后来"回溯"一词被大量学者发现并应用。

8 皇后问题(Eight Queens Puzzle)是回溯算法的典型案例,起源于国际象棋。在国际象棋中,皇后的势力范围是它所在的行、列以及对角线,8 皇后问题就是如何在一个 8×8 的棋盘上放置 8 个皇后棋子,使这 8 个皇后棋子不能互相攻击。换句话说就是,任何一个皇后都不会与其他皇后在同一行、同一列或同一条对角线上。提出这个古老而又著名问题的并不是一个皇帝,而是由国际象棋棋手马克思·贝瑟尔于 1848 年提出。该问题一经公布,立刻引起了数学家们的兴趣。1850 年,弗朗兹·诺克公布了该问题的第 1 个解,并首次将八皇后问题扩展至 n 皇后问题,即在 $n×n$ 的棋盘上放置 n 个皇后,使其不能相互攻击。

从那以后,包括高斯在内的许多数学家都研究过 8 皇后问题及其推广版本 n 皇后问题。对于 8 皇后问题,有"数学王子"之称的高斯认为有 76 种解决方案。1854 年在柏林的象棋杂志上,不同的作者发表了 40 种不同的解,后来有人用图论的方法解出 92 种结果,计算机发明后,有多种计算机语言可以解决此问题。1874 年,S.冈德尔提出了一个通过行列式求解的方法,这个方法后来又被 J. W. L. 格莱舍加以改进。1972 年,Dijkstra 以这个问题为例说明了他提出的结构性编程的能力,并发表了一篇详细描述深度优先回溯算法的文章。

> **从算法思想到立德树人**
>
> 回溯法会在选择的某条道路上一直前进,当然在前进的过程中,也会增加一系列判断,以帮助作出新的更正确的选择,要么继续深入,要么回头换路。
>
> 当我们定好一个目标,也应该在自己选择的道路上坚定地走下去,同时也应该抬头看看,不能只是蒙头前进。通过不断修正自己的道路,以更快地达到目标。

习题 7

扫一扫

习题

[①] 参考来源: T. B. Sprague. On the Eight Queens Problem[J]. Proceedings of the Edinburgh Mathematical Society, 1898, 17: 43-68.
The Problem of the Eight Queens[J]. Scientific American, 1877, 4(92supp).
https://www.cs.utexas.edu/users/EWD/ewd02xx/EWD249.PDF

第8章

分支限界法

本章学习要点

- 分支限界的基本思想和解题步骤
- 分支限界的两种实现方式
  - 队列式分支限界
  - 优先队列式分支限界
- 分支限界中的关键问题
  - 设计合适的限界函数
  - 组织待处理节点表
  - 确定最优解中的各个分量
- 通过典型应用学习分支限界算法设计策略
  - 0-1背包问题
  - 旅行售货员问题

分支限界法是一种以广度优先搜索方式进行的搜索算法,整个搜索过程先分支,即产生所有可选的搜索分支;再限界,即根据限界函数计算不同分支的界限;再搜索,即结合界限确定优先搜索的方向。

在搜索过程中,以什么样的先后顺序进行搜索,如何设计限界函数等问题构成了本章的主要内容。

8.1 引例:0-1背包问题

在回溯法章节中,已经对0-1背包问题的搜索进行了深入的探讨,采用的是基于深度优先搜索的策略,对于解空间树,还可以采用广度优先搜索方法。

以3个物品的0-1背包问题为例,分析一下搜索过程。假设现有物品的重量分别为16、15、15,价值为45、25、25,背包容量为30。在广度优先搜索的过程中,根据节点的状态对节点进行分类:活节点表示可以进行扩展并搜索的节点;当前扩展节点表示正在扩展其子节点的节点;死节点表示不需要进行扩展和搜索的节点。搜索过程如图8-1所示。

(1)开始状态,背包容量 r 为30,价值为0,从根节点出发,A为当前扩展节点,将它的左、右儿子分别作为候选分支,对于B节点,物品1的重量小于当前背包容量,可以作为活节点加入队列,C节点作为右儿子,表示不将物品装入背包,可直接作为活节点加入队列,如图8-1步骤①~步骤④所示。

（2）A 节点完成扩展后，出队，接着处理队列头部节点 B，即 B 节点从活节点转为当前扩展节点，对其左、右儿子进行扩展，经判断，D 节点无法装入背包，因为物品 2 的重量为 15，而此时背包容量只为 14，所以 D 节点为死节点，不入队，E 节点入队，如图 8-1 步骤⑤所示。

（3）B 节点完成扩展后将其出队，根据队列情况处理 C 节点，完成扩展后，F、G 成为活节点，并入队，如图 8-1 步骤⑥所示。

（4）处理完 C 节点后，完成出队，接着处理 E 节点，经判断 J 为死节点，K 为活节点且为叶子节点，表明找到一个可行解(1,0,0)，获得的价值为 45，如图 8-1 步骤⑦所示。

（5）E 节点完成扩展后出队，接着扩展 F 节点，得到两个可行解(0,1,1)和(0,1,0)，对应的价值分别为 50 和 25，如图 8-1 步骤⑧所示。

（6）F 节点出队后，处理 G 节点，同样得到两个可行解(0,0,1)和(0,0,0)，价值分别为 25 和 0，如图 8-1 步骤⑨所示。

（7）G 节点出队后，队列为空，则表明算法执行结束。

经过这个以广度优先搜索方式进行的搜索过程，可以得到每个可行解，整个算法的执行都依赖于对活节点队列的处理。同时，也可以看到，整个过程包含了分支的扩展，但并未包含限界的过程，这一过程将在后续章节中阐述。

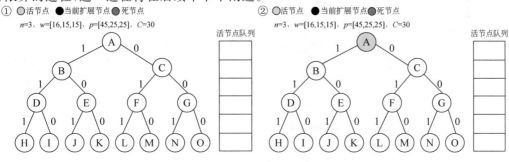

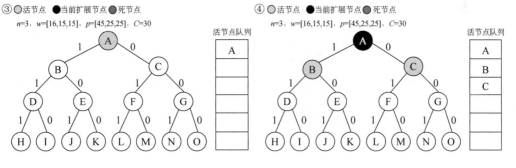

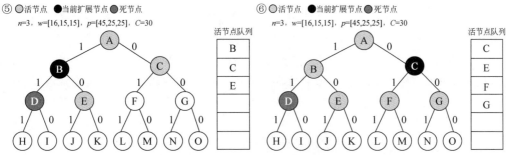

图 8-1　3 个物品的 0-1 背包问题的广度优先搜索过程

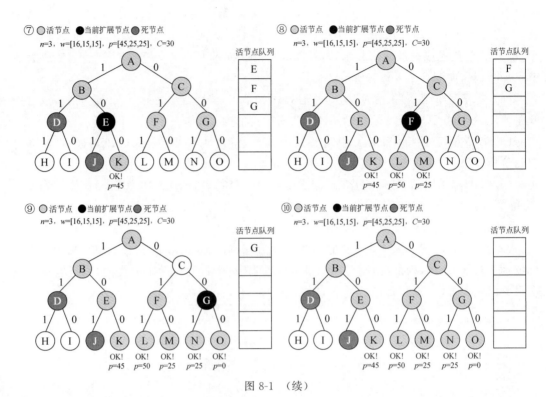

图 8-1 （续）

8.2 分支限界法基本思想

分支限界法的求解目标是找出满足约束条件的一个解，或是在满足约束条件的解中找出使某一目标函数达到极大或极小的解，即在某种意义下的最优解。

分支限界的搜索策略：在扩展节点处，先生成其所有儿子节点（分支），然后再从当前的活节点表中选择下一个扩展节点。这种选择可以是朴素的先进先出方式，也可以是在每个活节点处计算一个函数值（限界），并依据函数值，从当前活节点表中选择一个最有利的节点作为扩展节点的方式，以此加速搜索过程，尽快找到最优解。

两种不同的节点选择方式分别对应了先进先出式分支限界和优先队列式分支限界。前者的搜索过程如 8.1 节的搜索一样，而后者会针对问题的不同目标，采用大根堆或小根堆的方式实现。

分支限界法对问题的解空间树中节点的处理是跳跃式的，不像回溯法那样单纯地沿着双亲节点一层一层向上回溯，因此，当搜索到某个叶子节点且该叶子节点的目标函数值最大时，得到了问题的最优值，但是，却无法直接求得该叶子节点对应的最优解中的各个分量。通常在实现过程中会对每个扩展节点保存该节点到根节点的路径，或者在搜索过程中构建搜索经过的树结构，在求得最优解时，从叶子节点不断追溯到根节点，以确定最优解中的各个分量。

总体而言，在分支限界法的实现过程中需要重点解决 3 方面问题：一是确定合适的限界函数；二是高效组织待处理节点表；三是确定最优解中的各个分量。

8.3　分支限界法应用：0-1 背包问题

问题分析　使用分支限界法进行搜索，在 8.1 节的基础上，还需要明确剪枝函数。首先是约束函数，要保证装入背包的物品重量小于背包容量，用于判断节点是否能产生可行解；其次是限界函数，当前节点可能获得的最大价值（即上界函数值 up）要大于当前最大价值，用于决定是否能得到最优解。利用约束函数和限界函数，可对非可行解和非最优解进行剪枝。

队列式算法实现　该实现使用的数据结构为队列，分别用 TNode 和 QNode 类表示物品和队列的节点。TNode 存储物品的重量、价值、编号和单位重量的价值，QNode 表示当前节点的状态，存储当前背包装入物品的重量和价值、当前位于解空间树的层数（即当前遍历过的物品数量）、当前的最大价值上界。

算法主要由 3 部分组成，分别是预处理函数 pre()、分支限界搜索函数 Knap()、上界函数 bound()。具体步骤如下。

（1）预处理。调用 pre() 函数，输入数据，包括背包容量 C、物品数量 n，建立物品类数组存储各个物品的重量和价值，并计算各个物品的单位重量价值。对物品类数组按单位重量价值从大到小排序（便于计算上界）。

（2）搜索。调用 Knap() 函数，进行计算，利用队列，用迭代的方式实现。

第 1 步，判断当前节点是否为叶子节点，若为叶子节点且当前价值大于最优值，则更新最优值，取出队列中下一个节点，进入下一次循环。

第 2 步，对左孩子节点进行判断。若左孩子节点可以放入背包中（放入后，重量不超过背包容量），则将当前节点入队。若当前价值大于最优值，更新最优值（可以剪去一部分节点）。

第 3 步，对右孩子节点进行判断。调用 bound() 函数计算其上界，若上界大于当前最优值，说明其可能有最优解，建立队列节点（记录当前的重量、价值、层数和上界）并入队；反之，不进行操作。

第 4 步，取出队首节点，转到第 1 步，直到队列为空时退出循环。

（3）输出最优值，并释放动态申请的空间。

具体实现如代码 8-1 所示，最优解的实现读者可自行完成。

代码 8-1：0-1 背包问题的队列式分支限界法

```python
from queue import Queue

class TNode:                                    # 物品
    def __init__(self, w = 0, p = 0, id = -1, pi = 0):
        self.w = w                              # 重量
        self.p = p                              # 价值
        self.id = id                            # 物品编号
        self.pi = pi                            # 单位价值

    def __lt__(self, other):
        return self.pi > other.pi

class QNode:                                    # 队列节点
    def __init__(self, w = 0, p = 0, level = 0, up = 0):
        self.w = w                              # 当前重量
```

扫一扫

视频讲解

```python
            self.p = p                          # 当前价值
            self.level = level                  # 层数
            self.up = up                        # 最大价值上界

        def __lt__(self, other):
            return self.up > other.up


    def pre():                                  # 预处理
        for i in range(1, n + 1):
            t = list(map(eval, input("输入第{}物品重量和价值: ".format(i)).split()))
            T.append(TNode(t[0], t[1], i, t[0] / t[1]))
        T.sort()                                # 按单位价值从大到小排序
        T.insert(0, None)

    def Knap():                                 # 分支限界求解函数
        global bestp
        cw = 0
        cp = 0
        k = 1
        up = bound(1, 0, 0)
        while not Q.empty() or k == 1:          # 队列为空时结束循环
            if k > n:
                if cp > bestp:
                    bestp = cp
                tmp = Q.get()
                cw = tmp.w
                cp = tmp.p
                k = tmp.level
                up = tmp.up
                continue

            if cw + T[k].w <= c:                # 当前物品放入背包中
                if cp + T[k].p > bestp:
                    bestp = cp + T[k].p
                if k + 1 <= n:                  # 若已为叶节点,不是扩展节点,不入队
                    Q.put(QNode(cw + T[k].w, cp + T[k].p, k + 1, up))

            up = bound(k + 1, cp, cw)
            if up >= bestp:                     # 当前物品不放入背包中
                Q.put(QNode(cw, cp, k + 1, up))

            tmp = Q.get()                       # 获取队列中的下一个节点
            cw = tmp.w
            cp = tmp.p
            k = tmp.level
            up = tmp.up

    def bound(t, cp, cw):
        kw = cw
        kp = cp
        j = t
        for i in range(t, n + 1):
            if kw + T[i].w <= c:
                kw += T[i].w
```

```
            kp += T[i].p
            j += 1
        else:
            break
    if j < n:
        kp += T[j + 1].pi * (c - kw)
    return kp

if __name__ == '__main__':
    bestp = 0                                              #最大价值
    c, n = list(map(eval, input("输入背包容量和物品个数: ").split()))   #容量和物品个数
    T = []                                                 #物品列表
    Q = Queue()
    pre()
    Knap()
    print(bestp)
```

实例分析 通过一个实例分析算法的执行过程。背包容量 $C=30$,物品个数 $n=3$,物品价值 $p=(40,27,24)$,物品重量 $w=(20,15,15)$。从活节点 A 开始扩展,此时节点深度为 0,已有价值为 0,已用容量为 0,价值上限 up 为 58。up 的计算是将 0-1 背包转换为部分背包并利用贪心法实现计算,物品 1 的单位重量价值最大,首先装入会获得价值 40,占用容量 20;物品 2 的单位重量价值次大,装入背包,因背包容量不够,所以只装入部分物品 2,获得价值 18,这就得到了当前状态下背包能够获得的最大价值,此时的解向量为 $(?,?,?)$,表示未有物品放入背包。总之,对于当前节点会得到两个向量,一个为解向量(x_1,x_2,x_3),另一个为节点信息向量(节点深度,已装入背包价值,已占用背包容量,价值上限)。

(1) 对 A 节点进行扩展,B 和 C 都为活节点并入队,A 节点完成扩展,出队。

接着按照队列的先进先出特性扩展 B 节点,此时得到 B 节点的信息向量为 $(1,40,20,58)$,解向量为 $(1,?,?)$。对于 B 节点的两个儿子 D 和 E 而言,D 的容量超过背包容量,无法放入,所以 D 为死节点,不加入队列,进行剪枝;对于 E 节点,解向量为 $(1,0,?)$,节点信息向量为 $(2,40,20,56)$,将 E 节点入队。

(2) 接着扩展 C 节点,对于左儿子节点 F,对应解向量为 $(1,0,?)$,节点信息为 $(2,27,15,51)$,右儿子节点 G 的节点信息向量为 $(2,0,0,24)$,解向量为 $(0,0,?)$。在 F 和 G 入队后,开始扩展 E 节点,经判断 J 节点为死节点,K 为活节点,信息向量为 $(3,40,20,40)$,因为 K 为叶子节点,所以找到一个解,当前解为最优解,即 bestp$=40$,bestx$=(1,0,0)$。

(3) 接着扩展 F 节点,F 的 up 为 51,大于当前最优值 bestp,可以继续扩展,得到 L 节点的信息向量为 $(3,51,30,51)$,同时 L 为叶子节点,且解的值大于当前最优值,所以更新最优值和最优解,bestp$=51$,bestx$=(0,1,1)$。

(4) 接着扩展得到 M 节点,虽然这是一个叶子节点,但其价值为 27 低于当前最优值,所以不更新。

(5) 接着扩展 G 节点,此时该节点的 up 为 24,低于当前最优值 51,G 节点为死节点,直接对其进行剪枝。

(6) 最后,队列为空,算法结束。各节点状态如图 8-2 所示。

在整个算法执行过程中,队列中节点的出入队顺序为 A-B-C-E-F-G。得到 bestp$=51$,

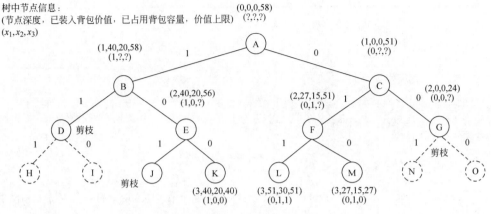

图 8-2　0-1 背包问题的实例分析(1)

bestx=(0,1,1)。利用约束函数完成对 D 和 J 节点的剪枝,利用限界函数完成对 G 节点的剪枝。

以上实现的分支限界法在扩展过程中按照活节点先进先出的策略进行搜索,每个扩展节点具有相同的优先级。然而,在实际搜索过程中,不同节点获得最优值的可能存在差异,利用这种差异,对更可能获得最优值的节点进行优先扩展,该方法对应分支限界法的第 2 种实现——优先队列式的分支限界法,该方法可以加速获得最优值的过程。

对于 0-1 背包问题,可以选择当前节点价值的下界 down 作为节点扩展顺序的依据,下界值越大,优先级越大,越先被扩展。下界值可以采用贪心法计算 0-1 背包问题得到,从单位重量价值最大的物品开始装包,直到背包无法装入当前物品为止,此时得到的背包价值即为当前节点的下界值。

优先队列算法实现　使用优先队列,以最大价值上界优先的方式搜索解空间树。分别用 TNode 和 QNode 类表示物品和队列的节点。TNode 存储物品的重量、价值、编号和单位重量的价值,QNode 表示当前节点的状态,存储当前背包装入物品的重量和价值、当前位于解空间树的层数(即当前遍历过的物品数量)和当前的最大价值上界。

算法主要由 3 部分组成,与队列式分支限界基本一样,分别是预处理函数 pre()、分支限界搜索函数 Knap()和上界函数 bound()。不同点在于优先队列以最大价值上界值作为节点的优先级,每次出队的节点都是当前价值上界最大的节点。具体步骤如下。

(1) 预处理。调用 pre()函数,输入数据,包括背包容量 C、物品数量 n,建立物品类数组存储各个物品的重量和价值,并计算各个物品的单位重量价值。对物品类数组按单位重量价值从大到小排序(便于计算上界)。

(2) 计算。调用 Knap()函数,进行计算,利用队列,用迭代的方式实现。

第 1 步,判断当前节点是否为叶子节点,若为叶子节点且若当前价值大于最优值,则更新最优值,取出队列中下一个节点,进入下一次循环。

第 2 步,对左孩子节点进行判断。若左孩子节点可以放入背包中(放入后,重量不超过背包容量),则将当前节点入队。若当前价值大于最优值,更新最优值(可以剪去一部分节点)。

第 3 步,对右孩子节点进行判断。调用 bound()函数计算其上界,若上界大于当前最优值,说明其可能有最优解,建立队列节点(记录当前的重量、价值、层数和上界)并入队;反之,不进行操作。

第 4 步,取出队首节点,返回第 1 步,直到队列为空时退出循环。
(3) 输出最优值,并释放动态申请的空间。
具体实现如代码 8-2 所示,最优解的实现由读者完成。

代码 8-2:0-1 背包问题的优先队列式分支限界法

```python
from queue import PriorityQueue

class TNode:                                      # 物品
    def __init__(self, w = 0, p = 0, id = -1, pi = 0):
        self.w = w                                # 重量
        self.p = p                                # 价值
        self.id = id                              # 物品编号
        self.pi = pi                              # 单位价值

    def __lt__(self, other):
        return self.pi > other.pi

class QNode:                                      # 队列节点
    def __init__(self, w = 0, p = 0, level = 0, up = 0):
        self.w = w                                # 当前重量
        self.p = p                                # 当前价值
        self.level = level                        # 层数
        self.up = up                              # 最大价值上界

    def __lt__(self, other):
        return self.up > other.up

def pre():                                        # 预处理
    for i in range(1, n + 1):
        t = list(map(eval, input("输入第{}物品重量和价值: ".format(i)).split()))
        T.append(TNode(t[0], t[1], i, t[1] / t[0]))
    T.sort()                                      # 按单位价值从大到小排序
    T.insert(0, None)

def Knap():                                       # 分支限界求解函数
    global bestp
    cw = 0
    cp = 0
    k = 1
    up = bound(1, 0, 0)
    while k < n + 1:                              # 到达叶子节点时退出循环
        if cw + T[k].w <= c:                      # 当前物品放入背包中
            if cp + T[k].p > bestp:
                bestp = cp + T[k].p

            # if k + 1 <= n:                      # 若已为叶节点,不是扩展节点,不入队
            Q.put(QNode(cw + T[k].w, cp + T[k].p, k + 1, up))

        up = bound(k + 1, cp, cw)
        if up >= bestp:                           # 当前物品不放入背包中
            Q.put(QNode(cw, cp, k + 1, up))

        tmp = Q.get()                             # 获取队列中的下一个节点
```

```
                cw = tmp.w
                cp = tmp.p
                k = tmp.level
                up = tmp.up
        if cp > bestp:
            bestp = cp

    def bound(t, cp, cw):
        kw = cw
        kp = cp
        j = t
        for i in range(t, n + 1):
            j = i
            if kw + T[i].w <= c:
                kw += T[i].w
                kp += T[i].p
            else:
                break

        if j <= n:
            kp += T[j].pi * (c - kw)
        return kp

    if __name__ == '__main__':
        bestp = 0.0                                                   #最大价值
        c, n = list(map(eval, input("输入背包容量和物品个数：").split()))   #容量和物品个数
        T = []                                                        #物品列表
        Q = PriorityQueue()

        pre()
        Knap()
        print(bestp)
```

实例分析 以 4 个物品为例，背包容量 $C=15$，物品价值 $p=(10,10,12,18)$，物品重量 $w=(2,4,6,9)$。

(1) 从活节点 A 开始扩展，当前 A 节点的解向量为 (?,?,?,?)，已放入背包中的物品重量和价值为{0,0}，价值上界为[38]。38 包含物品 1 的价值 10，物品 2 的价值 10，物品 3 的价值 12 和物品 4 的价值 6。对 A 节点进行扩展，得到 B 和 C，此时计算得到 B 节点的解向量为 (0,?,?,?)，背包信息为{0,0}，价值上界为[32]，C 节点的解向量为 (1,?,?,?)，背包信息为{2,10}，价值上界为[38]。节点状态如图 8-3 所示。

(2) 对于 B 和 C 节点，上界值都大于当前最优值(初始为 0)，都是活节点，然而，C 节点的上界值大于 B 节点的上界值，优先将 C 节点入队，再将 B 节点入队。

(3) A 节点出队后，对 C 节点进行扩展，得到两个活节点 D 和 E。D 节点的解向量为 (1,0,?,?)，背包信息为{2,10}，价值上界为[36]。E 节点的解向量为 (1,1,?,?)，背包信息为{6,20}，价值上界为[38]，比较上界值后，按 E、D 的顺序插入 B 节点之前(因为其上界值 38 大于 D 节点的上界值 36 和队列中 B 节点的上界值 32)。

(4) 在完成对 C 节点的扩展后，对 E 节点进行扩展，得到活节点 F 和 G，此时 F 节点的上界值最大为 38，优先入队并位于队首。

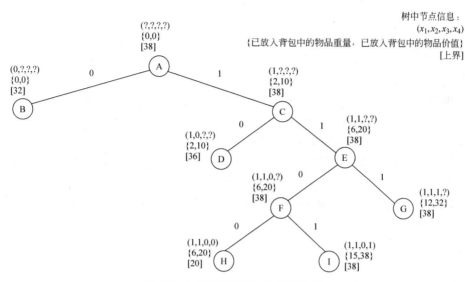

图 8-3　0-1 背包问题的实例分析(2)

(5) 完成对 E 节点的扩展后,对 F 节点进行扩展,得到叶子节点 I 和 H,比较后可得最优值 bestp=38,bestx=(1,1,0,1)。

(6) 接着对队列中的队首节点 G 进行扩展,其左儿子节点不满足限界函数,右儿子节点不满足约束函数,进行剪枝。

(7) 再对 D 节点进行扩展,D 节点的上界值 36 小于当前获得的 bestp 值 38,不满足限界函数,对其剪枝。

(8) 再对 B 节点进行扩展,同样其上界值 32 小于当前获得的 bestp 值 38,不满足限界函数,对其剪枝。此时,队列为空,算法结束。

在此过程中,通过优先队列的计算,实现最优值的快速计算,队列中节点的出队顺序为 A-C-E-F-G-D-B。其中,背包信息中的物品重量主要用于约束函数,上界值主要用于限界函数和确定节点的优先级。

8.4　分支限界法应用:旅行售货员问题

视频讲解

旅行售货员问题对应的是对一棵排列树的搜索,根据前面的学习,可以直接使用优先队列式的分支限界法实现,这是一个广度优先搜索的过程。

算法开始时,创建一个小根堆用于表示活节点优先队列,这里选择堆中每个节点的子树费用的下界 lcost 作为优先队列的优先级。因为下界越小,越有可能得到花费越小的解,所以优先级越高。下界 lcost 的计算则通过计算当前节点的已用花费 cc 和未经过的每个节点的最小费用出边(节点的所有边中最小的权值)的和得到。

若所给的有向图中某个顶点没有出边,则该图不可能有回路,算法即告结束。若每个顶点都有出边,则根据计算出每个节点的最小出边及每个节点的最小出边和进行算法的初始化。

算法的 while 循环体完成对排列树内部节点的扩展。对于当前扩展节点,算法分两种情况进行处理。

(1) 首先考虑 $s=n-2$ 的情形(s 表示当前扩展节点),此时当前扩展节点是排列树中某个叶节点的父节点。如果该叶节点对应一条可行回路且费用小于当前最小费用,则将该叶节点插入优先队列中,否则舍去该叶节点。

(2) 当 $s<n-2$ 时,算法依次产生当前扩展节点的所有儿子节点。由于当前扩展节点所对应的路径是 $x[0:s]$,其可行儿子节点是从剩余顶点 $x[s+1:n-1]$ 中选取的顶点 $x[i]$,且 $(x[s],x[i])$ 是所给有向图 G 中的一条边。对于当前扩展节点的每个可行儿子节点,计算出其前缀 $(x[0:s],x[i])$ 的费用 cc 和对应的下界 lcost。当 lcost<bestc 时,将这个可行儿子节点插入活节点优先队列中。

此过程就是扩展节点,并完成入队和出队的过程。

while 循环的终止条件是排列树的一个叶节点成为当前扩展节点。当 $s=n-1$ 时,已找到的回路前缀是 $x[0:n-1]$,它已包含图 G 的所有 n 个顶点。因此,当 $s=n-1$ 时,对应的扩展节点表示一个叶节点。此时,该叶节点所对应的回路的费用等于 lcost。剩余的活节点的 lcost 值不小于已找到的回路的费用,都不可能构成费用更小的回路。因此,已找到的叶节点所对应的回路是一个最小费用回路,算法结束返回找到的最小费用和对应的最优解,并保存在数组 v 中。

实例分析 以如图 8-4 所示的实例进行分析,各节点的状态如图 8-5 所示。每个节点需记录 3 个信息:节点深度、已花费代价和未来花费的代价下界。

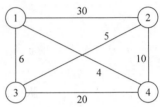

图 8-4 4 个节点的带权图

(1) 初始时,B 节点的深度为 0,已花费代价为 0,未来花费的代价下界为 18,分别为 1 的最小出边权值 (4)+2 的最小出边权值 (5)+3 的最小出边权值 (5)+4 的最小出边权值 (4)。即每个节点都从最小出边出去也需要 18 的花费。

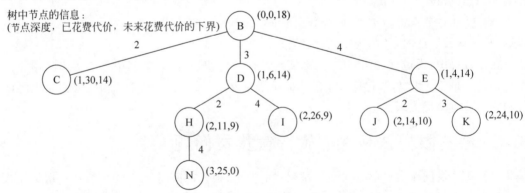

图 8-5 旅行售货员问题的实例分析

(2) 接着扩展 C 节点,节点信息为 $(1,30,14)$,D 节点为 $(1,6,14)$,E 节点为 $(1,4,14)$,因为队列是一个优先队列,同时可扩展的 3 个节点中,E 节点可能的最小花费为 18,小于 D 节点的 20 和 C 节点的 44,所以优先将 E 节点入队,然后是 D 节点,最后是 C 节点。

(3) 接着扩展 E 节点,得到 J 节点为 $(2,14,10)$,此时 J 节点的可能花费为 $10+14=24$,即理论上的最小花费小于现有队列中 C 节点的 44,但大于 D 节点的 20,所以将 J 节点入队并放到 D 和 C 之间,接着处理 K 节点,并入队在 J 节点和 C 节点之间。

(4) 完成对 E 节点的扩展后,接着取队首 D 节点进行扩展,产生 H 节点和 I 节点,此时 H 节点的下界为 9,理论最小花费为 20,是队列所有节点中的最小花费,所以直接入队至队首位置,同样得将 I 节点入队。

(5) 接着处理 H 节点,此时发现 H 节点为叶子节点的父节点,计算整个回路的花费为 25,

且此 25 小于当前最优值，因为这是第 1 个有效回路，更新最优值，并将其叶子节点 N 入队。

（6）接着处理 J 节点，这也是一个叶子节点的父节点，同样计算总花费为 25，并不比当前的最优值更好，所以直接出队，不做扩展。

（7）接着处理 K 节点，此时 K 节点的最小花费为 24+10=34，大于已经求得的最优值，完成剪枝不再进行扩展。

（8）接着处理 N 节点，此时发现 N 是一个叶子节点，则算法结束。输出最优值为 25，最优解为 (1,3,2,4)。

在此过程中，优先队列的出队顺序为 B-E-D-H-J-N。对 B 节点扩展后队列中节点的顺序为 E-D-C；对 E 节点扩展后为 D-J-K-C；对 D 节点扩展后为 H-J-K-I-C；对 H 节点扩展后为 J-N-K-I-C；对 J 节点扩展后为 N-I-C。此外，约束函数为两点间是否有边，限界函数为当前节点的最小花费下界是否大于最优值。

8.5　小结

扫一扫

视频讲解

分支限界法的求解目标是找出满足约束条件的一个解，或是在满足约束条件的解中找出使某一目标函数达到极大或极小的解，即在某种意义下的最优解。

与回溯法不同的是，分支限界法首先扩展解空间树中的上层节点，并采用限界函数，有利于实行大范围剪枝，同时，根据限界函数不断调整搜索方向，选择最有可能取得最优解的子树优先进行搜索。所以，如果选择了节点的合理扩展顺序以及设计了一个好的限界函数，分支限界法可以快速得到问题的解。

当然，必须注意到分支限界法的较高效率是以付出一定代价为基础的，其工作方式也造成了算法设计的复杂性。

首先，一个更好的限界函数通常需要花费更多的时间计算相应的目标函数值，对于具体的问题通常需要进行大量实验，才能确定一个好的限界函数。

其次，分支限界法对解空间树中节点的处理是跳跃式的，因此，在搜索到某个叶子节点得到最优值时，为了从该叶子节点求出对应最优解中的各个分量，需要对每个扩展节点保存该节点到根节点的路径，或者在搜索过程中构建搜索经过的树结构，这使得算法的实现较为复杂。

最后，算法要维护一个待处理节点表，需要较大的存储空间，在最坏情况下，分支限界法需要的空间复杂性是指数级。

虽然分支限界法总体上的复杂度很高，但在好的限界函数的支持下，依然可以实现快速搜索，且很多问题本身就是复杂问题，在时间复杂度层面也不存在更高效的算法，此时，分支限界法就会成为一种有效的解决方案。

扩展阅读

分支限界法[①]

20 世纪 50 年代后期，有一群老师和研究员在伦敦经济学院对线性规划及其扩展产生了浓厚的兴趣，包括 Helen Makower、George Morton、Ailsa. H. Land 和 Alison. G. Doig。

---

① 参考来源：A. H. Land, A. G. Doig. An Automatic Method for Solving Discrete Programming Problems[J]. Econometrica, 1960, 28(3): 497-520.

当时这些老师和研究员正在研究一个称为"洗衣车问题"的解决方法,"洗衣车问题"即为现在的"旅行售货员问题",当时他们发现这个问题的难度超出了他们的想象,并没有看起来那样简单,一度对其解法产生困惑。

与此同时,英国石油公司正在为其炼油厂开发线性规划模型。他们想要扩展模型以处理世界石油从源头到炼油厂的运输规划,因为船舶和储罐的容量限制难以将离散变量引入模型,于是英国石油公司与伦敦经济学院签订合同,并支付 Ailsa. H. Land 和 Alison. G. Doig 一年的工资,供他们研究将离散变量纳入线性规划模型的可能性。

A. H. Land 和 A. G. Doig 投入工作之后很快就意识到,由于石油运输模型太大,一般方法很难解决,需要借助电子计算机才能进行这种大规模计算,遗憾的是当时的伦敦经济学院没有任何机会去使用这种设备。但 A. H. Land 和 A. G. Doig 并没有因此而止步,正所谓物资匮乏是激发人类潜能的催化剂,他们以最原始的方式进行人工计算,将所有方案都记在纸上并保存在文件夹中。他们在研究中发现,如果将运往世界各地的路径构造成树,并追踪树的每个分支,直到它的边界不再是最佳边界,而且对分支的每个方向的下一分支进行预估,更能减少工作量,这种方法就是现在分支限界法的雏形。后来他们提到这件事情,乐观地说:"人工方式的计算比计算机好,因为这样不会受机器存储的限制。"很快英国石油公司的运输规划问题得以解决,但是英国石油公司不想让竞争对手发现自己的商业意图,所以不希望 A. H. Land 和 A. G. Doig 在任何出版物上发表解决该问题的方法。

后来 A. H. Land 和 A. G. Doig 还利用此方法解决了 Markowitz 和 Manne 论文里的 0-1 模型问题,当时的他们对"分支限界法"并没有概念,而是一心探索另一项关于"几何"解释的研究,很久以后,有人写了一篇关于"分支限界法"的论文,实际上该论文中写的内容与 A. H. Land 和 A. G. Doig 在为英国石油公司所做的工作中发现的方法一致。

1960 年,A. H. Land 和 A. G. Doig 在 *Econometrica* 期刊上发表了关于他们发现分支限界算法思维的论文,从那时起,分支限界法有了更清晰的阐述。

从算法思想到立德树人

分支限界法在搜索最优解的过程中会从众多的路径中选择一条可能最快得到最优解的路径,快速接近最优解。

就好比人生遇到很多选择,我们要选择正确的道路才能快速达到目标。当然,总是作出最佳选择是很困难的,当出现偏差时,我们也要做到及时纠正,选择新的道路。

习题 8

扫一扫

习题

第9章

概率算法

本章学习要点
- 概率算法的思想
- 概率算法的分类
  - 舍伍德算法
  - 拉斯维加斯算法
  - 蒙特卡洛算法

概率算法有别于确定性算法。确定性算法要求每个计算步骤都是确定的,在输入不变的情况下,不管重复执行算法多少次,其结果都完全相同,前面章节涉及的算法都是确定性算法。概率算法则允许算法执行过程中随机地选择下一个计算步骤,因此算法的每次执行过程可能都不完全相同。

9.1 引例:主元素求解

问题描述 求一串数中的主元素(假设主元素一定存在),即出现次数超过一半的数。以数串(1,7,7,2,7,8,7,8,7,7)为例,主元素为 7。

问题分析 对于该问题,有多种求解方法。最直观的方法就是对元素排序,排序后出现在中间位置的元素即为主元素,算法的时间复杂度取决于排序的时间复杂度,通常为 $O(n\log n)$。

对于该问题还有一种更高效的实现方法,可以称为分类消除法,该算法的时间复杂度为 $O(n)$。具体而言,将数串中的数分为两类,一类称为主元素且标记为 A,另一类称为其他元素且标记为 B。开始时,第 1 个数进入 A,之后每来一个数,都与 A 中的数进行比较,若与 A 中的数相同,则将该数也加入 A;若不相同,则删除 A 中的一个数;若 A 中没有数,则直接将该数加入 A。最后,A 中剩下的数即为主元素。

除上述两种不同的算法外,结合主元素在数串中出现概率大于 50% 的特点,还可以利用随机性,实现新的不同类型的算法。假设有一个包含 n 个面的骰子,每次掷完骰子后,取出和骰子数对应位置的数,再判断该数出现的次数是否大于一半,若是,则找到主元素;否则,再次掷骰子。该算法的时间复杂度也为 $O(n)$。

在计算机中,这个骰子就对应了随机数生成函数,上述算法即为概率算法。因为算法执行过程中存在随机性,对所求解的同一个问题实例用同一概率算法求解两次可能得到完全不同的效果。同时,算法执行时间不同,执行结果也可能有较大的差别。

9.2 概率算法的分类

通常概率算法可以分为舍伍德算法、拉斯维加斯算法和蒙特卡洛算法。其中,舍伍德算法肯定可以得到正确解,该算法主要可以减小最坏情况出现的概率;拉斯维加斯算法得到的肯定是正确解,但可能得不到解,随着运行次数的增多,得到正确解的概率变大;蒙特卡洛算法得到的解无法判断是否正确,随着运行次数增多,得到正确解的概率变大。

此外,还有一类算法称为数值概率算法,该算法常用于数值问题求解。在多数情况下,要计算问题的精确解是不可能的或没有必要的,用数值概率算法可以得到近似解,且随计算时间的增加近似解精度不断提高,所以这类算法也可以归为蒙特卡洛算法。

9.3 随机数生成

随机数作为概率算法中的核心函数,对概率算法的执行效果起到重要作用。作为计算机中产生随机数的主体,其生成的数的分布可能如图 9-1 所示。

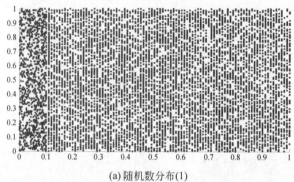

(a) 随机数分布(1)

扫一扫

看彩图

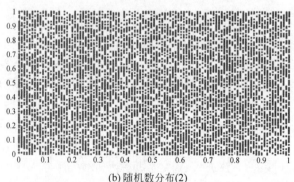

(b) 随机数分布(2)

图 9-1　随机数的不同分布

图 9-1 对应了两种不同的随机数生成函数。可以明显看出,不同函数生成的随机数的分布并不相同。与图 9-1(a)(对应代码 9-1)相比,图 9-1(b)在 0~0.1 会存在明显的非随机性,两者之间图 9-1(a)对应的生成函数更优。但是,就图 9-1(a)而言,其实也不是真正的随机,只是在当前的生成规模下并未体现出非随机性。在计算机中,随机数函数都是通过一系列计算得到,无论函数设计得多精妙,得到的依然是伪随机数。所以,在使用随机数生成函数时,需要结合问题对随机数的随机性需求选择合适的随机数生成函数,只要在需要的数的规模内体现出足够的随机性,通常就能满足计算需求。

最常用的随机数生成函数 rand()采用的是线性同余法。该方法产生的随机序列 a_0, $a_1,\cdots,a_n$ 满足

$$\begin{cases}a_0=d\\a_i=(ba_{i-1}+c)\bmod m, i=1,2,\cdots\end{cases}$$

其中,$b\geqslant 0,c\geqslant 0,d\leqslant m$。$d$ 称为种子,m 为机器可表示的一个大数,b 为一个素数,且 $\gcd(m,b)=1$。

代码 9-1:基于线性同余的随机数生成

```
from random import random

if __name__ == '__main__':
    ♯循环产生 10 组随机数
    for i in range(0, 10):
        print("{:.2f} {:.2f}".format(random(), random()))
```

9.4 舍伍德算法

扫一扫

视频讲解

在算法的实际应用中,总是希望使用时间复杂度低的算法,特别是希望算法的最坏时间复杂度较低,因为最坏时间复杂度反映了算法求解某问题的时间上界,在实际应用中具有重要价值。在算法的最坏时间复杂度无法进一步降低的情况下,往往希望尽可能让算法不出现最坏情况。此时,可引入随机性改造算法,使算法出现最坏时间复杂度的可能性降低。这类通过引入随机性减少算法的最坏情形出现次数的算法称为舍伍德算法。

例如,在一串数中选择第 k 小元素的问题,该问题通常采用快速排序算法的划分过程实现。首先选择一个基准数,然后,通过两端向中间的交替扫描将数串分为左、右两部分,左半部分为小于基准数的数,右半部分为大于或等于基准数的数,此时,基准数所在的位置 p 就是第 p 小的数,接着通过 p 和 k 的比较,再递归地处理基准数的左半部分或右半部分。具体的算法实现如代码 9-2 所示。

代码 9-2:选择第 k 小元素的确定性算法

```
def partition(a, b, e):                 ♯将 a[b]~a[e]以基准数为标准分为 3 部分
    i = b
    j = e
    x = a[b]
    while i < j:                        ♯从两边开始搜索与基准数进行比较
        while i < j and a[j] >= x:
            j -= 1
        if i < j:
            a[i] = a[j]
            i += 1
        while i < j and a[i] < x:
            i += 1
        if i < j:
            a[j] = a[i]
            j -= 1
    a[i] = x
    return i

def kth_small(a, b, e, k):              ♯在 a[b]~a[e]中找第 k 小元素
```

```python
        if b > e or k < 1 or k > e - b + 1:
            return -1
        p = partition(a, b, e)
        m = p - b
        if k == m + 1:
            return a[p]
        if k < m + 1:
            return kth_small(a, b, p - 1, k)
        return kth_small(a, p + 1, e, k - m - 1)

    if __name__ == '__main__':
        #n, k = list(map(int, input().split()))
        k = int(input("输入寻找第几小的数："))
        a = list(map(int, input("输入查找数组：").split()))
        print(kth_small(a, 0, len(a) - 1, k))
```

该算法的最坏情况出现在基准数为最小或最大数时。此时，只会将数串分为两部分，问题的求解规模只会减少1。要想实现快速计算，就要减少基准数为最小或最大数的可能，此时，可以在选择基准数时引入随机性，随机选择一个数为基准数（而不像代码9-2直接选择数串最左边的数为基准数，对于已经有序的数串，必然出现最坏情况），通过随机选择可大大降低基准数为最大或最小数的概率，具体实现如代码9-3所示。

代码 9-3：选择第 k 小元素的舍伍德算法

```python
from random import randint                    # 导入random模块下所有函数

def partition(a, b, e):                       # 将a[b]~a[e]以基准数为标准分为3部分
    i = b
    j = e
    k = b + randint(0, e - b)                 # 随机选择基准元素
    a[b], a[k] = a[k], a[b]                   # 将随机选择的基准元素与首位元素互换
    x = a[b]
    while i < j:
        while i < j and a[j] >= x:
            j -= 1
        if i < j:
            a[i] = a[j]
            i += 1
        while i < j and a[i] < x:
            i += 1
        if i < j:
            a[j] = a[i]
            j -= 1
    a[i] = x
    return i

def kth_small(a, b, e, k):                    # 在a[b]~a[e]中找第k小元素
    if b > e or k < 1 or k > e - b + 1:
        return -1
    p = partition(a, b, e)
    m = p - b
    if k == m + 1:
        return a[p]
    if k < m + 1:
        return kth_small(a, b, p - 1, k)
```

```
        return kth_small(a, p + 1, e, k - m - 1)

if __name__ == '__main__':
    #n, k = list(map(int, input().split()))
    k = int(input("输入寻找第几小的数："))
    a = list(map(int, input("输入查找数组：").split()))
    print(kth_small(a, 0, len(a) - 1, k))
```

与此类似，同样可以对快速排序算法进行改进。这种改进既可以是对基准数的随机选择，也可以是对输入数的随机重排，目的都是利用舍伍德算法的思想减少出现最坏情况的可能。

9.5 拉斯维加斯算法

现实中的很多问题都是 NPC 问题，在有效时间内找到正确解的可能性很低。此时，可以引入随机性随机选择一个解并判断解的正确性，虽然因为这是一个随机选择的过程可能找不到正确解，但算法找到正确解的概率会随计算时间的增加不断提高，这类概率算法称为拉斯维加斯算法。该算法的通用形式如代码 9-4 所示。

扫一扫

视频讲解

代码 9-4：拉斯维加斯算法的通用形式

```
1  int main()
2  {
3      bool success = false;
4      while (!success) success = lv(x,y);
5      return 0;
6  }
```

lv() 函数为拉斯维加斯概率算法。

例如 n 皇后问题，对于每个皇后可以随机选择位置并对每个位置的可行性进行检测，若都通过检测，则表明找到了问题的正确解，否则继续随机选择。该过程类似于没有任何规则的搜索，具体实现如代码 9-5 所示。

代码 9-5：n 皇后问题的拉斯维加斯算法

```
from random import randint                    # 导入 random 模块所有函数

def place(x, k):
    for j in range(1, k):
        if abs(k - j) == abs(x[j] - x[k]) or x[j] == x[k]:   # 剪枝函数
            return False
    return True

def queensLV(x, n):                           # 随机放置 n 个皇后
    k = 1                                     # 正要放置的皇后编号
    kplace = [0 for i in range(0, n)]         # 可以放置皇后 k 的列集合
    count = 1                                 # 可以放置皇后 k 的列数
    for i in range(0, n + 1):
        x[i] = 0
    while k <= n and count > 0:               #n 个皇后均放好或某个皇后无处放置时停止
        count = 0
        for i in range(1, n + 1):
```

```
                x[k] = i
                if place(x, k):
                    kplace[count] = i
                    count += 1
            if count > 0:
                x[k] = kplace[randint(0, count - 1)]    #随机选择一个可放位置
                k += 1
    return count > 0

if __name__ == '__main__':
    n = int(input("请输入皇后个数: "))
    if n < 1:
        print("皇后个数必须大于0")
    else:
        x = [0 for i in range(0, n + 1)]
        while not queensLV(x, n):
            pass
        for i in range(1, n + 1):
            print("{:3d}".format(x[i]), end = '')
```

上述过程的随机性主要体现在对每个皇后位置的选择上。整个算法是否得到正确解，一方面取决于随机性，另一方面则取决于算法运行的时间，只要有足够的运行时间，就可以得到正确解。

9.6 蒙特卡洛算法

蒙特卡洛算法可以说是最著名的概率算法，该算法由第二次世界大战中研制原子弹"曼哈顿计划"的成员 S. M. 乌拉姆和冯·诺伊曼首先提出，在金融工程学、计算物理学等数值计算领域有广泛应用。

该算法以求得问题的正确解为目标。设 p 是 $0.5 \sim 1$ 的实数，若算法得到正确解的概率不小于 p，则称该蒙特卡洛算法是 p 正确的，且 $p-0.5$ 是该算法的优势。虽然随着运行时间的增加，得到正确解的概率也在增大，但在运行过程中所求的解不一定正确，同时也无法判定所得解是否肯定正确。就好比你在一片森林中想找到最粗的一棵树，随着寻找的时间越来越长，找到的树肯定会越来越粗，但你并不能保证找到的这棵树一定是这片森林中最粗的。

例如，计算 Pi 值（圆周率）的问题，可以采用随机投点法完成计算。设有半径为 r 的圆及外切四边形，向正方形内随机投掷 n 个点，落入圆内的点数为 k。因投入的点在正方形上均匀分布，则投入的点落入圆内的概率为

$$\frac{\pi r^2}{4r^2} = \frac{\pi}{4}$$

当 n 足够大时，$\pi \approx 4k/n$。

具体的算法实现如代码 9-6 所示。

代码 9-6：计算 Pi 值的蒙特卡洛算法

```
from random import random

def darts(n):
    k = 0
    for i in range(1, n + 1):
```

```
        x = random()                    # 在[0,1)内随机选择一个数作为 x
        y = random()                    # 在[0,1)内随机选择一个数作为 y
        if x ** 2 + y ** 2 <= 1:
            k += 1
    return 4 * k / n

if __name__ == '__main__':
    n = int(input())
    print(darts(n))
```

对于上述实现,随着投的点数的不断增加,理论上可以获得越来越精确的值。此外,因为这是一个数值计算过程,所以也被称为数值概率算法,与之类似的还有利用投点法求定积分问题。

再如 9.1 节的主元素问题,算法实现如代码 9-7 所示。

代码 9-7:主元素问题的蒙特卡洛算法

```
from random import randint

def majority(t):
    n = len(t) - 1
    i = randint(1, n)
    x = t[i]                            # 随机选择数组元素
    k = 0
    for j in range(1, n + 1):
        if t[j] == x:
            k += 1
    return k > n / 2                    # k > n/2 时 t 含有主元素

if __name__ == '__main__':
    x = list(map(eval, input().split()))
    x.insert(0, 0)
    print(majority(x))
```

当数组不含主元素时,算法返回的 false 一定是正确解;当数组含有主元素时,由于非主元素个数小于 $n/2$,故返回 true 的概率大于 $1/2$,而返回 false(可能正确,也可能不正确)的概率小于 $1/2$。所以算法返回错误解的概率小于 50%,但依然很大。当重复调用两次主元素蒙特卡洛算法时,如果 p 是算法返回 true 的概率,则算法可将错误概率降低到 $(1-p)^2 <$ $(1/2)^2 = 1/4$。或者说,调用两次算法返回正确解的概率大于 $3/4$。进一步,对于任何的 $p > 0$,重复调用算法 $\lceil \log(1/p) \rceil$ 次,可使错误概率小于 p。

9.7 小结

概率算法是解决 NPC 问题的有效方法之一。无论是哪种类型的概率算法,都是利用随机性完成计算,所以计算过程和结果都可能不确定。舍伍德算法通常用于降低最坏时间复杂度对应情况出现的概率,肯定可以得到正确解;拉斯维加斯算法随着运行次数的增多,得到正确解的概率变大,同时得到的肯定是正确解,但可能得不到解;蒙特卡洛算法也会随着运行次数的增多进而增大得到正确解的概率,但得到的解无法判断是否正确。

扫一扫

视频讲解

扩展阅读

概　　率[①]

概率的运用在我国古代的"置闰""占卜"等事件中就早有体现。"卦"在我国古代传统文化中有着非常悠久的历史，利用"卦"进行占卜和算命是一种或然性判断。《周易》中对六十四卦不同卦相的出现次数有详细的记载："凡一阴一阳之卦各六""凡二阴二阳之卦各十有五""凡三阴三阳之卦各二十""凡四阴四阳之卦各十有五""凡五阴五阳之卦各六"。

通常，作卦都伴随着随机试验，如抽签、掷钱币等。以掷硬币为例，假定掷一硬币出正面称为"阳"，出反面称为"阴"，连续独立地做 3 次此种试验，就会有 $2^3=8$ 种不同的结果，画出图来就是八卦图。连续独立地做 6 次此种试验，就有 $2^6=64$ 种不同的结果，画出图来就是六十四卦图。上述"凡一阴一阳之卦各六"和"凡三阴三阳之卦各二十"的说法，以伯努利概率型公式也可表示为

$$C_6^1 \left(\frac{1}{2}\right)\left(\frac{1}{2}\right)^5 = \frac{6}{64}$$

$$C_6^3 \left(\frac{1}{2}\right)^3\left(\frac{1}{2}\right)^3 = \frac{20}{64}$$

国外的概率思想起源可以追溯到 17 世纪，当时法国有一位热衷于掷骰子游戏的贵族公子——德·梅尔，他发现了这样的事实：将一枚骰子连掷 4 次，至少出现一个六点的机会比较多，而同时将两枚骰子掷 24 次，至少出现一次双六的机会却很少，后人称此为著名的德·梅尔问题。相比之下，我国两千多年前的《周易》已经清楚阴阳卦之分布规律，前面所引用的《周易》中关于六十四卦中阴阳卦的计算数字，正是上述概率式中分子的数字，只是表现形式不同而已。由此也可知，发生三阴三阳之卦的概率最大。

经过不断发展，概率问题也慢慢从最初的算卦、赌博等场景中走出来，形成了严谨的学科——概率论，并在自然科学、社会科学、工程技术、军事科学等诸多领域发挥着重要作用。

从算法思想到立德树人

概率无处不在，用好概率算法可以在有效时间内得到近似计算结果，这是求解 NPC 问题的有效方法之一。

当我们无法直接判断或每种选择都等效时，随机选择就成为常用的方法之一，此时就会和求解问题一样，得到一个比较好的近似结果。面临多种选择时，善于随机选择，不要强求，往往可以得到更好的结果。"随便"有时也是一种好的态度。

习题 9

扫一扫

习题

[①] 参考来源：
曲安京. 中国古代的置闰法：一个概率问题[J]. 西北大学学报(自然科学版)，2000，30(6)：465-469.
王新民，吕晓亚."八卦"产生的概率分析[J]. 内江师范学院学报，2008，23(6)：31-32.
邱润之. 从概率的角度看《周易》中的有关问题[J]. 曲阜师范学院学报(自然科学版)，1982(4)：21，77，81.
http://maths.hust.edu.cn/info/1187/3353.htm.

第10章 综合应用

扫一扫
视频讲解

扫一扫
思政教学案例

本章学习要点
- 算法设计策略的分析和对比
- 最大子段和问题
  - 穷举法
  - 分治法
  - 动态规划
- 最短路径问题
  - 贪心法求解单源最短路径问题：Dijkstra 算法
  - 动态规划求解所有点对间的最短路径问题：Floyd 算法
  - Bellman-Ford 算法
- 资源分配问题
  - 动态规划
  - 贪心法
  - 回溯法
  - 分支限界法

前面学习了几种常用的算法设计策略，包括递归与分治、动态规划、贪心法、回溯法与分支限界法等，本章首先对这些算法设计策略进行回顾和总结，分析它们之间的联系和区别，并通过对比几个经典问题的多种不同求解方法，加深对不同算法设计策略的理解。

10.1 算法设计策略的对比

10.1.1 递归与分治法

递归是一种算法设计技术，其基本出发点是判断一个问题的求解是否可以转化为与它性质相同但规模不同的问题求解。如果可以，需要进一步分析递归的边界条件（递归结束的条件）和递归关系（问题和子问题间的关系）。递归的优点是代码简洁，但其执行过程的理解有一定难度。

分治是一种分而治之的算法设计策略，其基本出发点是一个问题的求解是否可以通过分解为若干规模较小的同类问题的求解而得到，而规模较小的问题又可以继续分解为若干规模更小的同类问题进行求解。分治法按照分解子问题、递归求解子问题、合并子问题的步骤进行求解。因此，递归是分治的重要步骤。

扫一扫
视频讲解

递归与分治密不可分,分治要使用递归,而递归隐含着分治的思想。因此,也通常把两者合二为一,统称为递归与分治策略。

10.1.2　动态规划与分治法

动态规划与分治的相同点是基于问题可分解的思想,问题的结果与子问题的结果有一定关系,通过子问题的结果可以得到问题的结果。两者的区别在于适合用动态规划求解的问题,其分解得到的子问题往往不是互相独立的,某些子问题可能被使用多次,因此为了避免这些子问题重复计算,提高算法效率,基于空间换时间的思路,把子问题的结果保存起来;适合用分治法求解的问题,其分解得到的子问题是互相独立的,即彼此之间没有依赖关系,一个子问题只被使用一次,因此可以运用递归即用即得,不存在重复计算的问题。

例如,二分查找、快速排序、归并排序、棋盘覆盖、大整数乘法等问题,由于子问题相互独立,适合使用分治法求解;而数字三角形、0-1 背包、矩阵连乘、最长公共子序列、最长不上升子序列等问题适合使用动态规划求解。

10.1.3　动态规划与贪心法

动态规划与贪心法的共同点在于都是用于求解最优化问题的算法设计策略,而且适合求解的问题具有最优子结构性质,即问题的最优解可以通过子问题的最优解得到。不同点在于,适合用贪心法求解的问题具有贪心选择性质,根据贪心选择策略,每做一次贪心选择,就把问题转化为一个规模更小的子问题,直至问题求解完毕;而适合用动态规划求解的问题则需要把所有可能的子问题都求解出来,再来选择最优的。因此,从算法实现方式上看,贪心法求解过程是问题规模逐步减小的过程,动态规划求解过程是自底向上,从小规模问题逐步推出大规模问题的过程。时间复杂度上,贪心法每次只计算一个子问题,而动态规划需要计算所有子问题,因此贪心法效率更高。两者的联系和区别具体如表 10-1 所示。

表 10-1　动态规划与贪心法的对比

对比内容	动态规划	贪心法
共同点	最优子结构性质	
不同点	重叠子问题性质	贪心选择性质
求解思路	对所有选择比较后取最优	根据贪心选择策略只考虑一种选择
解题过程	通常采取自底向上方式,从小问题推出大问题	通常采取自上而下方式,从大问题逐步求解,不断减少问题规模,直至结束
代码结构	通常是多重循环	通常是排序后一次遍历

例如,0-1 背包问题可以用动态规划求解,但不能用贪心法求解;而部分背包问题则可以使用贪心法快速得到问题的最优解。

10.1.4　回溯法与分支限界法

回溯法与分支限界法的共同点在于都是对问题的解空间树进行搜索的算法设计策略,在搜索过程中,边判断边搜索。不同点在于,回溯法是一种基于深度优先搜索的方法,搜索向纵深方向进行,需要借助栈实现;而分支限界法是一种基于广度优先搜索的方法,搜索按层次进行需要借助队列实现。从算法实现方式来看,回溯法通常采用递归方式实现(也可以用迭代实现），代码简洁；分支限界法通常采用非递归方式实现，为了得到最优解需要记录很多信息，代码复杂。空间复杂度方面，回溯法记录最优解只需要较小的空间，分支限界法记录最优解需要更多的空间。时间复杂度方面，两种方法在最坏情况下都与解空间大小相当，但如果设计较好的限界函数，优先队列式分支限界法由于总是朝着最有希望的方向进行搜索，因此更高效。

本书中介绍的 0-1 背包问题、旅行售货员问题、圆排列问题等，既可以使用回溯法，也可以使用分支限界法。

10.2　最大子段和问题

扫一扫

视频讲解

最近某只股票的价格走势如图 10-1 所示。已知连续若干天的股票价格，想知道应该在哪天买入哪天卖出，才能获得最大化收益。

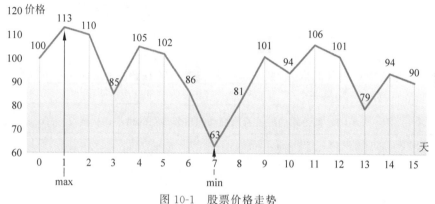

图 10-1　股票价格走势

扫一扫

看彩图

思路 1　通常在最低价买入、最高价卖出时可以获得最大收益。因此，直观思路是找到最低价和最高价。但如图 10-1 所示，最低价出现在第 7 天的 63，最高价出现在第 1 天的 113，最高价在最低价前面出现，显然与逻辑不符，因此需要加入最低价在最高价前面出现这个条件。按照这个想法，给出思路 2。

思路 2　寻找最低和最高价格，然后从最高价格开始向前寻找之前的最低价格，从最低价格开始向后寻找之后的最高价格，取两对价格中差值最大者，如图 10-2 所示。从第 7 天的最低价 63 向后找到最高价格是第 11 天的 106，收益是 106－63＝43；从第 1 天的最高价 113 向前找最低价格是初始的 100，收益是 113－100＝13；两者取大者为 43，是图 10-1 对应实例的正确答案。

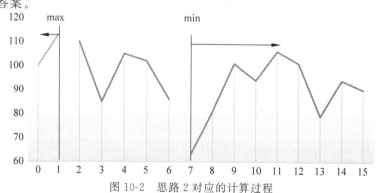

图 10-2　思路 2 对应的计算过程

扫一扫

看彩图

但思路 2 并不适合该问题的其他实例。例如,如表 10-2 所示,最大收益发生在第 2 天买入,第 3 天卖出。这两天的价格既不是最高价格,也不是最低价格。因此,通过该例说明,最大收益不一定是从最低价格开始或到最高价格结束。

表 10-2 某公司的股票价格变动情况

天	0	1	2	3	4
价格	10	11	7	10	6

思路 3 采用穷举法,计算所有前后两天的价格差,找最大的差价,即为最大收益。如果开始时间为 i,结束时间为 j,那么 $[i,j]$ 的所有可能性的数量达到

$$\sum_{i=0}^{n-1}(n-i) = n + n - 1 + \cdots + 1 = \frac{n(n+1)}{2} = O(n^2) \tag{10-1}$$

前面的 3 种思路,都是从收益角度直接计算价格差,思路 1 和思路 2 是错误的,思路 3 虽然正确,但基于穷举法求解,效率较低。下面从价格变化的角度考虑该问题,在图 10-1 的基础上增加相邻日期的价格变化情况,如表 10-3 所示。可知,某段时间的价格变化之和等于这段时间的收益。

思路 4 在给定日期区间内,股票的最大收益等价于在该区间内寻找一个连续区间,该连续区间的价格变化之和最大。

表 10-3 某公司的股票价格变动和相邻日期的价格变化情况

天	0	1	2	3	4	5	6	7
价格	100	113	110	85	105	102	86	63
变化		13	−3	−25	20	−3	−16	−23
天	8	9	10	11	12	13	14	15
价格	81	101	94	106	101	79	94	90
变化	18	20	−7	12	−5	−22	15	−4

若用 $a[i]$ 表示第 i 天与第 $i-1$ 天的价格差,则最大收益 max_value 为

$$\text{max\_value} = \max\{0, \sum_{k=i}^{j} a[k]\}, 1 \leqslant i \leqslant j \leqslant n \tag{10-2}$$

该问题是一个非常经典的问题——最大子段和问题,下面首先给出问题描述,再讨论该问题的求解方法。

问题描述 给定一个序列,找出该序列的一个连续区间中元素和的最大值,称为最大子段和问题。如果序列中元素都为负数,则最大子段和为 0。

例如,序列 $(-20,11,-4,13,-5,-2)$ 的最大子段和为 $(11,-4,13)=20$;序列 $(-20,11,-4,-6,-5,-2)$ 中只有一个非负数,因此最大子段和即为 11;序列 $(-20,-11,-4,-13,-5,-2)$ 中都为负数,因此,最大子段和为 0;序列 $(20,11,4,6,5,2)$ 中所有元素为正数,最大子段和为整个序列 $(20,11,4,6,5,2)=48$。

利用前面学习的算法设计策略,下面讨论最大子段和问题的求解方法。

1. 方法 1:穷举法

计算所有连续区间的和,找出其中的最大值。用元素的下标表示连续区间 $[i,j]$,其中 $i=0,1,\cdots,n-1,j=i,i+1,\cdots,n-1$。具体实现见代码 10-1。

代码 10-1：穷举法求解最大子段和

```python
#函数功能：返回最大子段和以及对应的区间[ * tstart, * tend]
def MaxSubSeqSum(a, n, tstart, tend):
    MaxSum = 0
    for i in range(0, n):                    #i 表示开始位置
        for j in range(i, n):                #j 表示结束位置
            tSum = 0
            for k in range(i, j + 1):
                tSum += a[k]                 #累计求和 a[i] ~ a[j]
                if tSum > MaxSum:
                    MaxSum = tSum            #更新最大子段和区间下标
                    tstart[0] = i
                    tend[0] = j
    return MaxSum

if __name__ == '__main__':
    n = int(input())                         #n 表示序列中元素总数
    a = list(map(eval, input().split()))     #a[i]存储序列元素，从 a[0]开始
    tstart = [0]
    tend = [0]
    ret = MaxSubSeqSum(a, n, tstart, tend)
    print(ret)
    if ret != 0:
        for i in range(tstart[0], tend[0] + 1):
            print(a[i], end = ' ')
```

代码 10-1 的主要计算量花费在 MaxSubSeqSum() 函数的三重循环中，最坏情况时间复杂度为 $O(n^3)$，效率比思路 3 更低，显然需要进一步优化。不难看出，在计算连续区间 $[i,j]$ 上的元素和时，每次都从起始元素一直累加到结束元素，而实际上，本次计算的连续区间与上次计算的连续区间 $[i,j-1]$ 只增加了一个元素 $a[j]$，因此，没有必要再累加一轮，只需要在上次求和基础上直接累加即可，这样，可以省去一重循环，见方法 2。

2. 方法 2：改进的穷举法

在方法 1 的基础上，改进连续区间的求和方法，取消重复计算。

代码 10-2：改进的穷举法求解最大子段和

```python
#函数功能：返回最大子段和以及对应的区间[ * tstart, * tend]
def MaxSubSeqSum_2(a, n, tstart, tend):
    MaxSum = 0
    for i in range(0, n):                    #i 表示开始位置
        tSum = 0
        for j in range(i, n):                #j 表示结束位置
            tSum += a[j]
            if tSum > MaxSum:
```

```
                    MaxSum = tSum                    #更新最大子段和区间下标
                    tstart[0] = i
                    tend[0] = j
    return MaxSum
if __name__ == '__main__':
    n = int(input())                                 #n 表示序列中元素总数
    a = list(map(eval, input().split()))             #a[i]存储序列元素,从 a[0]开始
    tstart = [0]
    tend = [0]
    ret = MaxSubSeqSum_2(a, n, tstart, tend)
    print(ret)
    if ret != 0:
        for i in range(tstart[0], tend[0] + 1):
            print(a[i], end = ' ')
```

改进后,代码 10-2 的最坏情况时间复杂度为 $O(n^2)$,与思路 3 的复杂度相当。下面分析是否可以使用递归与分治策略求解该问题。

3. 方法 3:分治法

按照分治法的平衡划分原则,把序列分为两个规模几乎相等的子序列,但这两个子序列的最大子段和不一定是整个序列的最大子段和,整个序列的最大子段和还可能出现在跨越中间位置的连续区间,如图 10-3 所示。按照分治的思路:分解子问题、求解子问题、合并子问题的结果,左、右两部分的最大子段和通过递归调用进行求解,第 3 种情况从中间位置开始,首先向左累加每个元素,并记录最大的和 leftSum,然后向右累加每个元素,并记录最大的和 rightSum,得到(leftSum+rightSum)作为跨越中间位置的最大子段和,并与左、右两边的最大子段和进行比较,选其中的最大值作为整个序列的最大子段和。

情况1:左边序列的最大子段和　　情况2:右边序列的最大子段和

情况3:跨越中间位置的最大子段和

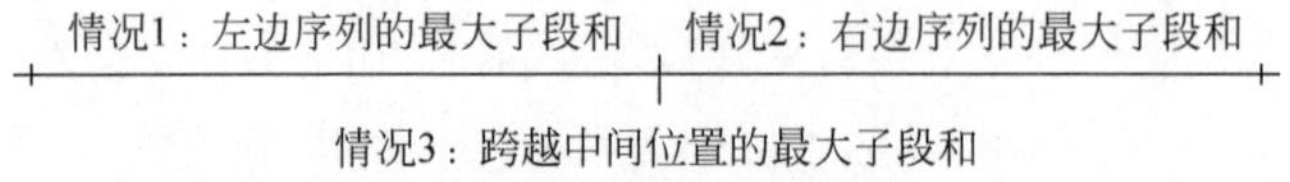

图 10-3　分治法求解最大子段和

以序列(−20,11,−4,13,−5,−2)为例,用 maxSum()表示分治法得到的最大子段和,用 leftSum()表示包括序列中间元素向左开始的连续若干元素的最大和,用 rightSum()表示包括序列中间元素向右开始的连续若干元素的最大和,那么分治法求解最大子段和的计算过程如图 10-4 所示。

首先,计算 maxSum(−20,11,−4,13,−5,−2),在此过程中需要进一步计算 maxSum(−20, 11,−4)、maxSum(13,−5,−2)以及 leftSum(−4,11,−20)+rightSum(13,−5,−2)三者中的最大值。对于 maxSum(−20,11,−4),又要计算 maxSum(−20)、maxSum(11,−4)以及 leftSum(−20)+rightSum(11,−4)三者中的最大值。以此过程不断递归,最终完成对整个序列的计算,并得到最大子段和。

结合如图 10-4 所示的分治求解过程,序列(−20,11,−4,13,−5,−2)的最大子段和为 20,对应的连续区间为(11,−4,13)。

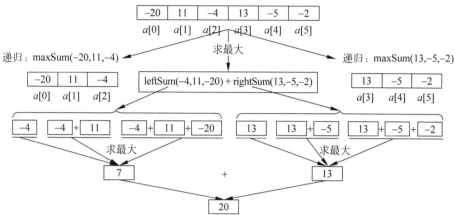

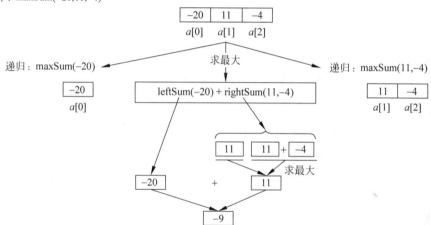

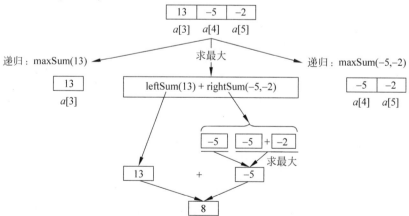

图 10-4　分治法求解最大子段和问题的计算过程

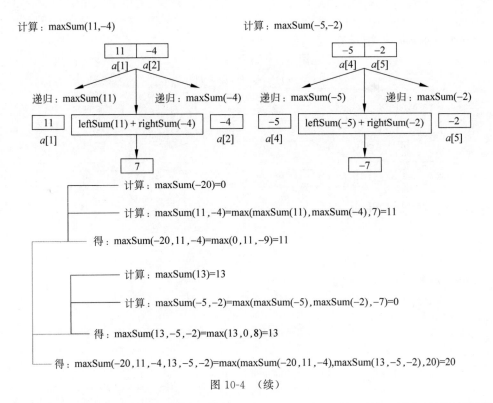

图 10-4 （续）

代码 10-3：分治法求解最大子段和

```
#函数功能：返回a[left]~a[right]的最大子段和以及对应的区间[tstart, tend]
def MaxSubSeqSum_3(a, left, right, tstart, tend):
    leftp = rightp = 0

    if left == right:                              #如果序列长度为1,直接求解
        if a[left] > 0:
            sum = a[left]
        else:
            sum = 0
        tstart[0] = tend[0] = left
    else:
        center = (left + right) // 2               #找序列的中间位置下标
        #求左半边序列的最大子段和
        leftSum = MaxSubSeqSum_3(a, left, center, tstart, tend)
        #求右半边序列的最大子段和
        rightSum = MaxSubSeqSum_3(a, center + 1, right, tstart, tend)

        #求包括中间点在内的左半边序列的最大和
        #并记录对应左边元素的下标 leftp
        s1 = tlefts = 0
        for i in range(center, left, -1):
            tlefts += a[i]
            if tlefts > s1:
                s1 = tlefts
                leftp = i

        #求包括中间点在内的右半边序列的最大和
```

```
        # 并记录对应右边元素的下标 rightp
        s2 = trights = 0
        for j in range(center + 1, right + 1):
            trights += a[j]
            if trights > s2:
                s2 = trights
                rightp = j
        sum = s1 + s2

        # 如果跨越中间点的和最大,则把之前记录的左右边元素的下标
        # 赋值给变量 tstart 和 tend
        if sum > leftSum and sum > rightSum:
            tstart[0] = leftp
            tend[0] = rightp
        if sum < leftSum:                          # 赋值给变量 tstart 和 tend
            sum = leftSum
        if sum < rightSum:                         # 如果右半边的最大子段和较大
            sum = rightSum

    return sum

if __name__ == '__main__':
    n = int(input())
    a = list(map(eval, input().split()))
    tstart = [0]
    tend = [0]
    ret = MaxSubSeqSum_3(a, 0, n - 1, tstart, tend)
    print(ret)
    if ret != 0:
        for i in range(tstart[0], tend[0] + 1):
            print(a[i], end = ' ')
```

方法 3 的时间复杂度分析可以通过建立并求解递推方程得到。设 $T(n)$ 表示方法 3 求解序列长度为 n 的最大子段和的时间复杂度,那么有

$$T(n) = \begin{cases} 1, & n=1 \\ 2T\left(\dfrac{n}{2}\right) + O(n), & n>1 \end{cases} \tag{10-3}$$

利用主定理求解式(10-3),可得 $T(n) = O(n\log n)$,相比前面的思路 3 以及方法 2,时间复杂度从 $O(n^2)$ 降低为 $O(n\log n)$。进一步,利用动态规划方法,可以得到时间复杂度为 $O(n)$ 的算法。

4. 方法 4：动态规划

最大子段和问题与最长不上升子序列问题类似,两者的共同点是在一个序列中寻找若干元素构成的子序列,不同点是最大子段和问题要寻找的子序列是连续的,而最长不上升子序列可以是不连续的。按照最长不上升子序列问题的动态规划求解思路,设 $f[i]$ 表示以元素 $a[i]$ 结尾的最大子段和,那么整个序列的最大子段和为 $\max\{0, f[i], i=0,1,\cdots,n-1\}$,而 $f[i]$ 与 $f[i-1]$ 和 $a[i]$ 有关,通过分析,可以得到

$$f[i] = \max\{f[i-1], 0\} + a[i], i=1,2,\cdots,n-1$$
$$f[0] = a[0]$$

以序列 $(-20, 11, -4, 13, -5, -2)$ 为例,使用动态规划求解得到数组 f 的值,如

表 10-4 所示,对应的算法实现见代码 10-4。

表 10-4 动态规划求解最大子段和问题中 f 数组的值

i	0	1	2	3	4	5
$a[i]$	−20	11	−4	13	−5	−2
$f[i]$	−20	11	7	20	15	13

代码 10-4：动态规划求解最大子段和问题

```
def MaxSubSeqSum_4(a, n, tstart, tend):
    MaxSum = 0
    f = [0 for i in range(n)]
    f[0] = a[0]
    tSum = a[0]
    start = 1
    for i in range(1, n):
        #当前面元素序列和为负数时,重置为0,同时更新区间起始下标
        if tSum < 0:
            tSum = 0
            start = i
        tSum += a[i]

        #得到更大的值时,更新最大子段和以及区间结束下标
        if tSum > MaxSum:
            tstart[0] = start
            MaxSum = tSum
            tend[0] = i
        f[i] = tSum

    return MaxSum

if __name__ == '__main__':
    n = int(input())
    a = list(map(eval, input().split()))
    tstart = [0]
    tend = [0]
    ret = MaxSubSeqSum_4(a, n, tstart, tend)
    print(ret)
    if ret != 0:
        for i in range(tstart[0], tend[0] + 1):
            print(a[i], end = ' ')
```

在代码 10-4 中,为了同时得到最优值和最优解,可以不用数组 f,因为 $f[i]$ 只与前面的 $f[i-1]$ 和 $a[i]$ 有关,这里用变量 tSum 记录每次累加一个元素 $a[i]$ 后的最大子段和,即 $f[i]$,用变量 MaxSum 记录最大的 tSum,同时记录最大子段和对应的区间下标。可以看到,定义数组 f 的好处在于分析问题求解思路时便于理解,但在实现时不可用。方法 4 从序列第 1 个元素开始,依次得到 $f[i]$,并记录最大的 $f[i]$ 作为最终结果,因此时间复杂度为 $O(n)$。

本节以求解股票的最大收益为例,给出直观的求解思路：找出最高价格和最低价格,但该方法并不正确,而穷举所有可能的情况,时间复杂度为 $O(n^2)$。

接着,转换求解思路,从价格变化的角度考虑,股票的最大收益转换为：由价格变化构

成的序列中寻找一个连续区间的最大子段和,从而把具体问题抽象为一般的最大子段和问题。

本节给出了求解最大子段和问题的 4 种方法,包括穷举法、改进的穷举法、分治法和动态规划,最坏情况下的时间复杂度从 $O(n^3)$ 降低为 $O(n^2)$、$O(n\log n)$ 直至 $O(n)$。

通过最大子段和问题的求解可以看到,在问题求解过程中,通过不断思考和优化算法,可以大大提高问题的求解效率,并从中体会到算法的奥妙之处。

10.3 最短路径问题

最短路径问题是图论中的经典问题,在日常生活中有很多实际应用。本节介绍单源最短路径和所有点对间的最短路径的求解方法。

扫一扫

视频讲解

扫一扫

视频讲解

扫一扫

视频讲解

10.3.1 单源最短路径

问题描述　给定带权有向图 $G=(V,E)$ 及 G 中的一个顶点 u,其中每条边的权值是非负整数,u 称为源点;图 G 的顶点编号为 $1,2,\cdots,n(1\leqslant n\leqslant 100)$。求从 u 到 G 中所有其余顶点的最短路径长度。

问题分析　如果使用穷举法求解,需要找到源点 u 到其他顶点的所有可能路径,这个复杂度会达到 $O(n!)$,显然不能有效解决问题。下面结合一个实例对问题进行分析,寻找高效的求解方法。

如图 10-5 所示,G 是一个带权有向图,点 1 到其他点的最短路径分别是 $1\rightarrow 2$、$1\rightarrow 4$、$1\rightarrow 4\rightarrow 3$、$1\rightarrow 4\rightarrow 3\rightarrow 5$。从所经节点数最多的最短路径 $1\rightarrow 4\rightarrow 3\rightarrow 5$ 可以发现:点 1 到点 5 的最短路径包含了点 1 到其途经点的最短路径,即点 1 到点 3 的最短路径是 $1\rightarrow 4\rightarrow 3$,点 1 到点 4 的最短路径是 $1\rightarrow 4$,因此,该例说明,从源点 u 到点 v 的最短路径包含了从源点 u 到该路径上其他中间点的最短路径,即最短路径问题的最优解包含着子问题的最优解。下面用反证法证明最短路径问题满足最优子结构性质。

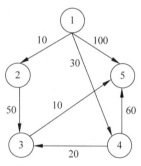

图 10-5　带权有向图 G

命题　在带权有向图中,源点 u 到 v 的最短路径上依次经过的点是 $u_1,\cdots,u_i,\cdots,v$,那么从 u 出发,依次经过这些点直到点 u_i 所构成的路径 T_i 是源点 u 到 u_i 的最短路径。

假设命题不成立,即存在另一条不同的路径 S_i 是源点 u 到 u_i 的最短路径,即 S_i 的路径长度小于 T_i 的路径长度,在 u 到 v 的最短路径中,用 S_i 代替 T_i,会得到一条从 u 到 v 的长度更短的路径,这与已知条件矛盾。因此,假设不成立,即命题正确,最短路径问题满足最优子结构性质。

进一步分析,从源点出发到其他各点的最短路径中,有两种情况:一种是直达,另一种是经过若干中间点,因此有:

(1) 从源点出发找到的第 1 条最短路径一定是源点可以直达的,如图 10-5 中的点 1 到点 2;

(2) 从源点出发找到的第 2 条最短路径要么是源点可以直达的,要么是源点经过已得到最短路径的点作为中间点的路径,如图 10-5 中的点 1 到点 4;

(3) 以此类推,任何时刻,从源点出发的最短路径要么是源点直达的,要么是源点经过已得到最短路径的点作为中间点的路径,如图 10-5 中的点 1 经点 4 到点 3(此时点 4 的最短路径已经得到),点 1 经点 4、点 3 到点 5(此时点 4、点 3 的最短路径已经得到)。

由于图 G 中每条边的权值为非负数,结合最优子结构性质,在逐步得到第 $1,2,\cdots,n-1$ 条最短路径的过程中,随着边数的增加,源点到其他点的最短路径长度也在不断增加,因此,可以按照路径长度不断增加的顺序寻找单源最短路径,如图 10-6 所示。

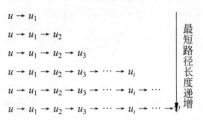

图 10-6 单源最短路径求解过程中,最短路径长度不断递增

1. 贪心法求解单源最短路径问题:Dijkstra 算法

算法思想 Dijkstra 算法以最短路径长度递增为贪心选择策略,逐步求解单源最短路径问题。算法使用的数据结构如下。

(1) 设置顶点集合 S,一个顶点属于集合 S 当且仅当从源点到该顶点的最短路径长度已求出,$V-S$ 中的点表示源点到该点的最短路径长度还没有求出。初始时,S 中只有源点 u。使用数组 s 标记顶点是否已加入 S 中,$s[i]$ 为 1 表示顶点 i 已加入 S 中,否则未加入。

(2) 使用一个辅助数组 $dist[i]$ 记录从源点 u 只经过 S 中的顶点到顶点 i 的最短路径长度,用 $prev[i]$ 记录最短路径上顶点 i 的前驱。

借助以上数据结构,只需要不断找出点 v 扩充到集合 S 中,其中 v 满足不在 S 中且 $dist[v]$ 最小,Dijkstra 算法正是通过这种方法,优先选择距离源点最近且仅经过 S 中顶点的点,达到按最短路径长度递增的求解顺序。

Dijkstra 算法的具体求解过程如下。

(1) 算法开始时,如果顶点 i 与源点 u 邻接,则将边 $<u,i>$ 的权值存入 $dist[i]$,将 $prev[i]$ 置为 u。如果顶点 i 与 u 不邻接,则将 $dist[i]$ 置为一个大数,将 $prev[i]$ 置为 0(假定顶点编号从 1 开始)。

(2) 然后,从 $V-S$ 的顶点集中,选择一个距 u 最近的顶点 v($dist[v]$ 的值最小),将 v 加入 S 中,并调整 $V-S$ 中 v 邻接到的点的当前最短路径长度(由于 v 的加入,这些路径长度可能发生变化)。

(3) 重复步骤(2),直到所有顶点都加入 S 中。

算法完成后 $dist[i]$ 存储的是 u 到顶点 i 的最短路径长度,为了找到这条路径,只需逆序输出 i,$prev[i]$,$prev[prev[i]]$,$\cdots$,直到 u。

实例分析 以图 10-5 为例,从顶点 1 到其他各顶点的最短路径的计算过程如表 10-5 所示。

表 10-5 Dijkstra 算法求解单源最短路径问题

迭代	S	v	$dist[2]$	$prev[2]$	$dist[3]$	$prev[3]$	$dist[4]$	$prev[4]$	$dist[5]$	$prev[5]$
初始	{1}	—	10	1	∞	0	30	1	100	1
1	{1,2}	2	10	1	60	2	30	1	100	1
2	{1,2,4}	4	10	1	50	4	30	1	90	4
3	{1,2,4,3}	3	10	1	50	4	30	1	60	3
4	{1,2,4,3,5}	5	10	1	50	4	30	1	60	3

(1) 读入图的相关数据(graph[i][j]存储点 i 到点 j 的权值)并初始化。初始时集合 S 中只有点 1，因此 $s[1]=1, s[2\sim 5]=0, \text{dist}[1]=0, \text{prev}[1]=0$；由于点 1 到点 2、4、5 有直达边，因此, $\text{dist}[2]=\text{graph}[1][2]=10, \text{dist}[4]=\text{graph}[1][4]=30, \text{dist}[5]=\text{graph}[1][5]=100$, $\text{dist}[3]=\infty$。相应地，$\text{prev}[2]=\text{prev}[4]=\text{prev}[5]=1, \text{prev}[3]=0$。

(2) 第 1 次迭代：遍历找到所有不在 S 中($s[i]=0$)且 $\text{dist}[i]$ 最小的点 i，得到点 2，因此把点 2 加入集合 S 中($s[2]=1$)；由于点 2 到点 3 有边可达，且 $\text{dist}[2]+\text{graph}[2][3]=10+50=60<\infty$，因此更新 $\text{dist}[3]=60, \text{prev}[3]=2$。

(3) 第 2 次迭代：遍历找到所有不在 S 中且 $\text{dist}[i]$ 最小的点 i，得到点 4，因此把点 4 加入集合 S 中($s[4]=1$)；由于点 4 到点 3 有边可达，且 $\text{dist}[4]+\text{graph}[4][3]=30+20=50<60$，因此，更新 $\text{dist}[3]=50, \text{prev}[3]=4$；由于点 4 到点 5 有边可达，且 $\text{dist}[4]+\text{graph}[4][5]=30+60=90<100$，因此更新 $\text{dist}[5]=90, \text{prev}[5]=4$。

(4) 第 3 次迭代：遍历找到所有不在 S 中且 $\text{dist}[i]$ 最小的点 i，得到点 3，因此把点 3 加入集合 S 中($s[3]=1$)；由于点 3 到点 5 有边可达，且 $\text{dist}[3]+\text{graph}[3][5]=50+10=60<90$，因此更新 $\text{dist}[5]=60, \text{prev}[5]=3$。

(5) 第 4 次迭代：遍历找到所有不在 S 中且 $\text{dist}[i]$ 最小的点 i，得到点 5，因此把点 5 加入集合 S 中($s[5]=1$)，此时所有点都已经加入集合 S 中，算法结束。

根据 dist 和 prev 数组，可以得到从点 1 到其他各点的最短路径及长度如下。

由于 $\text{prev}[2]=1$，因此点 1 到点 2 的最短路径是 $1\rightarrow 2$，对应路径长度是 $\text{dist}[2]=10$。

由于 $\text{prev}[3]=4, \text{prev}[4]=1$，因此点 1 到点 3 的最短路径是 $1\rightarrow 4\rightarrow 3$，对应路径长度是 $\text{dist}[3]=50$。

由于 $\text{prev}[4]=1$，因此点 1 到点 4 的最短路径是 $1\rightarrow 4$，对应路径长度是 $\text{dist}[4]=30$。

由于 $\text{prev}[5]=3, \text{prev}[3]=4, \text{prev}[4]=1$，因此点 1 到点 5 的最短路径是 $1\rightarrow 4\rightarrow 3\rightarrow 5$，对应路径长度是 $\text{dist}[5]=60$。

算法实现　根据以上计算过程，不难得到 Dijkstra 算法的实现代码。

代码 10-5：借助优先队列实现 Dijkstra 算法

```python
import sys
from queue import PriorityQueue

class vertex:
    def __init__(self, no, dist = sys.maxsize, prev = 0, flag = 0):
        self.no = no                        #no 表示顶点的编号，从 1 开始
        self.dist = dist                    #dist 表示长度，初值为一个较大的值
        self.prev = prev        # prev 表示源点到该点的最短路径中该点的前驱顶点的编号
        self.flag = flag                    #flag = 0 表示源点到该点的最短路径还未求出

    def __lt__(self, other):                #定义优先队列的排序规则
        return self.dist < other.dist

# 函数功能：Dijkstra算法求解单源最短路径
# 参数说明：n 表示图中顶点总数，graph 表示图的邻接矩阵，a 存储顶点信息，u 表示源点编号
def dijsktra(n, graph, a, u):
    p = PriorityQueue()                     #定义优先队列
    a[u].dist = 0                           #设置源点到它自身的最短路径长度为 0
    p.put(a[u])                             #源点加入优先队列
```

```python
        t = 0
        while not p.empty():
            v = p.get()                              #dist 最小的顶点出队
            t = v.no
            a[t].flag = 1                            #出队顶点的最短路径已得到

            #如果源点经 t 到达其他点的路径长度更小,则更新 dist,并加入优先队列
            for i in range(1, n + 1):
                if a[i].flag == 0 and a[t].dist + graph[t][i] < a[i].dist:
                    a[i].dist = a[t].dist + graph[t][i]
                    a[i].prev = t
                    p.put(a[i])

    if __name__ == '__main__':
        n, m = list(map(eval, input("输入 n,m: ").split()))    #n 表示顶点总数,m 表示边总数
        graph = [[sys.maxsize for i in range(n + 1)] for j in range(n + 1)]    #graph 为图的邻接矩阵
        a = [vertex(i) for i in range(n + 1)]
        for k in range(1, m + 1):
            i, j, w = list(map(eval, input("输入第{}条边的两个点及权值:".format(k)).split()))
            #读入每条边的两个点及权值
            graph[i][j] = w
        u = int(input("输入源点: "))
        for k in range(1, n + 1):
            graph[k][k] = 0
        dijsktra(n, graph, a, u)

        #输出源点到每个点的最短路径长度,并逆序输出最短路径
        for i in range(1, n + 1):
            print(u, 'to', i, ':', a[i].dist, end = ' ')
            t = i
            if t != u:
                print(t, end = ' ')
            while a[t].prev != 0:
                print("<-- ", a[t].prev, end = ' ')
                t = a[t].prev
            print()
```

代码 10-5 使用优先队列(小根堆)快速获得当前最小的路径长度对应的顶点,相比遍历所有顶点的方法,复杂度从 $O(n)$ 降低到 $O(\log n)$,对于 n 个顶点的有向图,需要迭代 $n-1$ 次。因此,代码 10-5 在最坏情况下的时间复杂度为 $O(n\log n)$。

2. 存在负权边的单源最短路径问题

边的权值满足非负条件时,Dijkstra 算法以路径长度递增的次序为贪心策略,可以高效求解单源最短路径问题。但也存在一些应用,边的权值可为负(如计算某个公司的收益时,取收入为正,支出为负)。此时,运用 Dijkstra 算法可能无法得到正确的解,如图 10-7 所示。

图 10-7(a)中,1→2→3→1 形成一个负环(三条边之和为 2+3+(−10)=−5<0),所以该图不存在最短路径。

图 10-7(b)中,存在一条负权边,如果用 Dijkstra 算法求从点 1 到其他各点的单源最短路径,会依次得到 1→2、1→2→3,结果正确。

图 10-7(c)中,存在一条负权边,用 Dijkstra 算法求从点 1 到其他各点的单源最短路径,

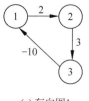

(a) 有向图1　　　　　　(b) 有向图2　　　　　　(c) 有向图3

图 10-7　存在负权边的有向图

会依次得到 1→3、1→2，结果不正确，因为 1 到 3 的最短路径应为 1→2→3。请读者结合图 10-7(b) 和图 10-7(c) 思考 Dijkstra 算法不能得到正确解的原因。

理查德·贝尔曼和莱斯特·福特共同提出了 Bellman-Ford 算法，可以求解出现负权值的单源最短路径问题。它的原理是对图进行 $|V|-1$ 次松弛操作，得到所有可能的最短路径。

3. 松弛操作

用 $d[v]$ 记录从源点 s 到点 v 的当前的最短路径距离。对一条边 $<u,v>$ 做松弛操作：如果从点 s 到点 u 之间的当前最短路径距离与点 u 到点 v 的边的权值之和小于从点 s 到点 v 之间的当前最短路径距离，则更新源点 s 到点 v 的当前的最短路径距离，即若 $d[u]+w(u,v)<d[v]$，则 $d[v]=d[u]+w(u,v)$，同时更新 v 的当前最短路径距离的前驱点为 u，其中 $w(u,v)$ 表示点 u 到点 v 的边的权值，如图 10-8 所示。

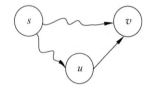

图 10-8　松弛操作

对一条边 $<u,v>$ 的松弛过程可描述为

```
RELAX(u,v,w){
    if (d[v]> d[u] + w(u,v)) {
        d[v] = d[u] + w(u,v);
        v.pre = u;
    }
}
```

4. Bellman-Ford 算法

在有负权边存在时，Bellman-Ford 算法不仅可以求解单源最短路径问题，而且可以进一步判断图中是否存在负值环。该算法的伪代码如下。

```
Bellman-Ford(G,w,s){
/*1.初始化*/
    d[s] = 0;
    pre[s] = -1;
    for each v∈V-{s}   {d[v] = ∞; pre[v] = -1;}

/*2.松弛步骤*/
    for i = 1 to |V|-1
        for each edge <u,v>∈E
            if (d[v]> d[u] + w(u,v)){
                d[v] = d[u] + w(u,v);
                pre[v] = u;
            }
```

```
/*3.检查是否存在负值环*/
for each edge <u,v> ∈ E
    if (d[v] > d[u] + w(u,v))
        output "存在负值环"
}
```

算法结束时,若存在负值环,则会输出"存在负值环",否则从源点 s 到其他各点 v 的单源最短路径距离存储在 $d[v]$ 中。很明显,Bellman-Ford 算法的时间复杂度为 $T(n)=O(|V||E|)$,其中 $|V|$ 表示图中顶点总数,$|E|$ 表示图中边的总数。

实例分析 下面以一个具体实例说明 Bellman-Ford 算法的执行过程。如图 10-9 所示,有向图中共有 5 个顶点,8 条边,存在负权边,假定源点为 A,按照 Bellman-Ford 算法,共需要进行 5 轮对所有边的松弛和判断操作。

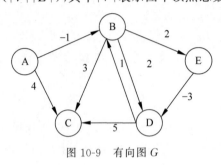

图 10-9 有向图 G

(1) 初始化。除了 $d[A]=0$,$pre[A]=-1$ 外,其他点 v 的 $d[v]=\infty$,$pre[v]=-1$,如表 10-6 中初始化列所示。

(2) 第 1 轮。由于 Bellman-Ford 算法在对边进行遍历时,没有指定边的顺序,因此可以按任意顺序对边遍历(程序中可以对所有边定义一个顺序)。这里依次遍历边 A→B、E→D、B→D、D→B、B→E、A→C、B→C、D→C。因松弛操作,点 v 的最短路径距离 $d[v]$ 发生变化,依次有 $d[B]=-1$,$d[D]=1$,$d[E]=1$,$d[C]=2$,同时更新对应的前驱节点 $pre[v]$,如表 10-6 中第 1 轮所示。

(3) 第 2 轮。仍然按照 A→B、E→D、B→D、D→B、B→E、A→C、B→C、D→C 的顺序遍历,因松弛操作,更新 $d[D]=-2$,$pre[D]=E$,如表 10-6 中第 2 轮所示。

(4) 第 3~5 轮。在第 3 轮和第 4 轮中,没有因松弛操作导致最短路径距离更新。第 5 轮,仍然没有更新最短路径距离,此时算法结束,说明图中不存在负环,且最短路径距离在数组 d 中。

表 10-6 Bellman-Ford 算法求解单源最短路径问题

点	初始化		第 1 轮		第 2 轮		第 3 轮		第 4 轮		第 5 轮	
	d	pre	d	pre	d	pre	d	pre	d	pre	d	pre
A	0	−1	0	−1	0	−1	0	−1	0	−1	0	−1
B	∞	−1	−1	A	−1	A	−1	A	−1	A	−1	A
C	∞	−1	2	B	2	B	2	B	2	B	2	B
D	∞	−1	1	B	−2	E	−2	E	−2	E	−2	E
E	∞	−1	1	B	1	B	1	B	1	B	1	B

如果改变边的遍历顺序,每轮对最短路径的更新不尽相同。例如,如果边的遍历顺序为:A→B、B→D、D→B、B→E、A→C、B→C、D→C、E→D,那么在第 1 轮即可得到所有点的最短路径;如果边的遍历顺序为:E→D、B→D、D→B、B→E、A→C、B→C、D→C、A→B,需要 3 轮。但不管边的遍历顺序如何,$|V|$ 轮遍历后即可结束算法。

Bellman-Ford 算法的正确性证明如下。

定理 如果图 $G=(V,E)$ 不包含负环,执行 Bellman-Ford 算法后,$d[v]$ 即是源点 s 到点 v 的最短路径距离。

证明 假设 v 是 G 中的任意点,从源点 s 到 v 且边数最少的最短路径为 p,如图 10-10 所示。

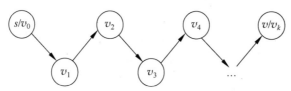

图 10-10 从源点 s 到点 v 的边数最少的最短路径 p

由于 p 是最短路径,因此对应该路径上的每个点 v_i,有 $d[v_i]=d[v_{i-1}]+w(v_{i-1},v_i)$。

Bellman-Ford 算法对边集 E 进行第 1 轮遍历时,有 $d[v_1]=d[s]+w(v_0,v_1)$。

Bellman-Ford 算法对边集 E 进行第 2 轮遍历时,有 $d[v_2]=d[v_1]+w(v_1,v_2)$。

……

Bellman-Ford 算法对边集 E 进行第 k 轮遍历时,有 $d[v]=d[v_k]=d[v_{k-1}]+w(v_{k-1},v_k)$。

由于图 G 没有负值环存在,路径 p 是一条简单路径(边数最少),因此,路径 p 最多有 $|V|-1$ 条边,Bellman-Ford 算法经过 $|V|-1$ 轮遍历后,可以得到每个点的单源最短路径。

推论 如果在 $|V|-1$ 轮遍历后,存在某个点 v 的最短路径距离仍然有变化,那么 G 中存在负值环。

如图 10-11 所示,经过 $|V|-1$ 轮遍历,可得从源点到 $v_1,v_2,\cdots,v_k$ 的当前最短路径距离,继续进行第 $|V|$ 轮遍历时,假定从 v_k 到 v_2 存在一条边,此时 $d[v_2]=\min\{d[v_2],d[v_k]+w(v_k,v_2)\}$,若 $d[v_2]$ 有更新,说明从源点 $s(v_0)\to v_1\to v_2\to\cdots\to v_k\to v_2$ 是比从源点 $s(v_0)\to v_1\to v_2$ 更短的一条路径,即 $v_2\to\cdots\to v_k\to v_2$ 构成一个负值环。因此,推论成立。

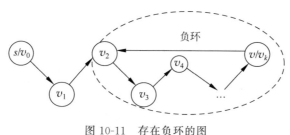

图 10-11 存在负环的图

10.3.2 所有点对间的最短路径

更一般的情况,需要求解给定图中所有顶点间的最短路径。可以分别以每个顶点为源点,调用 n 次 Dijkstra 算法,时间复杂度为 $O(n^3)$。同样的复杂度下,还有一种不同的求解方法——Floyd 算法。尽管两种方法的时间复杂度相同,但 Floyd 算法的代码更为简洁,且本质上是一种动态规划算法,下面介绍 Floyd 算法。

算法思想 根据最短路径问题的最优子结构性质,从点 v_i 到点 v_j 的最短路径中,包含了从点 v_k 到点 v_m 的最短路径,其中 v_k 和 v_m 是在 v_i 到 v_j 的最短路径中先后经过的任意两点。由于图 G 中顶点总数为 n,两点间的最短路径中边数最多为 $n-1$,而边数较多的最短路径包含着边数较少的最短路径。因此,按照动态规划自底向上的求解思路,以两点间的直达路径(边数是1)为最小规模的问题,依次求解边数为 $2,3,\cdots,n-1$ 的最短路径。由于路径包含的中间点的个数＝边数－1,因此,可以以中间点个数从少到多依次求解,定义 $d[k][i][j]$ 为使用编号 $1\sim k$ 号点作为中间点时,点 v_i 到点 v_j 的最短路径长度, $d[k][i][j]$ 的取值可以分为两种情况:

(1) 点 v_i 到点 v_j 的最短路不经过 v_k,此时 $d[k][i][j]=d[k-1][i][j]$;

(2) 点 v_i 到点 v_j 的最短路经过 v_k,此时 $d[k][i][j]=d[k-1][i][k]+d[k-1][k][j]$。

综合上述两种情况,可以得到 $d[k][i][j]$ 的递归定义为

$$d[k][i][j]=\min(d[k-1][i][j],d[k-1][i][k]+d[k-1][k][j]), k,i,j\in[1,n]$$
$$d[0][i][j]=\text{graph}[i][j]$$

由于 $d[k]$ 只和 $d[k-1]$ 有关,因此,可以使用二维数组 $d[i][j]$ 代替 $d[k][i][j]$,从而把空间复杂度从 $O(n^3)$ 降低到 $O(n^2)$。

实例分析 通过一个具体实例介绍 Floyd 算法的执行过程。如图 10-12 所示,带权有向图 G 中有 4 个顶点:a、b、c、d,编号依次为 1、2、3、4。图 10-13 给出了每加入一个中间点后两点间最短路径长度的结果,具体计算过程如下。

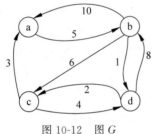

图 10-12 图 G

(1) 初始化 $d_0[i][j]=\text{graph}[i][j]$。

(2) 计算 $d_1[i][j]$,判断任意两点是否有通过中间点{1}的更短路径。

对于任意两点 $<i,j>$,查看其在第 1 列上的投影 ($d_0[i][1]$) 及在第 1 行上的投影 ($d_0[1][j]$),两者相加的结果如果更小,则更新。由于 $d_0[3][1]+d_0[1][2]=3+5=8<d_0[3][2]$,得到 $d_1[3][2]=8$。其他点对间的最短路径没有变化。

(3) 计算 $d_2[i][j]$,判断任意两点是否有通过中间点{1,2}的更短路径。

对于任意两点 $<i,j>$,查看其在第 2 列上的投影 ($d_1[i][2]$) 及在第 2 行上的投影 ($d_1[2][j]$),两者相加的结果如果更小,则更新。

由于 $d_1[1][2]+d_1[2][3]=5+6=11<d_1[1][3]$,得到 $d_2[1][3]=11$。

由于 $d_1[1][2]+d_1[2][4]=5+1=6<d_1[1][4]$,得到 $d_2[1][4]=6$。

由于 $d_1[4][2]+d_1[2][1]=8+10=18<d_1[4][1]$,得到 $d_2[4][1]=18$。

其他点对间的最短路径没有变化。

(4) 计算 $d_3[i][j]$,判断任意两点是否有通过中间点{1,2,3}的更短路径。

对于任意两点 $<i,j>$,查看其在第 3 列上的投影 ($d_2[i][3]$) 及在第 3 行上的投影 ($d_2[3][j]$),两者相加的结果如果更小,则更新。

由于 $d_2[2][3]+d_2[3][1]=6+3=9<d_2[2][1]$,得到 $d_3[2][1]=9$。

由于 $d_2[4][3]+d_2[3][1]=2+3=5<d_2[4][1]$,得到 $d_3[4][1]=5$。

其他点对间的最短路径没有变化。

(5) 计算 $d_4[i][j]$,判断任意两点是否有通过中间点{1,2,3,4}的更短路径。

对于任意两点 $<i,j>$,查看其在第 4 列上的投影 ($d_3[i][4]$) 及在第 4 行上的投影 ($d_3[4][j]$),两者相加的结果如果更小,则更新。

由于 $d_3[1][4]+d_3[4][3]=6+2=8<d_3[1][3]$,得到 $d_4[1][3]=8$。

$$d_0 = \begin{bmatrix} 0 & 5 & \infty & \infty \\ 10 & 0 & 6 & 1 \\ 3 & \infty & 0 & 4 \\ \infty & 8 & 2 & 0 \end{bmatrix} \quad d_1 = \begin{bmatrix} 0 & 5 & \infty & \infty \\ 10 & 0 & 6 & 1 \\ 3 & 8 & 0 & 4 \\ \infty & 8 & 2 & 0 \end{bmatrix} \quad d_2 = \begin{bmatrix} 0 & 5 & 11 & 6 \\ 10 & 0 & 6 & 1 \\ 3 & 8 & 0 & 4 \\ 18 & 8 & 2 & 0 \end{bmatrix}$$

$$d_3 = \begin{bmatrix} 0 & 5 & 11 & 6 \\ 9 & 0 & 6 & 1 \\ 3 & 8 & 0 & 4 \\ 5 & 8 & 2 & 0 \end{bmatrix} \quad d_4 = \begin{bmatrix} 0 & 5 & 8 & 6 \\ 6 & 0 & 3 & 1 \\ 3 & 8 & 0 & 4 \\ 5 & 8 & 2 & 0 \end{bmatrix}$$

图 10-13 用 Floyd 算法求解所有点对间的最短路径长度矩阵

由于 $d_3[2][4]+d_3[4][1]=1+5=6<d_3[2][1]$，得到 $d_4[2][1]=6$。
由于 $d_3[2][4]+d_3[4][3]=1+2=3<d_3[4][1]$，得到 $d_4[2][3]=3$。
其他点对间的最短路径没有变化。

算法实现　Floyd 算法的实现见代码 10-6。

代码 10-6：Floyd 算法求解所有点对间的最短路径长度

```
import sys
# 函数功能：Floyd 算法求解所有点对间的最短路径
# 参数说明：n 表示图中顶点总数,d[i][j]存储点 i 到点 j 的最短路径长度
def floyd(n, d):
    for k in range(1, n + 1):
        for i in range(n + 1):
            for j in range(n + 1):
                d[i][j] = min(d[i][j], d[i][k] + d[k][j])

    for i in range(1, n + 1):                              # 输出两点间的最短路径长度
        for j in range(1, n + 1):
            if d[i][j] == sys.maxsize:
                print("∞", end = ' ')
            else:
                print(d[i][j], end = ' ')
        print()

if __name__ == '__main__':
    n, m = list(map(int, input().split()))                 # n 表示顶点总数,m 表示边总数
    graph = [[sys.maxsize for i in range(n + 1)] for j in range(n + 1)]   # 图的邻接矩阵
    d = [[sys.maxsize for i in range(n + 1)] for j in range(n + 1)]       # 最短路径长度
    # 初始化 graph 和 d,初值为一个较大的值

    for k in range(1, m + 1):
        i, j, w = list(map(int, input().split()))
        graph[i][j] = w
        d[i][j] = w

    for k in range(1, n + 1):                              # 设置点到它自身的最短路径长度为 0
        graph[k][k] = 0
        d[k][k] = 0

    floyd(n, d)
```

代码 10-6 得到的是所有点对间的最短路径长度，如果想获得所有点对间的最短路径，即最优解，可以参照代码 10-5 中记录路径的方法，请读者自行完成。

10.4 资源分配问题

问题描述 有一笔资金,共计 m 份,现给 n 个工程项目投资,给第 i 项工程投资资金 j(份)所得的利润用 $p(i,j)$(i,j 都为非负整数)表示。问应该如何分配资金,使得收益最大?例如,$m=4$,$n=3$ 时,$p(i,j)$ 如表 10-7 所示,给工程 1、2、3 分别分配资金为 1、1、2 时获得最大收益 43。

表 10-7 资源分配问题

投资金额	0	1	2	3	4
工程 1 利润	0	13	15	19	22
工程 2 利润	0	12	13.5	14.5	16
工程 3 利润	0	14	18	21	24

结合前面学习的算法设计策略,下面讨论资源分配问题的求解方法。

1. 方法 1:动态规划

首先分析该问题是否满足最优子结构。假定问题的最优解为 $(x_1, x_2, x_3, \cdots, x_{n-1}, x_n)$,那么 $(x_1, x_2, x_3, \cdots, x_{n-1})$ 一定是资金 $m-x_n$ 分配给前 $n-1$ 个工程对应的最优解。利用反证法可以证明。结合问题给出的具体实例,最优解为 (1,1,2),那么 (1,1) 是两份资金给工程 1 和工程 2 投资对应的最佳分配方案。

定义 $f[i][j]$ 表示给前 i 个工程分配资金 j 时得到的最大收益,有
$$f[i][j] = \max\{f[i-1][j-k] + p[i][k]\}, k=0,1,\cdots,j$$
$$f[0][j] = 0, j=0,1,\cdots,m$$

其中,k 表示分配第 i 个工程的资金数;$p[i][k]$ 表示给工程 i 分配资金 j 所得的收益。

为了得到对应的最优分配方案,定义 $s[i][j]$ 表示 $f[i][j]$ 对应的给第 i 个工程分配的资金。以问题实例为例,对应的数组 f 和数组 s 如表 10-8 所示。

表 10-8 动态规划求解资源分配:数组 f/数组 s

i	$f[i][j]/s[i][j]$				
	$j=0$	$j=1$	$j=2$	$j=3$	$j=4$
$i=0$	0/0	0/0	0/0	0/0	0/0
$i=1$	0/0	13/1	15/2	19/3	22/4
$i=2$	0/0	13/0	25/1	27/1	31/1
$i=3$	0/0	14/1	27/1	39/1	43/2

对应的算法实现见代码 10-7。

代码 10-7:动态规划求解资源分配问题

```
def traceback(s, m, n):
    if n == 0:
        return
    k = s[n][m]
    traceback(s, m - k, n - 1)
    print(k, end = " ")

if __name__ == '__main__':
```

```
m, n = list(map(eval, input("输入 m,n: ").split()))
p = []                              #p[i][j]存储为工程 i 分配资金 j 获得的收益
for i in range(n):
    t = list(map(eval, input("").split()))
    t.insert(0, 0)
    p.append(t)
p.insert(0, [])
#f[i][j]存储把资源 j 分给前 i 个工程的最大收益
f = [[0.0 for i in range(m + 1)] for j in range(n + 1)]
#s[i][j]存储 f[i][j]对应的分给工程 i 的资金
s = [[0 for i in range(m + 1)] for j in range(n + 1)]

#自底向上求解
for i in range(1, n + 1):
    for j in range(1, m + 1):
        f[i][j] = f[i - 1][j]
        for k in range(1, j + 1):
            if f[i - 1][j - k] + p[i][k] > f[i][j]:
                f[i][j] = f[i - 1][j - k] + p[i][k]
                s[i][j] = k
print(f[n][m])

#得到最优解
traceback(s, m, n)
```

算法的主要时间花费在求解最优值的三重循环上，最坏情况的时间复杂度为 $O(mmn)$ 。

2. 方法 2：贪心法

根据题目要求，由于资金的分配以整数为单位，每次在分配资金时，可以选择当前能够获得最大收益的工程进行分配。即采用贪心策略：在每分配一份资金时优先选择收益增量最大的工程，不断增加资金，直到达到资金总额。

根据表 10-7 得到收益增量表，如表 10-9 所示。

表 10-9 资源分配问题的收益增量

投资金额增量	1	1	1	1
工程 1 收益增量	13	2	4	3
工程 2 收益增量	12	1.5	1	1.5
工程 3 收益增量	14	4	3	3

如图 10-14 所示，以题目中实例为例，计算过程如下。

(1) 初始化。当总资金为 0 时，每个工程分配资金为 0，收益为 0。

(2) 考虑增加 1 份资金时，当前 3 个工程在增加 1 份资金时的收益增量分别为 13、12、14，选择最大的收益 14，即为工程 3 分配资金 1 份。

(3) 考虑增加 1 份资金时，当前 3 个工程在增加 1 份资金时的收益增量分别为 13、12、4，选择最大的收益 13，即为工程 1 分配资金 1 份。

(4) 考虑增加 1 份资金时，收益增量分别为 2、12、4，选择最大的收益 12，即为工程 2 分配资金 1 份。

(5) 考虑增加 1 份资金时，收益增量分别为 2、1.5、4，选择最大的收益 4，即为工程 3 再分配资金1份。

(6) 总资金分配完毕,得到最优解为(1,1,2),对应的最大收益为13+12+18=43。

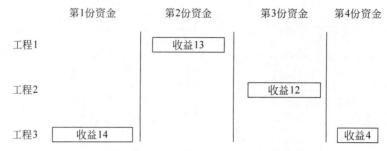

图10-14 贪心法求解资源分配问题

算法实现中,记录当前每个工程分配的资金及收益增量是关键,每次从收益增量中选取最大的,然后更新收益增量,直至资金分配完毕。具体算法实现见代码10-8。

代码10-8:贪心法求解资源分配问题

```python
if __name__ == '__main__':
    m, n = list(map(eval, input().split()))    #m表示资金总数,n表示工程总数
    p = []                                      #p[i][j]存储为工程i分配资金j获得的收益
    for i in range(n):
        t = list(map(eval, input("").split()))
        t.insert(0, 0)
        p.append(t)
    p.insert(0, [])
    s = [0 for i in range(n + 1)]              #s[i]存储分给工程i的资金

    k = 0
    #贪心法求解
    while m != 0 :
        m -= 1
        temp = 0
        #找到当前增加单位资金获得收益最大的工程k
        for i in range(1, n + 1):
            if p[i][s[i] + 1] - p[i][s[i]] > temp:
                temp = p[i][s[i] + 1] - p[i][s[i]]
                k = i
        s[k] += 1

    #输出最优解和最优值
    temp = 0
    for i in range(1, n + 1):
        temp += p[i][s[i]]
        print(s[i], end = " ")
    print()

    print(temp)
```

算法的主要时间花费在对每份资金选择收益增量最大的工程上,因此,最坏情况的时间复杂度为$O(mn)$。和动态规划求解方法相比,性能得到提升。

3. 方法3:回溯法

资源分配也可以看作一个搜索问题。问题的解向量表示为$(x_1, x_2, \cdots, x_i, \cdots, x_n)$,$x_i$

表示给工程 i 分配的资金数目，x_i 的取值为 $0,1,\cdots,m$。资源分配问题的解空间树是一棵子集树，利用回溯法可以求解。

搜索过程可以利用约束函数进行剪枝，约束函数为：前 i 个工程的资金分配总和小于总资金数，如果等于总资金数则说明找到了一个可行解。在搜索过程中，不断更新当前最大收益，直至整棵树搜索完毕，即可得到最优解。

以子集树的回溯框架为基础，得到资源分配问题的回溯法代码实现见代码10-9。

代码 10-9：回溯法求解资源分配问题

```
def backtrack(k):
    global max_Profit, cur_Profit, cur_Left, s, x
    #搜索到叶子节点或得到可行解时
    if k > n or cur_Left == 0:
        #如果可行解对应的收益大于当前最优值,更新当前最优解和最优值

        if cur_Left == 0:
            if cur_Profit > max_Profit:
                max_Profit = cur_Profit
                for i in range(1, n + 1):
                    s[i] = x[i]
        return

    #x[k]依次取 0~m
    for j in range(0, m + 1):
        x[k] = j
        if x[k] <= cur_Left:            #如果满足约束条件,继续深度优先搜索
            cur_Profit += p[k][j]
            cur_Left -= x[k]
            backtrack(k + 1)
            cur_Left += x[k]
            cur_Profit -= p[k][j]

if __name__ == '__main__':
    m, n = list(map(eval, input().split()))         #m 表示资金总数,n 表示工程总数
    p = []
    for i in range(n):
        t = list(map(eval, input("").split()))
        t.insert(0, 0)
        p.append(t)
    p.insert(0, [])
    s = [0 for i in range(n + 1)]       #s[i]存储当前最优解向量中分给工程 i 的资金
    x = [0 for i in range(n + 1)]       #x[i]存储当前解向量中分给工程 i 的资金
    cur_Left = m                        #cur_Left 表示还未分配的资金数
    cur_Profit = 0                      #cur_Profit 表示当前部分解对应的收益
    max_Profit = 0                      #max_Profit 表示当前已得到的最大收益

    backtrack(1)
    for i in range(1, n + 1):
        print(s[i], end = ' ')
    print()
    print(max_Profit)
```

代码 10-9 的最坏情况时间复杂度是整个解空间的大小,即 $O((m+1)^n)$。

4. 方法 4:分支限界法

资源分配问题作为一个搜索问题,也可以使用分支限界法求解。约束函数仍然定义为前 i 个工程的资金分配总和小于总资金数,限界函数可以定义为当前已经得到的收益,这个数值越大,搜索的优先级越高,可以采用优先队列式分支限界法实现。具体代码留给读者自行完成。

本节介绍了资源分配问题,可以用动态规划、贪心法、回溯法和分支限界法 4 种方法进行求解。相比之下,贪心法的效率最高。

扫一扫

视频讲解

10.5 小结

本章首先对前面学习的算法设计策略进行了对比和分析。递归与分治法、动态规划与分治法、动态规划与贪心法、回溯法与分支限界法,它们有共性也有差异,通过对比分析,可以更好地理解它们,有利于针对具体问题寻找适合的算法设计策略。

最大子段和是一个经典问题,本章以具体的股票收益问题为例,经过不断分析,最终抽象为最大子段和问题,从侧面也说明了在问题求解中对问题进行抽象分析的重要性,只有通过具体问题的深入分析,才能将具体问题转化为一般问题,这样就可以用所学知识直接求解。将具体问题抽象为一般问题,再从一般问题延伸拓展到更多具体问题,这也是本书按照问题引出、算法讲解到典型应用求解组织算法设计策略学习内容的思路。

最短路径问题也是一个经典问题,本章从算法设计策略的角度对求解方法进行分析,明确了求解单源最短路径问题的 Dijkstra 算法本质是贪心算法,求解所有点对间的最短路径问题的 Floyd 算法本质是动态规划算法,从更高的层面加深对算法设计策略和具体算法的理解。此外,本章还讨论了在有负权边存在的情况下,可以使用 Bellman-Ford 算法求解单源最短路径。

资源分配问题在现实生活中应用广泛。本章分别运用动态规划、贪心法、回溯法和分支限界法对该问题进行了求解,并介绍了具体的求解思路、代码实现以及时间复杂度分析。希望借助这个问题,引导读者从多种算法设计策略考虑问题的求解方法,在实际应用中运用所学算法知识,设计多种不同的求解方法,并通过比较优劣,选择合适的算法。

扩展阅读

综合应用[①]

公元 1015 年某天,北宋皇宫发生一场罕见的大火,大火熊熊烧了几天几夜,一座座宫室楼台、亭阁轩榭全都化为灰烬。大臣提议皇帝宋真宗赵恒(968—1022)重修皇宫,因财政紧张,所以皇帝给的拨款有限,工期又要求得特别紧。这在当时是个烫手的任务,谁也不敢接。因为大家都明白干这个活需要更多的时间和经费。皇上正在发愁没人给他分忧时,大臣丁谓挺身而出,他说自己有办法完成这个任务。宋真宗很高兴,把这烫手的山芋交给了丁谓。

丁谓接手以后,让人把皇宫附近五条街上的居民暂时迁走,把这周围划为工地。安排人从这五条街上就地挖土,把挖出的土烧成建皇宫的用砖。待土挖到一定深度时,大街变成大

---

① 参考来源:秦泉.中华智谋大全[M].北京:外文出版社,2011.

沟，把汴河水引到沟里，这些沟就变成了暂时的运河。利用运河的水运，既廉价又便利，把被烧皇宫的建筑垃圾运出城外暂放。同时通过运河从城外运进大量的建筑材料，开始建新皇宫。待皇宫建好以后，把之前在城外暂存的建筑垃圾回调到沟里，恢复原来的街道。

这真是"一石三鸟"，多管齐下而又环环相扣，前后有序。要做到这点，就要全局在胸，对业务的每个部分又非常熟悉，才能巧妙组合安排，用创造性的思维统筹兼顾，提高效率。

读完这个小故事，你对于算法的综合应用有何感想呢？算法的综合运用和上述故事其实是一样的道理，想把算法应用得得心应手，就要明白各算法的本质，掌握各算法的原理，分析各算法的异同，算法中更重要的是算法思想而非算法本身。对于待解决的问题需要做到从不同的角度去分析，结合自己所学的算法知识，找到一种算法或多种算法结合去求解问题，唯有对算法做到综合应用，才能从更高层面理解算法设计与分析。希望大家在对算法的探索之路上，以本书内容为起点，向科学研究的方向走得更远。

> **从算法思想到立德树人**
>
> 递归、分治、动态规划、贪心、回溯、分支限界，每种算法设计策略都有其特定的解题思路、适用范围和应用场景。学习算法设计策略可以帮助我们拓展逻辑思维能力。
>
> 不管是做科学研究，还是解决日常问题，学习从多种角度考虑问题，在对比与分析中，不断改进和优化解决问题的方法。

习题 10

扫一扫

习题

参 考 文 献

[1] 王晓东.计算机算法设计与分析[M].5版.北京：电子工业出版社,2018.
[2] 屈婉玲,刘田,张立昂,等.算法设计与分析[M].北京：清华大学出版社,2011.
[3] Cormen T H,Leiserson C E,Rivest R L,et al.算法导论[M].殷建平,徐云,王刚,等译.3版.北京：机械工业出版社,2012.
[4] 李春葆.算法设计与分析[M].2版.北京：清华大学出版社,2018.
[5] WEISS M A.数据结构与算法分析：C语言描述[M].冯舜玺,译.北京：机械工业出版社,2016.
[6] MULLER J M. Elementary Functions Algorithms and Implementation[M]. 3rd ed. Berlin：Birkhauser,2016.

图书资源支持

感谢您一直以来对清华版图书的支持和爱护。为了配合本书的使用,本书提供配套的资源,有需求的读者请扫描下方的"书圈"微信公众号二维码,在图书专区下载,也可以拨打电话或发送电子邮件咨询。

如果您在使用本书的过程中遇到了什么问题,或者有相关图书出版计划,也请您发邮件告诉我们,以便我们更好地为您服务。

我们的联系方式:

清华大学出版社计算机与信息分社网站:https://www.shuimushuhui.com/

地　　址:北京市海淀区双清路学研大厦 A 座 714

邮　　编:100084

电　　话:010-83470236　010-83470237

客服邮箱:2301891038@qq.com

QQ:2301891038(请写明您的单位和姓名)

资源下载:关注公众号"书圈"下载配套资源。

资源下载、样书申请

书　圈

图书案例

清华计算机学堂

观看课程直播